数 字 艺 术 精 品 课 程 培 训 教 材

中文版
Photoshop 2022
基础培训教程

数字艺术教育研究室 编著

人 民 邮 电 出 版 社
北 京

图书在版编目（CIP）数据

中文版Photoshop 2022基础培训教程 / 数字艺术教育研究室编著. -- 北京 : 人民邮电出版社, 2024.1
ISBN 978-7-115-62811-4

Ⅰ. ①中… Ⅱ. ①数… Ⅲ. ①图像处理软件－教材
Ⅳ. ①TP391.413

中国国家版本馆CIP数据核字(2023)第186579号

内 容 提 要

本书全面系统地介绍了 Photoshop 的基本操作方法和图形图像处理技巧，包括图像处理基础知识、初识 Photoshop、绘制和编辑选区、绘制图像、修饰图像、编辑图像、绘制图形和路径、调整图像的色彩和色调、应用图层、应用文字、通道与蒙版、滤镜效果和商业案例实训等内容。

本书以课堂案例为主线，通过对各案例实际操作的讲解，带领读者快速熟悉软件功能和图像编辑技巧。书中的软件功能解析部分可以使读者深入学习软件功能；课堂练习和课后习题可以提高读者的实际应用能力；商业案例实训可以帮助读者快速掌握商业案例的设计元素和设计理念，使读者顺利达到实战水平。

本书适合作为院校和培训机构艺术专业课程的教材，也可作为 Photoshop 自学人士的参考用书。

◆ 编　　著　数字艺术教育研究室
责任编辑　张丹丹
责任印制　马振武

◆ 人民邮电出版社出版发行　　北京市丰台区成寿寺路 11 号
邮编　100164　　电子邮件　315@ptpress.com.cn
网址　https://www.ptpress.com.cn
涿州市京南印刷厂印刷

◆ 开本：775×1092　1/16
印张：15.5　　2024 年 1 月第 1 版
字数：365 千字　　2024 年 1 月河北第 1 次印刷

定价：49.90 元

读者服务热线：(010)81055410　印装质量热线：(010)81055316
反盗版热线：(010)81055315
广告经营许可证：京东市监广登字 20170147 号

前 言

Preface

软件简介

Adobe Photoshop，简称PS，是一款专业的数字图像处理软件，深受创意设计人员和图像处理爱好者的喜爱。PS拥有强大的绘图和编辑工具，可以对图像、图形、文字、视频等进行编辑。利用PS的抠图、修图、调色、合成、特效等核心功能，可以制作出精美的数字图像作品。

为了广大读者能更好地学习Photoshop软件，数字艺术教育研究室根据多年的做书经验编写了针对这一软件的基础教程。本书全面贯彻党的二十大精神，以社会主义核心价值观为引领，传承中华优秀传统文化，坚定文化自信，使内容更好地体现时代性、把握规律性、富于创造性。

如何使用本书

精选基础知识，快速上手 Photoshop

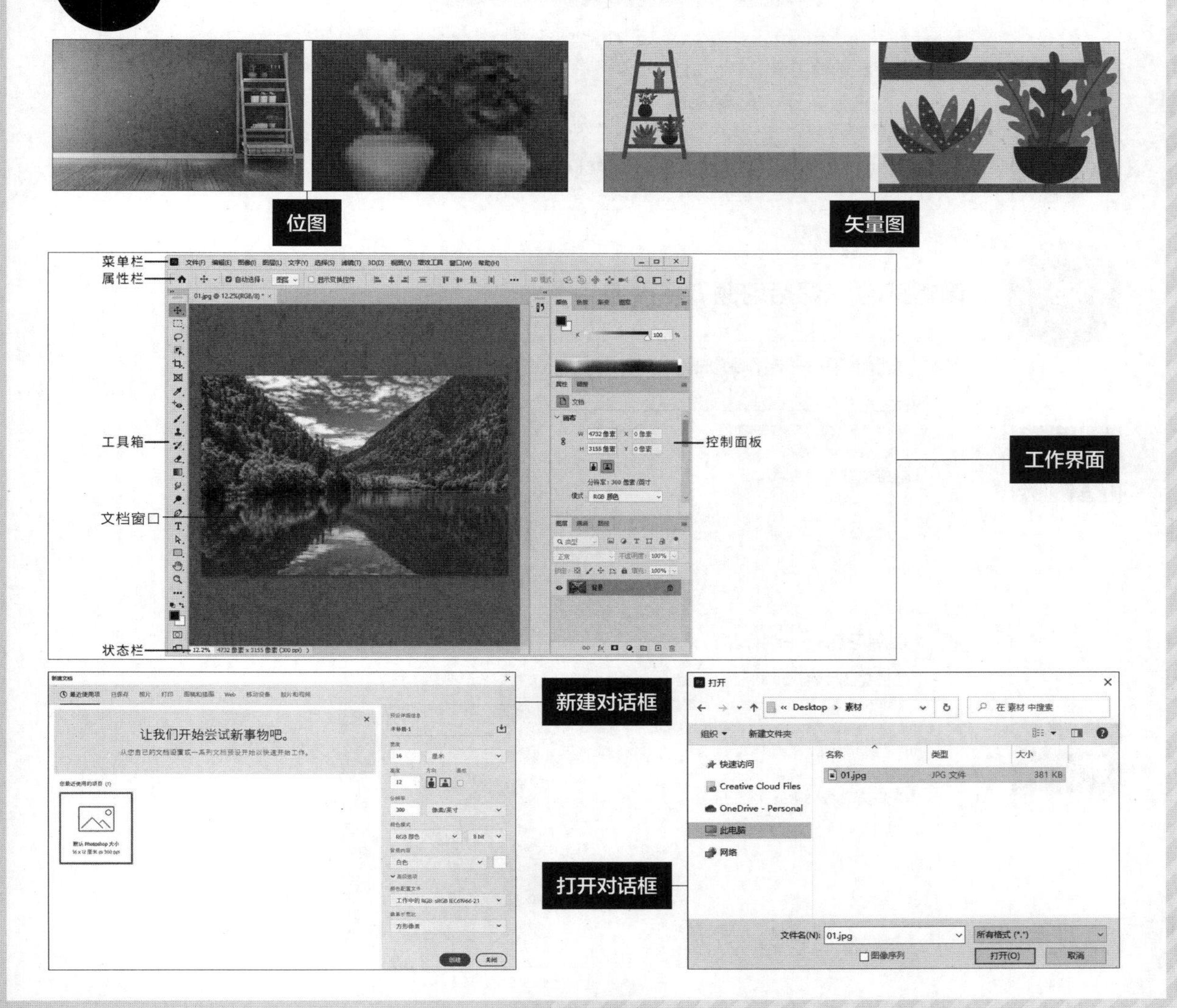

02 课堂案例 + 软件功能解析，边做边学软件功能，熟悉设计思路

3.1 选区的绘制

讲解抠图 + 绘图 + 修图 + 调色 + 合成 + 文字 + 特效七大软件功能

要对图像进行编辑，首先要进行选择图像的操作。能够快捷、精确地选择图像，是提高图像处理效率的关键。

精选典型商业案例

3.1.1 课堂案例——制作家居装饰类电商Banner

了解目标和要点

案例学习目标 学习使用不同的选区工具来选择不同外形的装饰摆件。

案例知识要点 使用椭圆选框工具、矩形选框工具抠取时钟和画框，使用磁性套索工具抠取绿植，使用移动工具合成图像，最终效果如图3-1所示。

效果所在位置 Ch03\效果\制作家居装饰类电商Banner.psd。

图3-1

案例步骤详解

01 按Ctrl+O快捷键，打开本书学习资源中的“Ch03\素材\制作家居装饰类电商Banner\01、02”文件，如图3-2、图3-3所示。

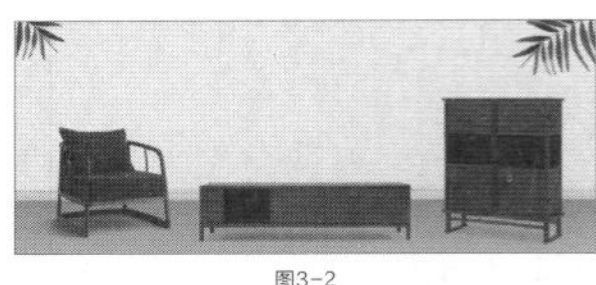
图3-2

图3-3

完成案例后，深入学习软件功能

3.1.2 选框工具

使用矩形选框工具可以在图像中绘制矩形选区。

选择矩形选框工具 ，或反复按Shift+M快捷键切换到该工具，其属性栏状态如图3-23所示。

图3-23

03 课堂练习 + 课后习题，拓展应用能力

练习课堂所学知识

课堂练习——制作装饰画

练习知识要点 使用图层样式制作图案底图，使用矩形工具和剪贴蒙版制作装饰画，使用“色彩范围”命令抠出自行车剪影，最终效果如图3-84所示。

效果所在位置 Ch03\效果\制作装饰画.psd。

图3-84

巩固本章所学知识

课后习题——制作果汁海报

习题知识要点 使用魔棒工具抠出背景喷溅的果汁、橙子和文字，使用磁性套索工具抠出果汁瓶，使用多边形套索工具、“载入选区”命令、“收缩选区”命令和“羽化选区”命令制作投影，使用移动工具添加图片和文字素材，最终效果如图3-85所示。

效果所在位置 Ch03\效果\制作果汁海报.psd。

图3-85

04 商业案例实训，演示商业项目制作过程

海报设计

包装设计

网页设计

App 设计

教学指导

本书的参考学时为64学时，其中讲授环节为30学时，实训环节为34学时，各章的参考学时可以参见下面的学时分配表。

章序	课程内容	学时分配	
		讲授	实训
第 1 章	图像处理基础知识	2	
第 2 章	初识 Photoshop	2	2
第 3 章	绘制和编辑选区	2	2
第 4 章	绘制图像	2	2
第 5 章	修饰图像	2	2
第 6 章	编辑图像	2	2
第 7 章	绘制图形和路径	2	2
第 8 章	调整图像的色彩和色调	2	2
第 9 章	应用图层	2	2
第 10 章	应用文字	2	2
第 11 章	通道与蒙版	2	2
第 12 章	滤镜效果	2	2
第 13 章	商业案例实训	6	12
学时总计		30	34

配套资源

●学习资源

案例素材文件　最终效果文件　在线教学视频　赠送扩展案例

●教师资源

教学大纲　授课计划　电子教案　PPT 课件

教学案例　实训项目　教学视频　教学题库

这些学习资源文件均可在线获取，扫描“资源获取”二维码，关注“数艺设”的微信公众号，即可得到资源文件获取方式，并且可以通过该方式获得在线教学视频的观看地址。如需资源获取技术支持，请致函szys@ptpress.com.cn。

资源获取

提示：微信扫描二维码关注公众号后，输入51页左下角的5位数字，获得资源获取帮助。

教辅资源表

本书提供的教辅资源可参见下面的教辅资源表。

教辅资源类型	数量	教辅资源类型	数量
教学大纲	1 套	课堂案例	29 个
电子教案	13 单元	课堂练习	20 个
PPT 课件	13 个	课后习题	20 个

与我们联系

“数艺设”的联系邮箱是szys@ptpress.com.cn。如果您对本书有任何疑问或建议，请您发邮件给我们，并请在邮件标题中注明本书书名及ISBN，以便我们更高效地做出反馈。

如果您有兴趣出版图书、录制教学课程，或者参与技术审校等工作，可以发邮件给我们。如果学校、培训机构或企业想批量购买本书或“数艺设”出版的其他图书，也可以发邮件给我们。

关于“数艺设”

人民邮电出版社有限公司旗下品牌“数艺设”，专注于专业艺术设计类图书出版，为艺术设计从业者提供专业的图书、视频电子书、课程等教育产品。出版领域涉及平面、三维、影视、摄影与后期等数字艺术门类，字体设计、品牌设计、色彩设计等设计理论与应用门类，UI设计、电商设计、新媒体设计、游戏设计、交互设计、原型设计等互联网设计门类，环艺设计手绘、插画设计手绘、工业设计手绘等设计手绘门类。更多服务请访问“数艺设”社区平台www.shuyishe.com。我们将提供及时、准确、专业的学习服务。

目 录

Contents

第1章 图像处理基础知识

1.1 位图和矢量图……002

1.1.1 位图……002

1.1.2 矢量图……002

1.2 图像的分辨率……003

1.3 图像的色彩模式……003

1.3.1 CMYK 模式……004

1.3.2 RGB 模式……004

1.3.3 灰度模式……004

1.4 常用的图像文件格式……005

1.4.1 PSD 格式……005

1.4.2 TIFF 格式……005

1.4.3 BMP 格式……005

1.4.4 GIF 格式……005

1.4.5 JPEG 格式……006

1.4.6 EPS 格式……006

1.4.7 选择合适的图像文件存储格式……006

第2章 初识Photoshop

2.1 工作界面……008

2.2 文件基本操作……008

2.2.1 新建图像……008

2.2.2 打开图像……009

2.2.3 保存图像……010

2.2.4 关闭图像……010

2.3 图像的显示……010

2.3.1 100% 显示图像……011

2.3.2 放大显示图像……011

2.3.3 缩小显示图像……011

2.3.4 全屏显示图像……012

2.3.5 图像窗口排列……013

2.3.6 观察放大图像……013

2.4 图像的移动、复制和删除……014

2.4.1 图像的移动……014

2.4.2 图像的复制……015

2.4.3 图像的删除……015

2.5 标尺、参考线和网格的设置……016

2.5.1 标尺的设置……016

2.5.2 参考线的设置……017

2.5.3 网格的设置……018

2.6 图像和画布尺寸的调整……018

2.6.1 图像尺寸的调整……018

2.6.2 画布尺寸的调整……019

2.7 设置绘图颜色……020

2.7.1 使用“拾色器”对话框设置颜色……020

2.7.2 使用“颜色”面板设置颜色……021

2.7.3 使用“色板”面板设置颜色……022

2.8 了解图层的含义……022

2.8.1 “图层”面板……023

2.8.2 “图层”面板菜单……024

2.8.3 新建图层……024

2.8.4 复制图层……025

2.8.5 删除图层……025

2.8.6 图层的显示和隐藏……025

2.8.7 图层的选择、链接和排列 026
2.8.8 合并图层 026
2.8.9 图层组 026
2.9 恢复操作的应用 026
2.9.1 恢复操作 027
2.9.2 中断操作 027
2.9.3 恢复到操作过程的任意步骤 027

第3章 绘制和编辑选区

3.1 选区的绘制 029
3.1.1 课堂案例——制作家居装饰类电商 Banner 029
3.1.2 选框工具 032
3.1.3 套索工具 034
3.1.4 魔棒工具 034
3.1.5 对象选择工具 035
3.1.6 “色彩范围”命令 036
3.1.7 “天空替换”命令 036
3.2 选区的操作 037
3.2.1 课堂案例——制作沙发详情页主图 037
3.2.2 移动选区 039
3.2.3 羽化选区 040
3.2.4 取消选区 040
3.2.5 全选和反选选区 040
课堂练习——制作装饰画 041
课后习题——制作果汁海报 041

第4章 绘制图像

4.1 绘图类工具 043
4.1.1 课堂案例——制作美好生活公众号封面次图 043
4.1.2 画笔工具 045
4.1.3 铅笔工具 046
4.2 历史记录画笔和历史记录艺术画笔工具 047
4.2.1 历史记录画笔工具 047
4.2.2 历史记录艺术画笔工具 048
4.3 填充类工具 048
4.3.1 课堂案例——制作应用商店类 UI 图标 049
4.3.2 渐变工具 051
4.3.3 吸管工具 052
4.3.4 油漆桶工具 053
4.4 填充类命令 053
4.4.1 课堂案例——制作女装活动页 H5 首页 054
4.4.2 “填充”命令 056
4.4.3 “定义图案”命令 057
4.4.4 “描边”命令 058
课堂练习——制作艺术画廊公众号首图 ... 059
课后习题——制作欢乐假期宣传海报插画 059

第5章 修饰图像

5.1 修复类工具 061
5.1.1 课堂案例——修复人物照片 061
5.1.2 修补工具 062
5.1.3 修复画笔工具 063
5.1.4 图案图章工具 065

5.1.5 颜色替换工具 065
5.1.6 仿制图章工具 066
5.1.7 红眼工具 067
5.1.8 污点修复画笔工具 067
5.1.9 内容感知移动工具 067
5.2 修饰类工具 069
5.2.1 课堂案例——为茶具添加水墨画 069
5.2.2 模糊工具 070
5.2.3 锐化工具 071
5.2.4 加深工具 071
5.2.5 减淡工具 072
5.2.6 海绵工具 072
5.2.7 涂抹工具 072
5.3 橡皮擦类工具............................. 073
5.3.1 橡皮擦工具............................ 073
5.3.2 背景橡皮擦工具 073
5.3.3 魔术橡皮擦工具 074
课堂练习——制作七夕活动横版海报...... 074
课后习题——制作头戴式耳机海报 074

第6章 编辑图像

6.1 图像编辑工具............................. 076
6.1.1 课堂案例——制作室内空间装饰画................................. 076
6.1.2 注释工具 079
6.1.3 标尺工具 079
6.2 图像的裁切和变换 079
6.2.1 课堂案例——制作音量调节器................................. 079
6.2.2 图像的裁切............................ 083
6.2.3 图像的变换............................ 083
6.2.4 图像选区的变换..................... 084
课堂练习——制作房屋地产类公众号信息图 085
课后习题——制作旅游公众号首图 085

第7章 绘制图形和路径

7.1 绘制图形 087
7.1.1 课堂案例——制作 IT 互联网 App 闪屏页......................... 087
7.1.2 矩形工具 089
7.1.3 椭圆工具 090
7.1.4 三角形工具............................ 091
7.1.5 多边形工具............................ 091
7.1.6 直线工具 092
7.1.7 自定形状工具 092
7.1.8 “属性”面板 094
7.2 绘制和选取路径......................... 094
7.2.1 课堂案例——制作运动产品 App 主页 Banner 094
7.2.2 钢笔工具 097
7.2.3 自由钢笔工具 097
7.2.4 弯度钢笔工具 098
7.2.5 添加锚点工具 099
7.2.6 删除锚点工具 099
7.2.7 转换点工具............................ 099
7.2.8 选区和路径的转换 100
7.2.9 课堂案例——制作食物宣传卡 100

7.2.10 “路径”面板......102
7.2.11 新建路径图层......103
7.2.12 复制、删除、重命名路径图层......103
7.2.13 路径选择工具......104
7.2.14 直接选择工具......104
7.2.15 填充路径......105
7.2.16 描边路径......105
7.3 创建 3D 图形......106
7.4 使用 3D 工具......107
课堂练习——制作中秋节海报......108
课后习题——制作端午节海报......108

第8章 调整图像的色彩和色调

8.1 图像色彩与色调处理......110
8.1.1 课堂案例——修正详情页主图中偏色的图片......110
8.1.2 色相 / 饱和度......112
8.1.3 亮度 / 对比度......112
8.1.4 色彩平衡......113
8.1.5 反相......113
8.1.6 课堂案例——制作休闲生活类公众号封面首图......114
8.1.7 自动对比度......115
8.1.8 自动色调......115
8.1.9 自动颜色......115
8.1.10 色调均化......115
8.1.11 色阶......115
8.1.12 渐变映射......117
8.1.13 阴影 / 高光......118
8.1.14 可选颜色......118
8.1.15 曝光度......119
8.1.16 照片滤镜......119
8.1.17 曲线......120
8.2 特殊颜色处理......122
8.2.1 课堂案例——制作冬日雪景效果海报......122
8.2.2 去色......124
8.2.3 阈值......124
8.2.4 色调分离......124
8.2.5 替换颜色......125
8.2.6 通道混合器......125
8.2.7 匹配颜色......126
课堂练习——制作小寒节气宣传海报......127
课后习题——制作传统美食公众号封面次图......127

第9章 应用图层

9.1 图层的混合模式......129
9.2 图层样式......131
9.2.1 “样式”面板......131
9.2.2 图层样式......132
9.3 新建填充和调整图层......133
9.3.1 课堂案例——制作传统美食网店详情页主图......133
9.3.2 填充图层......138
9.3.3 调整图层......139
9.4 图层复合、盖印图层与智能对象图层......140
9.4.1 图层复合......140

9.4.2 盖印图层 141
9.4.3 智能对象图层 142
课堂练习——制作生活摄影公众号首页次图 143
课后习题——制作元宵节节日宣传海报 143

第10章 应用文字

10.1 文字的输入与编辑 145
10.1.1 课堂案例——制作服装饰品 App 首页 Banner 145
10.1.2 输入水平、垂直文字 147
10.1.3 创建文字形状选区 147
10.1.4 字符设置 148
10.1.5 输入段落文字 148
10.1.6 段落设置 149
10.1.7 栅格化文字 149
10.1.8 载入文字选区 149
10.2 创建变形与路径文字 150
10.2.1 课堂案例——制作餐厅招牌面宣传单 150
10.2.2 变形文字 153
10.2.3 路径文字 155
课堂练习——制作霓虹字 156
课后习题——制作文字海报 156

第11章 通道与蒙版

11.1 通道的操作 158
11.1.1 课堂案例——制作婚纱摄影类运营海报 158
11.1.2 “通道”面板 161
11.1.3 创建新通道 161
11.1.4 复制通道 162
11.1.5 删除通道 162
11.1.6 通道选项 162
11.1.7 专色通道 162
11.1.8 分离与合并通道 164
11.2 通道计算 164
11.2.1 应用图像 165
11.2.2 计算 166
11.3 通道蒙版 167
11.3.1 快速蒙版的制作 167
11.3.2 在 Alpha 通道中存储蒙版 168
11.4 图层蒙版 168
11.4.1 课堂案例——制作化妆品网站详情页主图 169
11.4.2 添加图层蒙版 172
11.4.3 隐藏图层蒙版 173
11.4.4 图层蒙版的链接 173
11.4.5 停用及删除图层蒙版 173
11.5 剪贴蒙版与矢量蒙版 174
11.5.1 课堂案例——制作服装类 App 主页 Banner 174
11.5.2 剪贴蒙版 176
11.5.3 矢量蒙版 176
课堂练习——制作活力青春公众号封面首图 177
课后习题——制作家电网站首页 Banner 177

第12章 滤镜效果

12.1 滤镜菜单及应用 179

12.1.1 课堂案例——制作夏至节气宣传海报 179
12.1.2 “Neural Filters”滤镜 182
12.1.3 滤镜库 183
12.1.4 “自适应广角”滤镜 187
12.1.5 Camera Raw 滤镜 188
12.1.6 “镜头校正”滤镜 189
12.1.7 “液化”滤镜 190
12.1.8 “消失点”滤镜 191
12.1.9 “3D”滤镜 192
12.1.10 “风格化”滤镜 193
12.1.11 “画笔描边”滤镜 193
12.1.12 课堂案例——制作文化传媒类公众号封面首图 194
12.1.13 “模糊”滤镜 197
12.1.14 “模糊画廊”滤镜 198
12.1.15 “扭曲”滤镜 198
12.1.16 “锐化”滤镜 199
12.1.17 “视频”滤镜 199
12.1.18 “素描”滤镜 200
12.1.19 “纹理”滤镜 201
12.1.20 “像素化”滤镜 201
12.1.21 “渲染”滤镜 201
12.1.22 “艺术效果”滤镜 202
12.1.23 课堂案例——制作淡彩钢笔画 203
12.1.24 “杂色”滤镜 204
12.1.25 “其他”滤镜组 205

12.2 滤镜使用技巧 206

12.2.1 转换为智能滤镜 206
12.2.2 重复使用滤镜 207
12.2.3 对图像局部使用滤镜 207
12.2.4 对通道使用滤镜 207
12.2.5 对滤镜效果进行调整 208

课堂练习——制作美妆护肤类公众号封面首图 208

课后习题——制作寻访古建筑公众号封面首图 208

第13章 商业案例实训

13.1 制作中式茶叶网站主页 Banner ... 210

13.1.1 项目背景及设计要点 210
13.1.2 项目素材及制作要点 210

课堂练习 1——制作生活家具类网站 Banner 211

课堂练习 2——制作女包类 App 主页 Banner 212

课后习题 1——制作空调扇 Banner 213

课后习题 2——制作电商平台 App 主页 Banner 214

13.2 制作滋养精华露海报 215

13.2.1 项目背景及设计要点 215
13.2.2 项目素材及制作要点 215

课堂练习 1——制作旅行社推广海报 216

课堂练习 2——制作传统文化宣传海报 ... 217

课后习题 1——制作实木餐桌椅海报 218

课后习题 2——制作珍稀动物保护宣传海报 219

13.3 制作冰淇淋包装 220

13.3.1 项目背景及设计要点 220

13.3.2 项目素材及制作要点............220

课堂练习 1——制作洗发水包装............221

课堂练习 2——制作五谷杂粮包装.........222

课后习题 1——制作方便面包装............223

课后习题 2——制作果汁饮料包装.........224

13.4 制作生活家具类网站首页............225

13.4.1 项目背景及设计要点............225

13.4.2 项目素材及制作要点............225

课堂练习 1——制作生活家具类网站详情页........................226

课堂练习 2——制作生活家具类网站列表页........................227

课后习题 1——制作中式茶叶官网首页 ...228

课后习题 2——制作中式茶叶官网详情页.... 229

13.5 制作旅游类 App 首页.................230

13.5.1 项目背景及设计要点............230

13.5.2 项目素材及制作要点............230

课堂练习 1——制作旅游类 App 引导页 231

课堂练习 2——制作旅游类 App 闪屏页........................232

课后习题 1——制作旅游类 App 个人中心页........................233

课后习题 2——制作旅游类 App 登录页...234

第 1 章

图像处理基础知识

本章介绍

本章主要介绍Photoshop图像处理的基础知识，包括位图与矢量图、分辨率、色彩模式和常用图像文件格式等。认真学习本章内容，快速掌握这些基础知识，有助于读者更快、更准确地处理图像。

学习目标

- 了解位图、矢量图和分辨率。
- 熟悉图像的不同色彩模式。
- 熟悉软件常用的图像文件格式。

技能目标

- 掌握位图和矢量图的分辨方法。
- 掌握色彩模式的转换方法。

1.1 位图和矢量图

图像文件可以分为两大类：位图和矢量图。在绘图或处理图像的过程中，这两种类型的图像可以转换和结合使用。

1.1.1 位图

位图也叫点阵图，是由许多独立的小方块组成的，这些小方块被称为像素。每个像素都有特定的位置和颜色值，位图的显示效果与像素的排列和着色是紧密相关的，不同排列和着色的像素组合在一起构成了一幅色彩丰富的图像。单位尺寸内像素越多，图像的分辨率越高，显示效果越好，但图像文件的体积也会越大。

一幅位图的原始效果如图1-1所示，使用放大工具放大到一定程度后，可以清晰地看到像素的小方块，如图1-2所示。

图1-1

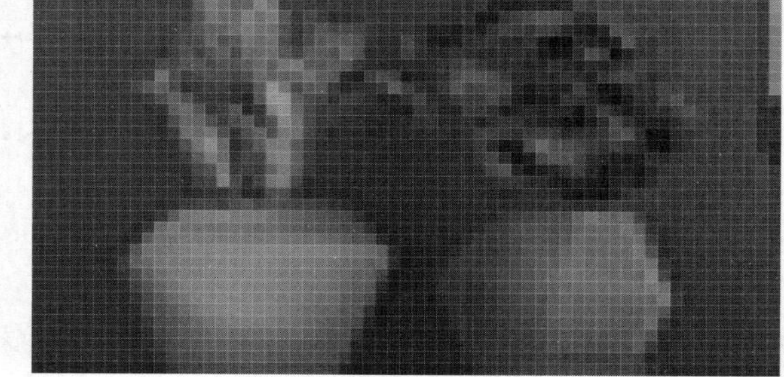

图1-2

位图与分辨率有关，如果在屏幕上以较大的倍数放大显示图像，或以低于创建时的分辨率打印图像，图像就会出现锯齿状的边缘。

1.1.2 矢量图

矢量图是以数学的方式来记录图像内容的。矢量图中的各种图形元素被称为对象，每一个对象都是独立的个体，都具有大小、颜色、形状和轮廓等属性。

矢量图与分辨率无关，可以将它设置成任意大小，图像清晰度不变，也不会出现锯齿状的边缘。在任何分辨率下显示或打印矢量图，都不会损失细节。一幅矢量图的原始效果如图1-3所示，使用放大工具放大后，其清晰度不变，效果如图1-4所示。

矢量图所占的存储空间较小，其缺点是不易制作色调丰富的图像，无法像位图那样精确地描绘各种绚丽的景象。

图1-3

图1-4

1.2 图像的分辨率

在Photoshop中，图像的分辨率是指图像中单位长度上的像素数目，其单位为像素/英寸或像素/厘米。

在相同尺寸的两幅图像中，高分辨率的图像包含的像素比低分辨率的图像包含的像素多。例如，一幅尺寸为1英寸×1英寸的图像，其分辨率为72像素/英寸，这幅图像包含5184（72×72=5184）个像素；同样尺寸，分辨率为300像素/英寸的图像包含90 000个像素。在相同尺寸下，分辨率为72像素/英寸的图像效果如图1-5所示，分辨率为10像素/英寸的图像效果如图1-6所示。由此可见，在相同尺寸下，高分辨率的图像能更清晰地表现图像内容。（注：1英寸≈2.54厘米）

图1-5

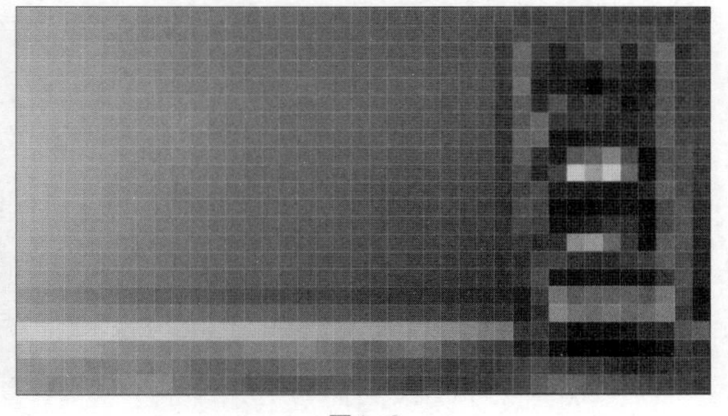

图1-6

提示 如果一幅图像所包含的像素是固定的，那么增大图像的尺寸后会降低图像的分辨率。

1.3 图像的色彩模式

Photoshop提供了多种色彩模式，这些色彩模式是作品能够在屏幕和印刷品上成功表现的重要保障。在这些色彩模式中，经常使用的有CMYK模式、RGB模式和灰度模式，另外还有索引模式、Lab模式、HSB模式、位图模式、双色调模式和多通道模式等。每种色彩模式都有不同的色域，并且大多数模式之间可以相互转换。下面将介绍经常使用的色彩模式。

1.3.1 CMYK模式

CMYK代表了印刷上用的4种油墨颜色：C代表青色，M代表洋红色，Y代表黄色，K代表黑色。CMYK“颜色”面板如图1-7所示。

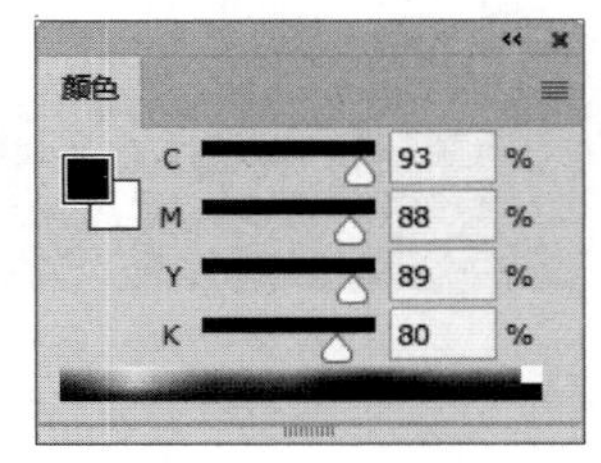

图1-7

CMYK模式在印刷时应用了色彩学中的减法混合原理，即减色模式，是图片和其他Photoshop作品中较常用的一种印刷模式。

1.3.2 RGB模式

与CMYK模式不同的是，RGB模式是一种加色模式，是色光的色彩模式，通过红色（R）、绿色（G）、蓝色（B）3种色光相叠加来形成更多的颜色。RGB“颜色”面板如图1-8所示。

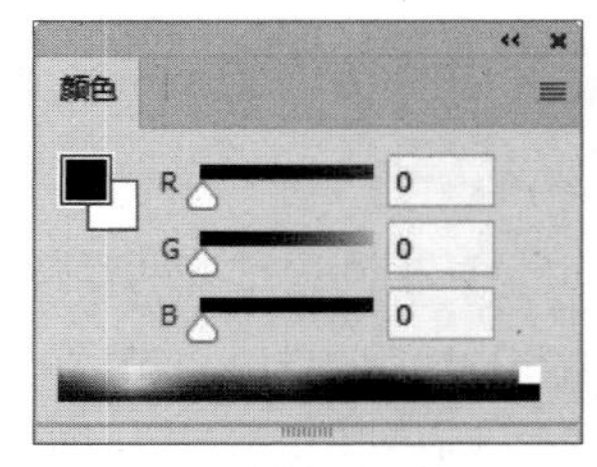

图1-8

一幅24位的RGB图像有3个色彩信息的通道：红、绿和蓝。每个通道都有8位的色彩信息，即一个0～255的亮度值色域。也就是说，每一种色彩都有256（即2^8）个亮度水平级。3种色彩相叠加，可以有256×256×256=16 777 216种可能的颜色。这么多种颜色足以表现出绚丽多彩的世界。

在Photoshop中编辑图像时，建议选择RGB模式。

1.3.3 灰度模式

灰度图又叫8位深度图。每个像素用8位二进制数表示，能产生2^8（即256）级灰色调。当一个彩色文件被转换为灰度模式文件时，所有的色彩信息都将从文件中丢失。尽管Photoshop允许将一个灰度模式文件转换为彩色模式文件，但不可能将原来的颜色完全还原。所以，当要把图像从彩色模式转换为灰度模式时，应先做好图像的备份。

与黑白照片一样，一个灰度模式的图像只有明暗值，没有色相和饱和度这两种颜色信息。灰度“颜色”面板如图1-9所示，其中的K值用于衡量黑色油墨用量，0%代表白，100%代表黑。

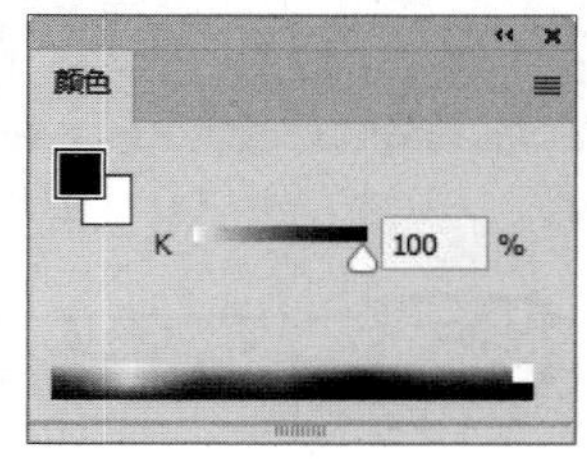

图1-9

提示 将彩色模式转换为双色调模式或位图模式时，必须先转换为灰度模式，然后由灰度模式转换为双色调模式或位图模式。

1.4 常用的图像文件格式

当用Photoshop制作或处理好一幅图像后，需要进行存储，这时选择一种合适的文件格式就显得十分重要。Photoshop支持20多种文件格式。在这些图像文件格式中，既有Photoshop的专用格式，也有用于应用程序交换的格式，还有一些比较特殊的格式。下面将介绍几种常用的图像文件格式。

1.4.1 PSD格式

PSD格式和PDD格式是Photoshop自身的专用图像文件格式，能够支持所有图像类型，但由于在其他一些图形处理软件中不能获得很好的支持，所以其通用性不强。这两种格式能够保存图像数据的细小部分，如图层、蒙版、通道等Photoshop对图像进行特殊处理的信息。在没有最终决定图像存储的格式前，建议先以这两种格式存储。另外，Photoshop打开和存储这两种格式的文件比其他格式更快。但是这两种格式也有缺点，就是它们所存储的图像文件大，占用的存储空间较多。

1.4.2 TIFF格式

TIFF格式是标签图像格式。TIFF格式对于色彩通道图像来说是很有用的格式，具有很强的可移植性，可以用于Windows、macOS和UNIX三大平台，是使用非常广泛的绘图格式。

使用TIFF格式存储时应考虑到文件的大小，因为TIFF格式的结构要比其他大多数格式更复杂。TIFF格式支持24个通道，能存储多于4个通道的文件格式。TIFF格式还允许使用Photoshop中的复杂工具和滤镜特效。TIFF格式非常适合用于印刷。

1.4.3 BMP格式

BMP格式可以用于Windows系统下的绝大多数应用程序，不支持macOS。

BMP格式使用索引色彩，并且可以使用24位色彩渲染图像。BMP格式能够存储黑白图、灰度图和24位色彩的RGB图像等，这种格式的图像具有极为丰富的色彩。这种格式一般在多媒体演示、视频输出等情况下使用。在存储BMP格式的图像文件时，可以进行无损压缩，这样能够节省存储空间。

1.4.4 GIF格式

GIF格式的图像文件比较小，一般会形成一种压缩的8位图像文件，因此一般用这种格式的文件来缩短图形的加载时间。在网络中传送图像文件时，传送GIF格式的图像文件要比传送其他格式的图像文件快得多。

1.4.5 JPEG格式

JPEG格式既是Photoshop支持的一种文件格式，也是一种压缩方案，是macOS上常用的一种图像文件存储类型。JPEG格式是压缩格式中的佼佼者。与TIFF格式采用的LZW无损压缩算法相比，JPEG格式使用有损压缩算法，压缩率更高，但会丢失部分数据。用户可以在存储JPEG格式图像时选择图像的质量，控制数据的损失程度。

1.4.6 EPS格式

EPS格式是Illustrator和Photoshop之间交换数据的文件格式。Illustrator软件制作出来的流动曲线、简单图形和专业图像一般存储为EPS格式，Photoshop可以读取这种格式的文件。在Photoshop中，也可以把其他格式的图像文件存储为EPS格式，以便在Illustrator、CorelDRAW、InDesign等其他软件中使用。

1.4.7 选择合适的图像文件存储格式

可以根据工作任务的需要选择合适的图像文件存储格式。下面根据图像的不同用途罗列应该选择的图像文件存储格式。

Photoshop工作：PSD、PDD、TIFF。

印刷：TIFF、EPS。

网络图像：GIF、JPEG、PNG。

出版物：PDF。

第 2 章

初识Photoshop

本章介绍

本章对Photoshop的工作界面、基本操作和常用功能进行讲解。通过学习本章内容，读者可以对Photoshop有一个初步的了解，掌握制作图像的基础知识。

学习目标

●熟悉软件的工作界面和文件的基本操作。

●了解图像的显示方法。

●掌握辅助线和绘图颜色的设置方法。

●掌握图层的基本操作方法。

技能目标

●熟练掌握文件的新建、打开、保存和关闭方法。

●熟练掌握图像显示效果的操作方法。

●熟练掌握标尺、参考线和网格的应用。

●熟练掌握图像和画布尺寸的调整技巧。

2.1 工作界面

熟悉工作界面是学习Photoshop的基础。熟悉工作界面的布局与组成，有助于轻松学习Photoshop。Photoshop的工作界面主要由菜单栏、属性栏、工具箱、文档窗口、控制面板和状态栏组成，如图2-1所示。

图2-1

菜单栏：菜单栏中共包含12个菜单。利用菜单命令可以完成编辑图像、调整色彩和添加滤镜效果等操作。

属性栏：属性栏是工具箱中各个工具的功能扩展。在属性栏中设置工具的选项，可以快速地完成多样化的操作。

工具箱：工具箱中包含了多个工具。利用不同的工具可以完成图像的绘制、观察和测量等操作。

文档窗口：文档窗口是显示与编辑图像的地方。

状态栏：状态栏可以提供当前文件的显示比例，以及文档尺寸、当前工具或暂存盘大小等提示信息。

控制面板：控制面板是Photoshop界面的重要组成部分。通过不同的功能面板，可以完成在图像中填充颜色、设置图层和添加样式等操作。

2.2 文件基本操作

掌握文件的基本操作方法是开始设计和制作作品所必需的技能。下面将具体介绍Photoshop软件中的文件基本操作方法。

2.2.1 新建图像

新建图像是使用Photoshop进行设计的第一步。如果要在一个空白的图像上绘图，就要在Photoshop中新建一个图像文件。

选择“文件 > 新建”命令，或按Ctrl+N快捷键，会弹出“新建文档”对话框，如图2-2所示。

根据需要单击上方的类别选项卡，选择需要的预设新建文档；或在右侧修改图像的名称、宽度、高度、分辨率、颜色模式等参数新建文档，单击图像名称右侧的按钮可新建文档预设。设置完成后单击“创建”按钮，即可新建图像，如图2-3所示。

图2-2

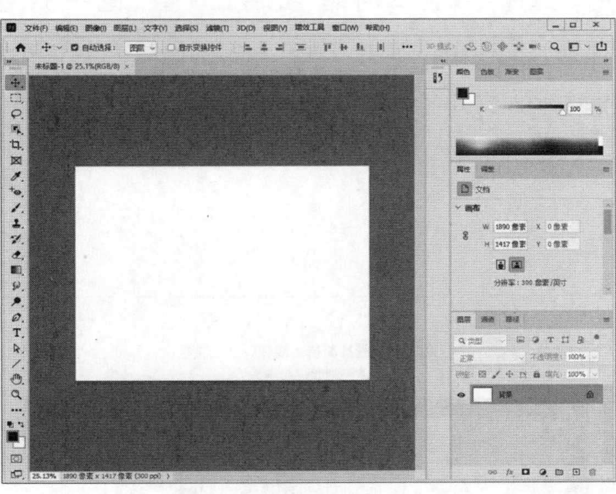

图2-3

2.2.2 打开图像

如果要用Photoshop对图像文件进行处理，就要在Photoshop中将其打开。

选择“文件 > 打开”命令，或按Ctrl+O快捷键，会弹出“打开”对话框，在对话框中搜索路径和图像文件，确认文件类型和名称，如图2-4所示，单击“打开”按钮，或直接双击文件，即可打开所指定的图像文件，如图2-5所示。

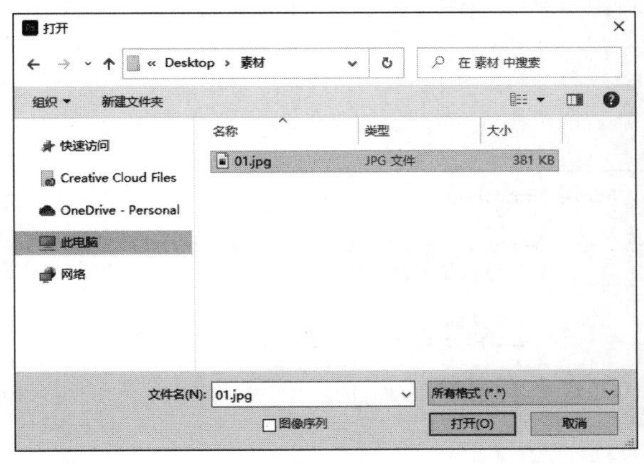

图2-4

图2-5

提示 在“打开”对话框中，也可以一次性打开多个文件，只要在文件列表中将所需的几个文件选中，再单击“打开”按钮即可。在“打开”对话框中选择文件时，按住Ctrl键的同时单击不同文件，可以选择不连续的多个文件；按住Shift键的同时单击两个文件，可以选择这两个文件之间的所有文件。

2.2.3 保存图像

编辑和制作完图像后，就需要将图像保存，以便于下次打开继续操作。

选择“文件 > 存储”命令，或按Ctrl+S快捷键，可以存储文件。当对设计好的作品进行第一次存储时，选择“文件 > 存储”命令，将弹出图2-6所示的对话框，单击“保存到云文档”按钮，可将文件保存到云文档中；单击“保存在您的计算机上”按钮，将弹出“存储为”对话框，如图2-7所示。在对话框中输入文件名，选择文件格式后，单击“保存”按钮，即可将图像保存。

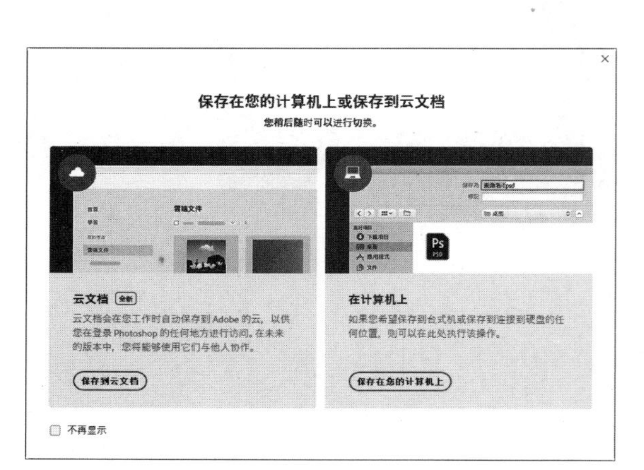

图2-6

图2-7

提示 当对已经存储过的图像文件进行各种编辑操作后，选择“存储”命令，将不弹出“存储为”对话框，计算机将直接保存最终确认的结果，并覆盖原始文件。

2.2.4 关闭图像

对图像进行存储后，可以将其关闭。选择“文件 > 关闭”命令，或按Ctrl+W快捷键，可以关闭文件。关闭图像时，若当前图像被修改过或是新建的文件，则会弹出提示对话框，如图2-8所示，单击“是”按钮即可存储并关闭图像。

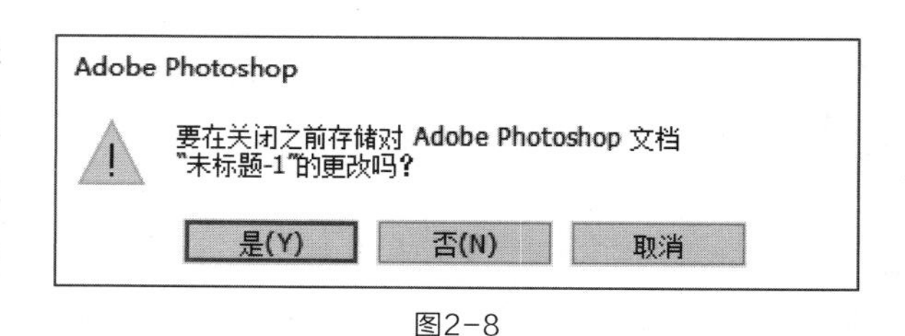

图2-8

2.3 图像的显示

使用Photoshop编辑和处理图像时，可以通过改变图像的显示比例，以及多个图像窗口的排列方式，使工作更便捷、高效。

2.3.1 100%显示图像

100%显示图像，如图2-9所示，在此状态下可以对文件进行精确编辑。

图2-9

2.3.2 放大显示图像

选择缩放工具，在文档窗口中鼠标指针变为放大工具图标，每单击一次，图像就会放大一级显示。当图像以100%的比例显示时，在图像窗口中单击一次，图像会以200%的比例显示，效果如图2-10所示。

当要放大一个指定的区域时，在需要的区域按住鼠标左键不放，选中的区域会持续放大显示，放大到需要的大小后松开鼠标左键即可。在属性栏中取消勾选“细微缩放”复选框，可以在图像上框选出矩形区域，如图2-11所示，松开鼠标可将选中的区域放大，效果如图2-12所示。

按Ctrl++快捷键，可逐级放大图像。例如，从100%的显示比例放大到200%、300%和400%等。

图2-10

图2-11

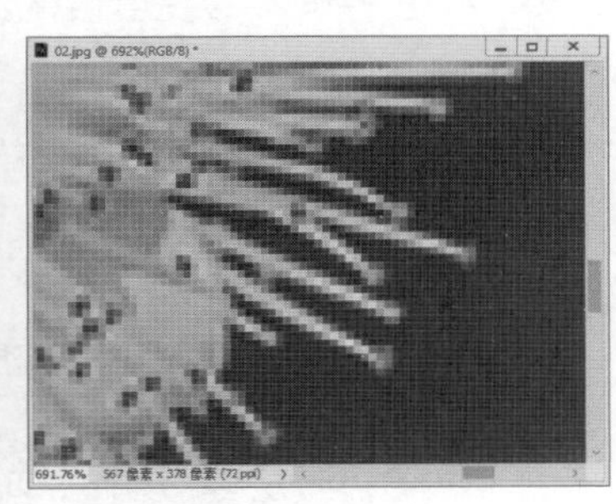

图2-12

2.3.3 缩小显示图像

缩小显示图像，一方面可以用有限的屏幕空间显示出更多的图像，另一方面可以看到一个较大图像的全貌。

选择缩放工具，在文档窗口中鼠标指针变为放大工具图标，可按住Alt键不放，也可在缩放工具的属性栏中单击“缩小工具”按钮，如图2-13所示，鼠标指针变为缩小工具图标，如图2-14所示。每单击一次，图像将缩小一级显示，效果如图2-15所示。按Ctrl+-快捷键，可逐级缩小图像。

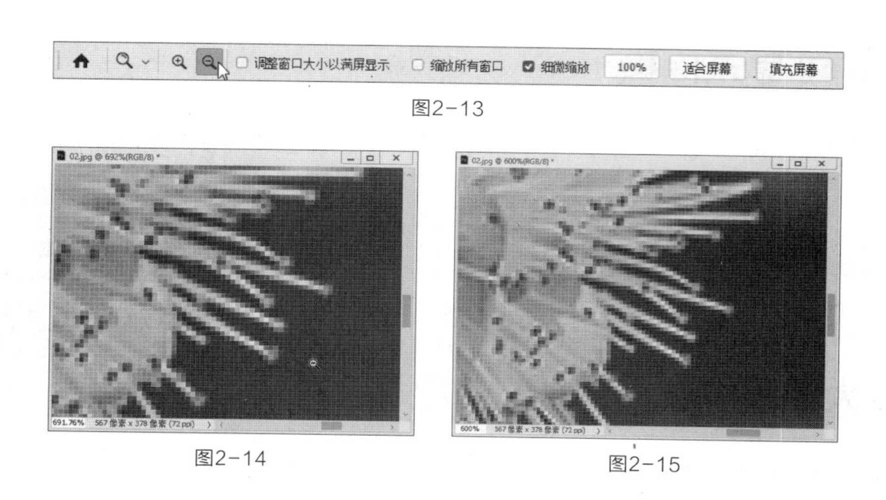

图2-13

图2-14

图2-15

2.3.4 全屏显示图像

若要将图像窗口缩放到填充整个文档窗口，可以在缩放工具的属性栏中单击“适合屏幕”按钮 适合屏幕 ，如图2-16所示。勾选“调整窗口大小以满屏显示”选项，在放大图像时文档窗口就会和屏幕的尺寸相适应，效果如图2-17所示。单击“100%”按钮 100% ，图像将以实际像素比例显示。单击“填充屏幕”按钮 填充屏幕 ，以宽度和高度中数值较小的那个为准将图像缩放至填充整个文档窗口。

图2-16

图2-17

2.3.5 图像窗口排列

当打开多个图像文件时，会出现多个图像文件窗口，这就需要对窗口进行布置和摆放。

同时打开多幅图像，如图2-18所示。按Tab键，可以隐藏操作界面中的工具箱和控制面板，如图2-19所示。

选择“窗口 > 排列 > 全部垂直拼贴”命令，图像窗口的排列效果如图2-20所示。选择“窗口 > 排列 > 全部水平拼贴”命令，图像窗口的排列效果如图2-21所示。用相同的方法可以选择其他排列方式。

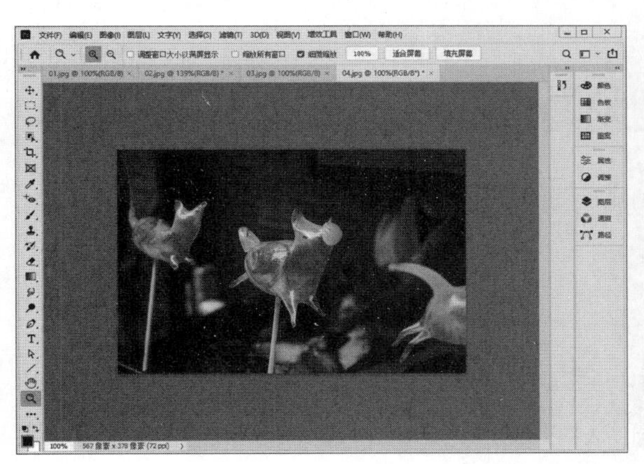

图2-18

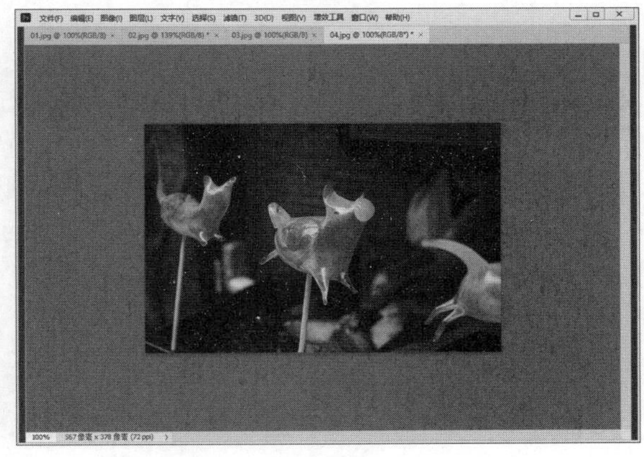

图2-19

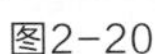

图2-20

图2-21

2.3.6 观察放大图像

选择抓手工具，在文档窗口中鼠标指针变为形状，按住鼠标左键拖曳图像，可以观察图像的每个部分，如图2-22所示。直接按住鼠标左键拖曳图像周围的垂直滚动条和水平滚动条，也可观察图像的每个部分，如图2-23所示。如果正在使用其他的工具进行工作，按住Space（空格）键可以快速切换到抓手工具。

图2-22

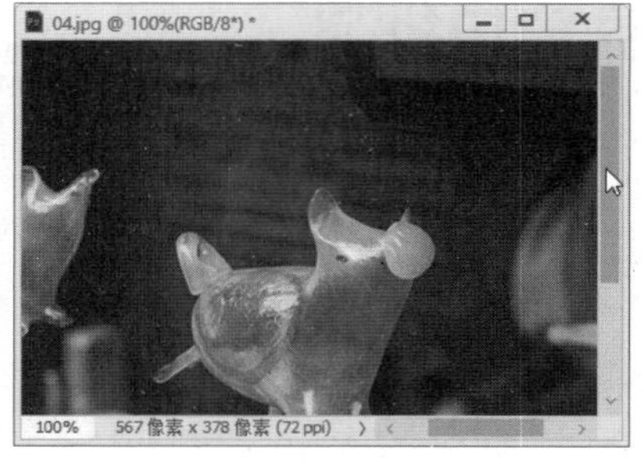

图2-23

2.4 图像的移动、复制和删除

在Photoshop中，可以非常便捷地移动、复制和删除图像。

2.4.1 图像的移动

打开一张图片。选择矩形选框工具，在图像中要移动的区域绘制选区，如图2-24所示。选择移动工具，将鼠标指针放在选区中，鼠标指针变为形状，如图2-25所示。拖曳选区到适当的位置，可以移动选区内的图像，原来的选区位置被背景色填充，效果如图2-26所示。

图2-24

图2-25

图2-26

再打开一张图片。将选区中的相框图片拖曳到打开的图像中，松开鼠标前，鼠标指针变为形状，如图2-27所示，松开鼠标，选区中的相框图片被复制到打开的图像窗口中，效果如图2-28所示。

图2-27

图2-28

2.4.2 图像的复制

打开一张图片。选择矩形选框工具，在图像窗口中绘制出需要复制的图像区域，如图2-29所示。选择移动工具，将鼠标指针放在选区中，鼠标指针变为形状，如图2-30所示。

按住Alt键不放，鼠标指针变为形状，如图2-31所示。拖曳选区中的图像到适当的位置，松开鼠标和Alt键，图像复制完成，效果如图2-32所示。

图2-29

图2-30

图2-31

图2-32

选择“编辑 > 拷贝”命令，或按Ctrl+C快捷键，会将选区中的图像复制到剪贴板中，这时屏幕上的图像并没有变化。选择“编辑 > 粘贴”命令，或按Ctrl+V快捷键，将剪贴板中的图像粘贴在图像的新图层中，复制的图像在原图像的上方。

提示 在复制图像前，需要选择将要复制的图像区域。如果不选择图像区域，将不能复制图像。

2.4.3 图像的删除

在删除图像前，需要选择要删除的图像区域。如果不选择图像区域，将不能删除图像。

在要删除的图像上绘制选区，如图2-33所示。选择“编辑 > 清除”命令，可将选区中的图像删除。

按Ctrl+D快捷键，可取消选区，效果如图2-34所示。

图2-33

图2-34

提示 删除选区内的图像后，这个选区会由背景色填充。如果是在某一图层中删除选区内的图像，这个选区将显示下面一层的图像。

2.5 标尺、参考线和网格的设置

对标尺、参考线和网格等辅助线进行合理设置，可以使图像处理更加精确。实际设计任务中的许多问题，都需要使用标尺、参考线和网格来解决。

2.5.1 标尺的设置

设置标尺可以精确地处理图像。选择“编辑 > 首选项 > 单位与标尺”命令，会弹出相应的对话框，如图2-35所示。

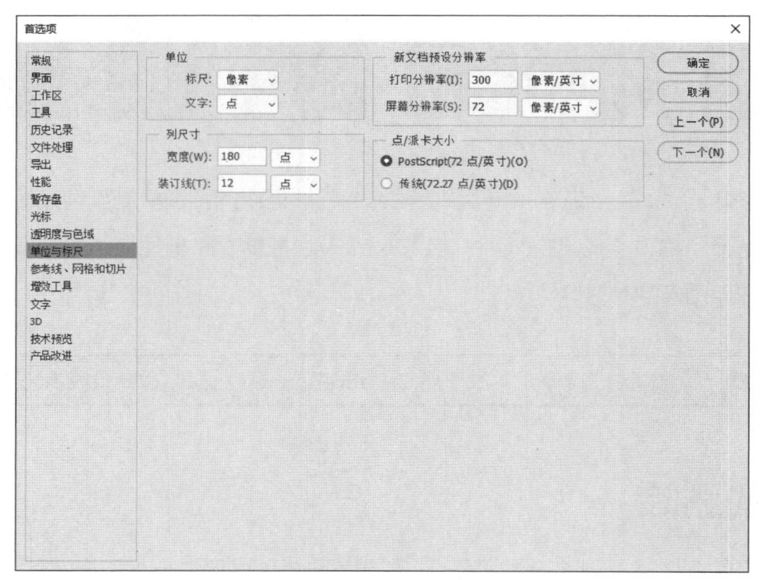

图2-35

单位：用于设置标尺和文字的显示单位，有不同的显示单位可供选择。**新文档预设分辨率：**用于设置新建文档的预设分辨率。**列尺寸：**用列来精确确定图像的尺寸。**点/派卡大小：**与输出有关。

选择“视图 > 标尺”命令，或按Ctrl+R快捷键，可以将标尺显示或隐藏，如图2-36和图2-37所示。

图2-36

图2-37

将鼠标指针放在标尺原点处，如图2-38所示，向右下方拖曳鼠标到适当的位置，如图2-39所示，松开鼠标，标尺的原点就变为鼠标拖曳后的位置，如图2-40所示。

图2-38

图2-39

图2-40

2.5.2 参考线的设置

1. 新建参考线

将鼠标指针放在水平标尺上，按住鼠标左键不放，向下拖曳可创建水平的参考线，如图2-41所示。将鼠标指针放在垂直标尺上，按住鼠标左键不放，向右拖曳可创建垂直的参考线，如图2-42所示。

此外，选择“视图参考线 > 新建参考线”命令，会弹出“新建参考线”对话框，如图2-43所示，设置“取向”和“位置”后单击“确定”按钮，文档窗口中会出现新建的参考线。

图2-41

图2-42

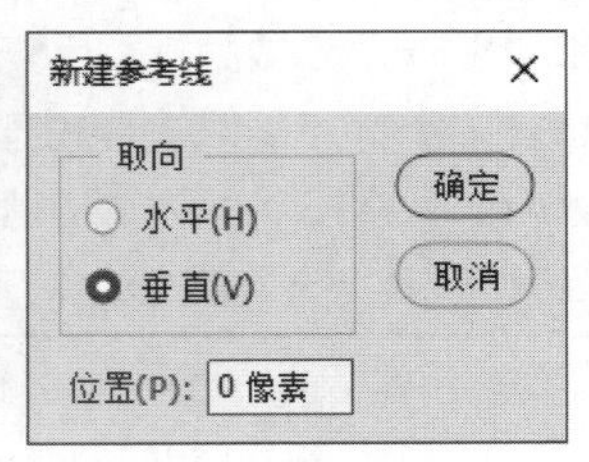

图2-43

2. 显示或隐藏参考线

选择“视图 > 显示 > 参考线”命令，可以显示或隐藏参考线。此命令只有在存在参考线的前提下才能应用。

3. 移动参考线

选择移动工具 ，将鼠标指针放在参考线上，当鼠标指针变为 形状时，按住鼠标左键拖曳，可以移动参考线。

4. 锁定参考线

选择“视图参考线 > 锁定参考线”命令，或按Alt+Ctrl+;快捷键，可以将参考线锁定，参考线被锁定后将不能移动。

5. 清除参考线

选择“视图参考线 > 清除参考线”命令，可以将参考线清除。

2.5.3 网格的设置

选择“编辑 > 首选项 > 参考线、网格和切片”命令，会弹出相应的对话框，如图2-44所示。

参考线： 用于设置参考线的颜色和样式。**网格：** 用于设置网格的颜色、样式、网格线间隔和子网格等。**切片：** 用于设置切片的颜色和显示切片的编号。**路径：** 用于设置路径的选定颜色。

选择“视图 > 显示 > 网格”命令，或按Ctrl+’快捷键，可以显示或隐藏网格，如图2-45和图2-46所示。

> **提示** 反复按Ctrl+R快捷键，可以将标尺显示或隐藏。反复按Ctrl+;快捷键，可以将参考线显示或隐藏。反复按Ctrl+’快捷键，可以将网格显示或隐藏。

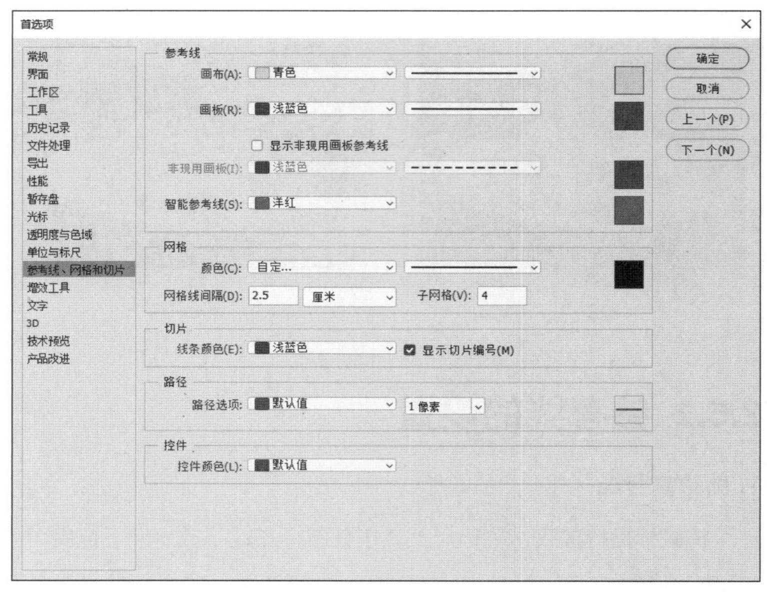

图2-44

图2-45

图2-46

2.6 图像和画布尺寸的调整

根据制作过程中的不同需求，可以随时调整图像尺寸和画布尺寸。

2.6.1 图像尺寸的调整

打开一张图像。选择“图像 > 图像大小”命令，或按Ctrl+Alt+I快捷键，会弹出“图像大小”对话框，如图2-47所示。通过改变“宽度”“高度”“分辨率”选项的数值，可以改变图像的尺寸，图像的文档大小也相应改变。

缩放样式： 选择此选项后，若在图像操作中添加了图层样式，可以在调整大小时自动缩放样式大小。

尺寸： 指图像的宽度和高度的总像素数。单击“尺寸”右侧的按钮，可以改变计量单位。

调整为： 指选取预设以调整图像大小。

约束比例：勾选“重新采样”复选框后，单击“宽度”和“高度”选项左侧的锁链标志，变成连接状态后，表示改变其中一项的数值时两项会成比例地同时改变。

分辨率：指位图图像中的细节精细度，计量单位一般选用像素/英寸（ppi），每英寸的像素越多，分辨率越高。

重新采样：不勾选此复选框，尺寸的数值将不会改变，“宽度”“高度”“分辨率”选项左侧的锁链标志会变成连接状态，改变其中一项的数值时三项会同时改变，如图2-48所示。

图2-47

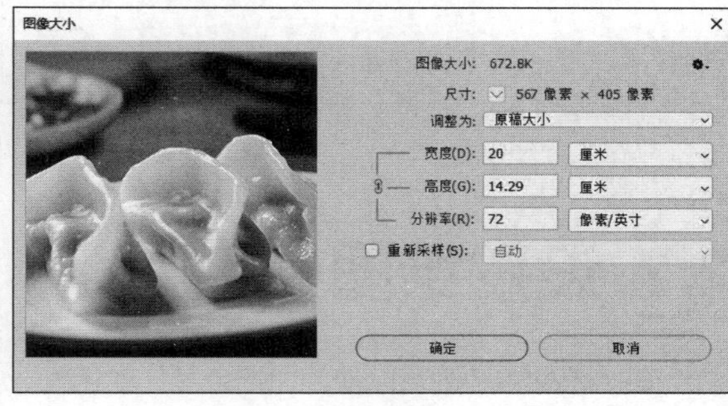

图2-48

在“图像大小”对话框中，如果要改变数值的计量单位，可在下拉列表中进行选择，如图2-49所示。在“调整为”下拉列表中选择“自动分辨率”，会弹出“自动分辨率”对话框，如图2-50所示，进行调整确认后，系统将自动调整图像的分辨率和品质效果。

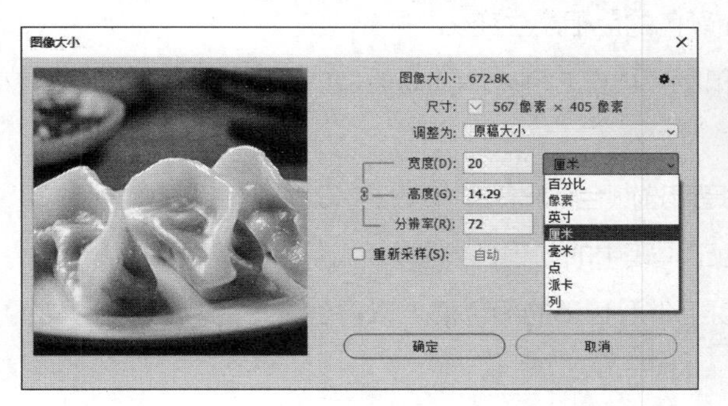

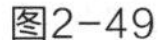

图2-49

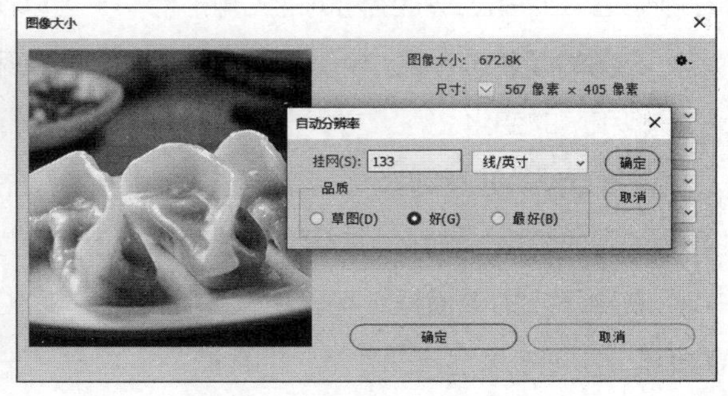

图2-50

2.6.2 画布尺寸的调整

图像画布尺寸的大小是指当前图像的工作空间的大小。选择“图像 > 画布大小”命令，会弹出“画布大小”对话框，如图2-51所示。

当前大小：显示的是当前文件的大小和尺寸。

新建大小：用于重新设置图像画布的尺寸。

定位：用于调整图像在新画面中的位置，可偏左、居中或在右上角等，如图2-52所示。

画布扩展颜色：在下拉列表中可以选择填充图像周围扩展部分的颜色，可以选择前景色、背景色或Photoshop中的默认颜色，也可以自己调整所需颜色。

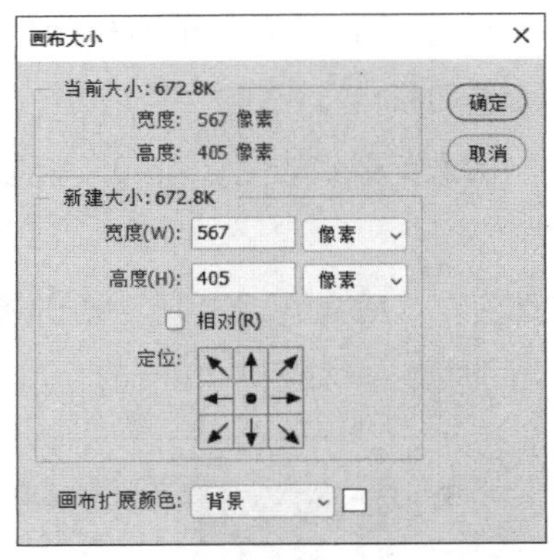

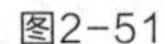

图2-51

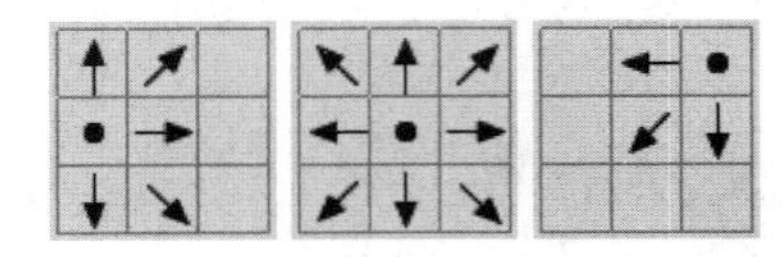

图2-52

2.7 设置绘图颜色

在Photoshop中可以使用“拾色器”对话框、“颜色”面板和“色板”面板进行颜色的设置。

2.7.1 使用“拾色器”对话框设置颜色

单击工具箱中的“设置前景色/设置背景色”图标，会弹出“拾色器”对话框，如图2-53所示，在颜色色带上单击或拖曳两侧的三角形滑块，可以使颜色的色相产生变化。

左侧的颜色选择区：可以选择颜色的明度和饱和度，垂直方向表示的是明度的变化，水平方向表示的是饱和度的变化。

右侧上方的颜色框：显示所选择的颜色，下方是所选颜色的HSB、RGB、CMYK和Lab值，选择好颜色后，单击“确定”按钮，所选择的颜色将变为工具箱中的前景色或背景色。

右侧下方的数值框：可以输入HSB、RGB、CMYK和Lab的颜色值，以得到希望的颜色。下方的数值框 # 000000 中显示的是颜色的数值。

只有Web颜色：勾选此复选框，颜色选择区中将出现供网页使用的颜色，如图2-54所示。

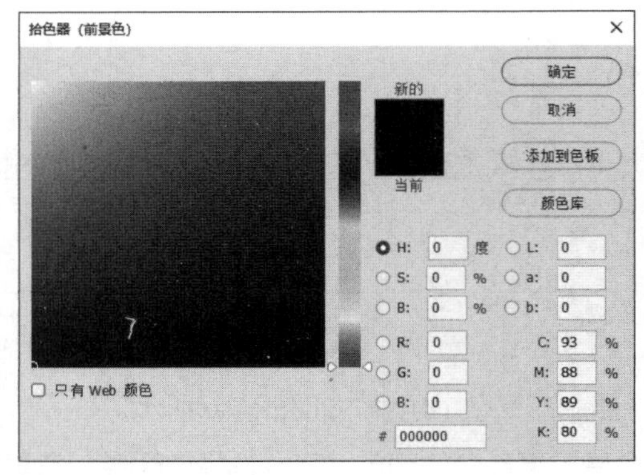

图2-53

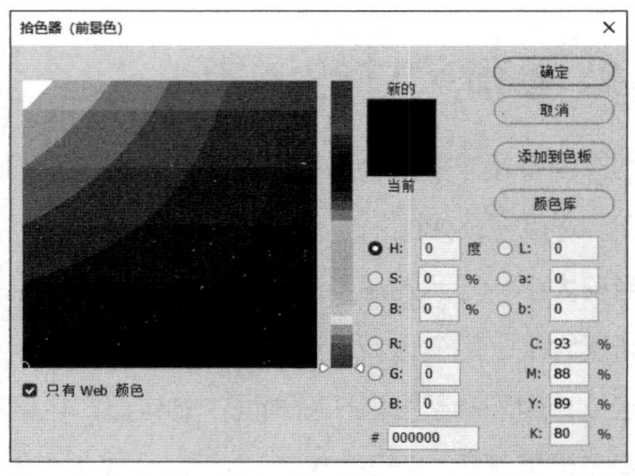

图2-54

在“拾色器”对话框中单击颜色库按钮，会弹出“颜色库”对话框，如图2-55所示。在此对话框中，“色库”下拉菜单中是一些常用的印刷颜色体系，如图2-56所示，其中“TRUMATCH”是为印刷设计提供服务的印刷颜色体系。

在“颜色库”对话框中，单击颜色色相区域或拖曳两侧的三角形滑块，可以使颜色的色相产生变化。在颜色选择区中选择带有编码的颜色，在对话框的右侧上方颜色框中会显示出所选择的颜色，右侧下方是所选择颜色的色值。

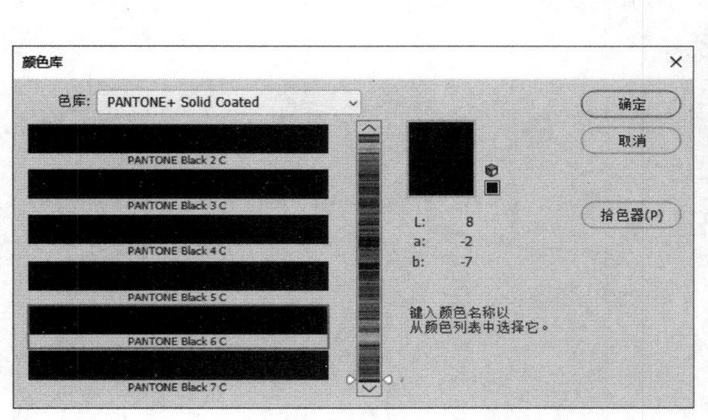

图2-55

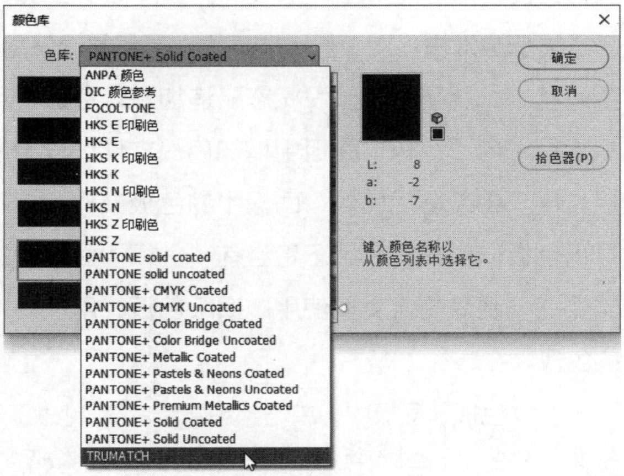

图2-56

2.7.2 使用“颜色”面板设置颜色

选择“窗口 > 颜色”命令，会弹出“颜色”面板，如图2-57所示，在该面板中可以改变前景色或背景色的颜色。

单击左侧的“设置前景色/设置背景色”图标，确定所调整的是前景色还是背景色，拖曳三角滑块或在色带中单击所需的颜色，或直接在颜色的数值框中输入数值，都可以调整颜色。

单击“颜色”面板右上方的按钮，会弹出面板菜单，如图2-58所示。此菜单用于设置“颜色”面板中显示的颜色模式，可以在不同的颜色模式中调整颜色。

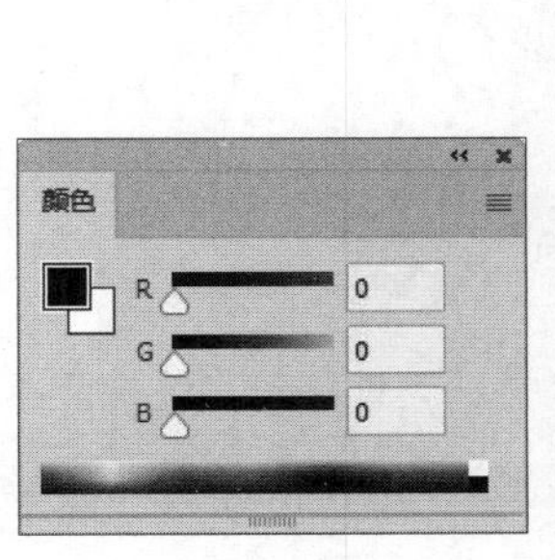

图2-57

图2-58

2.7.3 使用“色板”面板设置颜色

选择“窗口 > 色板”命令，会弹出“色板”面板，如图2-59所示，可以选取一种颜色来改变前景色或背景色。单击“色板”面板右上方的按钮，会弹出面板菜单，如图2-60所示。

新建色板预设：用于新建一个色板。**新建色板组：**用于新建一个色板组。**重命名色板：**用于重命名色板。**删除色板：**用于删除色板。**小型缩览图：**可使控制面板显示最小型图标。**小/大缩览图：**可使控制面板显示为小/大图标。**小/大列表：**可使控制面板显示为小/大列表。**显示搜索栏：**用于显示搜索栏。**显示最近使用的项目：**可显示最近使用的颜色。**预设状态：**用于显示预设状态。**追加默认色板：**用于追加系统的初始色板。**导入色板：**用于向“色板”面板中增加色板文件。**导出所选色板：**用于将当前“色板”面板中的色板文件存入硬盘。**导出色板以供交换：**用于将当前“色板”面板中的色板文件存入硬盘并供交换使用。**旧版色板：**用于使用旧版的色板。

在“色板”面板中，单击“创建新色板”按钮，如图2-61所示，会弹出“色板名称”对话框，如图2-62所示，确认或修改名称，单击“确定”按钮，即可将当前的前景色添加到“色板”面板中，如图2-63所示。

图2-59

图2-60

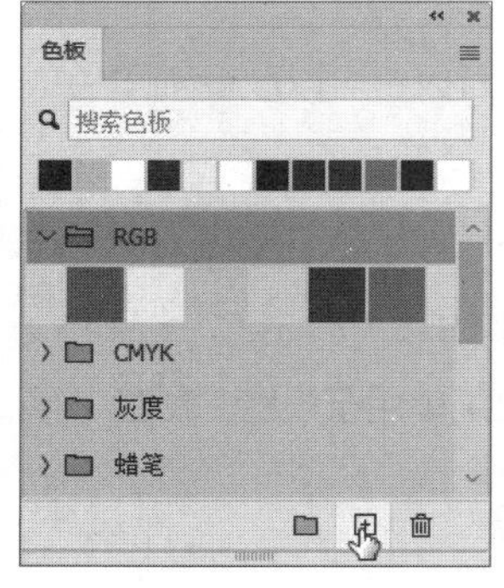

图2-61

图2-62

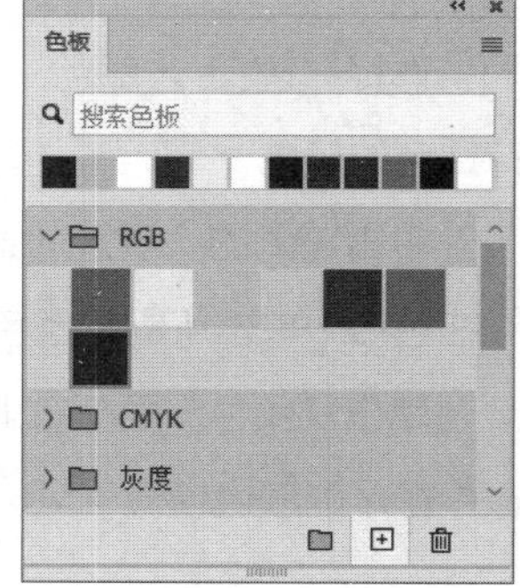

图2-63

在“色板”面板中，将鼠标指针移到色标上，鼠标指针会变为吸管形状，此时单击，将设置吸取的颜色为前景色。

2.8 了解图层的含义

使用图层可在不影响图像中其他图像元素的情况下处理某一图像元素。可以将图层想象成一张张叠起来的硫酸纸，透过图层的透明区域可以看到下面的图层，更改图层的顺序和属性可以改变图像的合成效果。图像效果如图2-64所示，其图层原理如图2-65所示。

图2-64

图2-65

2.8.1 “图层”面板

“图层”面板列出了图像中的所有图层、组和图层效果，如图2-66所示。可以使用“图层”面板来搜索图层、显示或隐藏图层、创建新图层和处理图层组，还可以在“图层”面板菜单中设置其他命令和选项。

图2-66

图层搜索功能：在框中可以选取9种不同的搜索方式，选取某一方式后，面板中将只显示符合条件的图层。类型：可以通过单击“像素图层过滤器”按钮、“调整图层过滤器”按钮、“文字图层过滤器”按钮、“形状图层过滤器”按钮和“智能对象过滤器”按钮来搜索需要的图层类型。名称：可以在右侧的框中输入图层名称来搜索图层。效果：通过图层应用的图层样式来搜索图层。模式：通过图层设置的混合模式来搜索图层。属性：通过图层的可见性、锁定、链接、混合和蒙版等属性来搜索图层。颜色：通过不同的图层颜色来搜索图层。智能对象：通过图层中不同智能对象的链接方式来搜索图层。选定：通过选定的图层来搜索图层。画板：通过画板来搜索图层。

图层的混合模式：用于设置图层的混合模式，共包含27种混合模式。

不透明度：用于设置图层的不透明度。

锁定：可以完全或部分锁定图层以保护其内容，图层锁定后右端会显示图标。有5个工具图标，如图2-67所示。

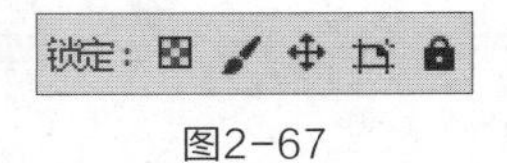

图2-67

锁定透明像素：用于锁定当前图层中的透明区域，使透明区域不能被编辑。

锁定图像像素：使当前图层和透明区域不能被编辑。

锁定位置：使当前图层不能被移动。

防止在画板和画框内外自动嵌套：用于锁定画板在画布上的位置，阻止在画板和画框内部或外部自动嵌套。

锁定全部：使当前图层或序列完全被锁定。

填充：用于设置图层的填充百分比。

眼睛图标： 用于显示或隐藏图层中的内容。

T图标： 表示此图层为可编辑的文字图层。

在“图层”面板底部有7个工具按钮图标，如图2-68所示。

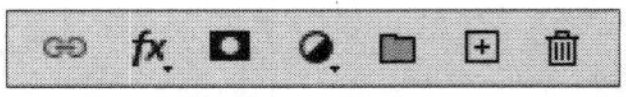

图2-68

链接图层： 使所选图层和当前图层成为一组，各链接图层的右侧会显示图标。当对一个链接图层进行操作时，将影响一组链接图层。

添加图层样式： 为当前图层添加图层样式效果。

添加蒙版： 将在当前图层上创建一个蒙版。在图层蒙版中，黑色代表隐藏图像，白色代表显示图像。可以使用画笔等绘图工具对蒙版进行绘制，还可以将蒙版转换成选择区域。

创建新的填充或调整图层： 可对图层进行颜色填充和效果调整。

创建新组： 用于新建一个文件夹，可在其中放入图层。

创建新图层： 用于在当前图层的上方创建一个新图层。

删除图层： 可以将不需要的图层拖曳到此处进行删除。

2.8.2 “图层”面板菜单

单击“图层”面板右上方的按钮，会弹出面板菜单，如图2-69所示。

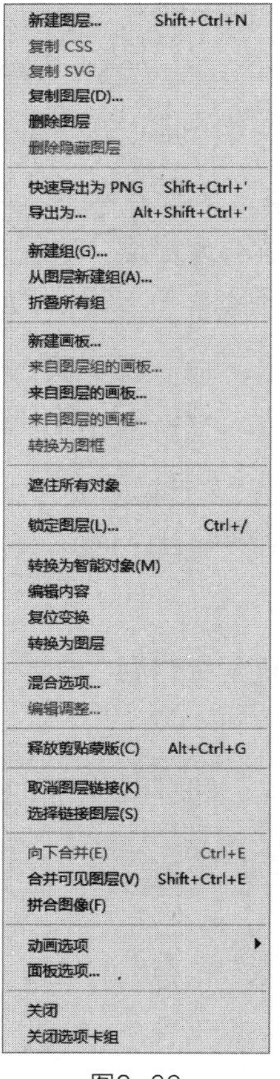

图2-69

2.8.3 新建图层

1. 使用控制面板菜单

单击“图层”面板右上方的按钮，会弹出面板菜单，选择“新建图层”命令，会弹出“新建图层”对话框，如图2-70所示，进行设置后单击“确定”按钮，可新建一个图层。

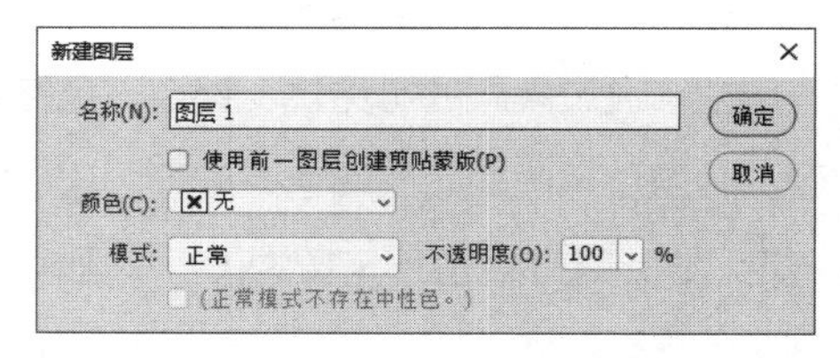

图2-70

名称： 用于设置新图层的名称。**使用前一图层创建剪贴蒙版：** 勾选此项，可以使用前一图层创建剪贴蒙版。**颜色：** 用于设置新图层的颜色。**模式：** 用于设置当前图层的合成模式。**不透明度：** 用于设置当前图层的不透明度值。

2. 使用控制面板按钮

单击“图层”面板下方的“创建新图层”按钮，可以创建一个新图层。按住Alt键的同时单击“创建新图层”按钮，会弹出“新建图层”对话框。

3. 使用“图层”菜单命令或快捷键

选择“图层 > 新建 > 图层”命令，会弹出“新建图层”对话框。

按Shift+Ctrl+N快捷键，也可以弹出“新建图层”对话框。

2.8.4 复制图层

1. 使用控制面板菜单

单击“图层”面板右上方的按钮，会弹出面板菜单，选择“复制图层”命令，会弹出“复制图层”对话框，如图2-71所示，进行设置后单击“确定”按钮，可复制一个图层。

为：用于设置复制图层的名称。**文档：**用于设置复制图层的文件来源。

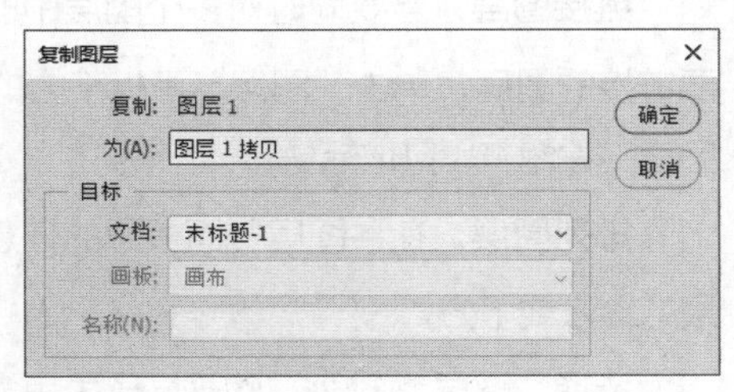

图2-71

2. 使用控制面板按钮

在控制面板中，将需要复制的图层拖曳到下方的“创建新图层”按钮上，可以将所选的图层复制为一个新图层。

3. 使用菜单命令

选择“图层 > 复制图层”命令，会弹出“复制图层”对话框。

4. 使用鼠标拖曳的方法复制不同图像之间的图层

打开目标图像和需要复制的图像，将需要复制的图像在“图层”控制面板中的图层直接拖曳到目标图像中，可以完成复制。

2.8.5 删除图层

1. 使用控制面板菜单

单击“图层”面板右上方的按钮，会弹出面板菜单，选择“删除图层”命令，会弹出提示对话框，如图2-72所示，单击“是”按钮，删除图层。

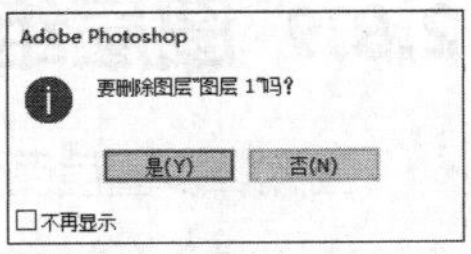

图2-72

2. 使用控制面板按钮

在“图层”控制面板中，选中要删除的图层，单击下方的“删除图层”按钮，即可删除图层；将需要删除的图层直接拖曳到“删除图层”按钮上，也可以删除图层。

3. 使用菜单命令

选择“图层 > 删除 > 图层”命令，即可删除图层。

2.8.6 图层的显示和隐藏

单击“图层”面板中任意图层左侧的眼睛图标，可以隐藏或显示这个图层。

按住Alt键的同时单击“图层”面板中的任意图层左侧的眼睛图标，则文档窗口中将只显示这个图层，其他图层会被隐藏。

2.8.7 图层的选择、链接和排列

选择图层：用鼠标单击“图层”面板中的任意一个图层，可以选择这个图层。

选择移动工具，在文档窗口中的图像上右击，会弹出一组供选择的图层选项菜单，选择所需要的图层即可。

链接图层：当要同时对多个图层中的图像进行操作时，可以将多个图层进行链接，方便操作。选中要链接的图层，单击“图层”面板下方的“链接图层”按钮，选中的图层会被链接；再次单击“链接图层”按钮，可取消链接。

排列图层：在“图层”面板中的任意图层上按住鼠标左键不放，拖曳鼠标可将该图层调整到其他图层的上方或下方。

选择“图层 > 排列”的不同子菜单命令，可以设置相应的排列方式。

提示 按Ctrl+ [快捷键，可以将当前图层向下移动一层；按Ctrl+] 快捷键，可以将当前图层向上移动一层；按Shift+Ctrl+ [快捷键，可以将当前图层移动到除了背景图层以外的所有图层的下方；按Shift+Ctrl+] 快捷键，可以将当前图层移动到所有图层的上方。背景图层不能随意移动，可以将其转换为普通图层后再移动。

2.8.8 合并图层

“向下合并”命令用于向下合并图层。单击“图层”面板右上方的按钮，在面板菜单中选择“向下合并”命令，或按Ctrl+E快捷键，即可完成操作。

“合并可见图层”命令用于合并所有可见图层。单击“图层”面板右上方的按钮，在面板菜单中选择“合并可见图层”命令，或按Shift+Ctrl+E快捷键，即可完成操作。

“拼合图像”命令用于合并所有的图层。单击“图层”面板右上方的按钮，在面板菜单中选择“拼合图像”命令，即可完成操作。

2.8.9 图层组

当编辑多图层图像时，为了方便操作，可以将多个图层放置在一个图层组中。单击“图层”面板右上方的按钮，在面板菜单中选择“新建组”命令，会弹出“新建组”对话框，单击“确定”按钮，新建一个图层组。选中要放置到组中的多个图层，将其拖曳到组中即可。

提示 单击“图层”控制面板下方的“创建新组”按钮，或选择“图层 > 新建 > 组”命令，可以新建图层组。还可选中要放置在图层组中的所有图层，按Ctrl+G快捷键，会生成新的图层组，并将选中的图层放置其中。

2.9 恢复操作的应用

在绘制和编辑图像的过程中，经常会错误地执行一个步骤或对制作的一系列效果不满意。当希望恢复到前一步或原来的图像效果时，可以使用恢复操作。

2.9.1 恢复操作

在编辑图像的过程中可以随时将操作还原到上一步，也可以重做还原前的操作。选择“编辑 > 还原”命令，或按Ctrl+Z快捷键，可以还原到上一步操作。选择“编辑 > 重做”命令，或按Shift+Ctrl+Z快捷键，可以重做被撤销的操作。需要说明的是，“编辑”菜单会在“还原”和“重做”字样后显示操作名称，如“编辑 > 还原图层可见性”。选择“文件 > 恢复”命令，可以直接将图像恢复到最后一次保存的状态。

2.9.2 中断操作

当Photoshop正在进行图像处理时，如果想中断这次操作，可以按Esc键。

2.9.3 恢复到操作过程的任意步骤

“历史记录”面板可以将进行过多次处理操作的图像恢复到任一步操作时的状态，即拥有所谓的“多次恢复功能”。选择“窗口 > 历史记录”命令，会弹出“历史记录”面板，如图2-73所示。

“历史记录”面板底部的按钮从左至右依次为“从当前状态创建新文档”按钮、“创建新快照”按钮和“删除当前状态”按钮。

单击“历史记录”面板右上方的按钮，会弹出面板菜单，如图2-74所示。

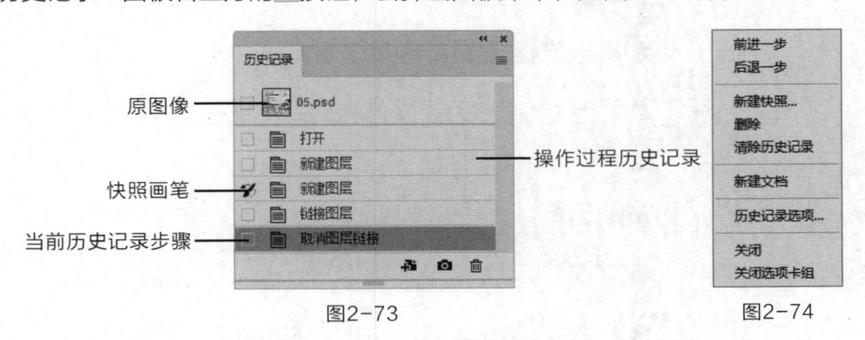

图2-73　　图2-74

前进一步：用于从当前历史记录转到下面一个历史记录。

后退一步：用于从当前历史记录转到上面一个历史记录。

新建快照：用于根据当前历史记录建立新的快照。

删除：用于删除当前历史记录。

清除历史记录：用于清除除当前历史记录外的其余所有历史记录。

新建文档：用于根据当前历史记录建立新的文件。

历史记录选项：用于设置“历史记录”面板。

“关闭”和“关闭选项卡组”：用于关闭“历史记录”面板和面板所在的选项卡组。

第 3 章

绘制和编辑选区

本章介绍

本章主要介绍绘制选区的方法，以及编辑选区的技巧。通过学习本章内容，读者可以学会绘制规则与不规则的选区，并对选区进行移动、羽化、反选等调整操作。

学习目标

- 掌握选区工具的使用方法。
- 熟悉绘制选区的操作技巧。

技能目标

- 掌握“家居装饰类电商Banner”的制作方法。
- 掌握“沙发详情页主图”的制作方法。

3.1 选区的绘制

要对图像进行编辑，首先要进行选择图像的操作。能够快捷、精确地选择图像，是提高图像处理效率的关键。

3.1.1 课堂案例——制作家居装饰类电商Banner

案例学习目标 学习使用不同的选区工具来选择不同外形的装饰摆件。

案例知识要点 使用椭圆选框工具、矩形选框工具抠取时钟和画框，使用磁性套索工具抠取绿植，使用移动工具合成图像，最终效果如图3-1所示。

效果所在位置 Ch03\效果\制作家居装饰类电商Banner.psd。

图3-1

01 按Ctrl+O快捷键，打开本书学习资源中的“Ch03\素材\制作家居装饰类电商Banner\01、02”文件，如图3-2、图3-3所示。

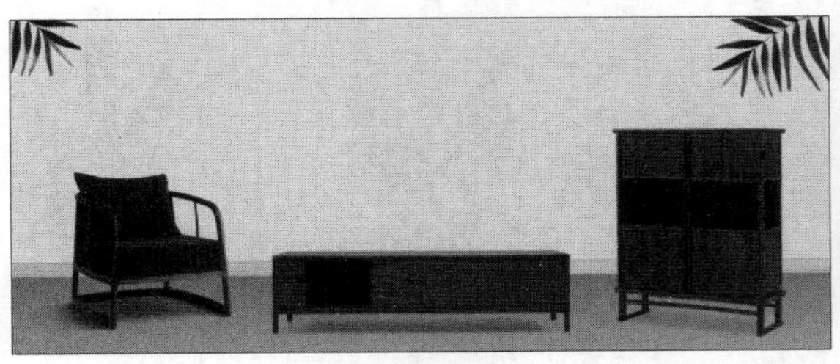
图3-2

图3-3

02 选择椭圆选框工具，在“02”图像窗口中，按住Alt+Shift组合键的同时以时钟中心为起点拖曳鼠标绘制圆形选区，如图3-4所示。

03 选择移动工具，将选区中的图像拖曳到“01”图像窗口中适当的位置，如图3-5所示，“图层”面板中会生成新的图层，将其命名为“时钟”。

图3-4

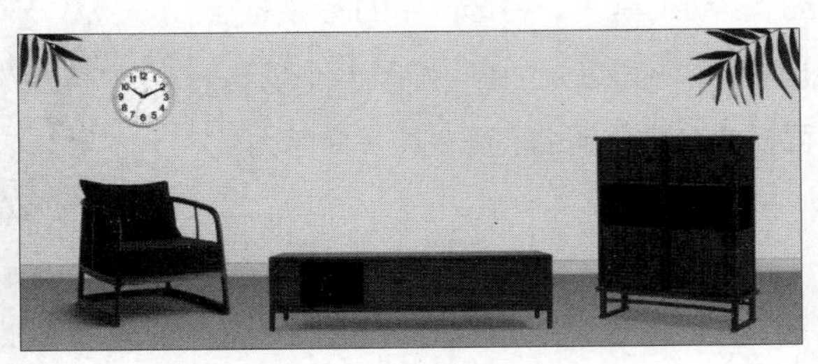
图3-5

04 单击“图层”面板下方的“添加图层样式”按钮fx，在弹出的菜单中选择“投影”命令，在弹出的对话框中进行设置，如图3-6所示；单击“确定”按钮，效果如图3-7所示。

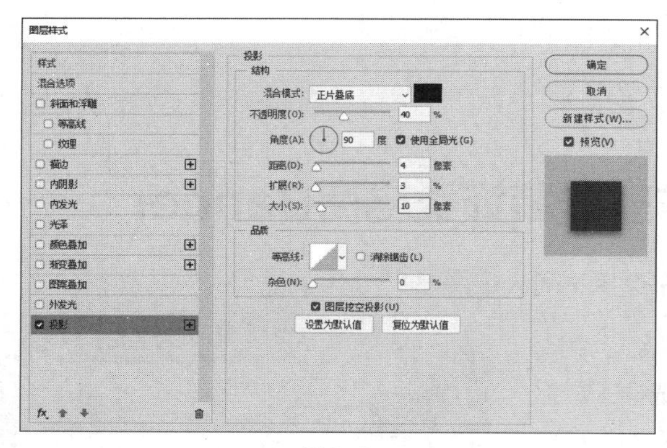

图3-6

图3-7

05 按Ctrl+O快捷键，打开本书学习资源中的“Ch03\素材\制作家居装饰类电商Banner\03”文件，如图3-8所示。选择磁性套索工具，在“03”图像窗口中沿着绿植图像边缘拖曳鼠标，磁性套索工具的磁性轨迹会紧贴图像的轮廓，如图3-9所示，将鼠标指针移到起点，如图3-10所示，单击封闭选区，效果如图3-11所示。

图3-8

图3-9

图3-10

图3-11

06 在属性栏中单击“从选区减去”按钮，在已有选区上继续绘制，减去空白区域，效果如图3-12所示。选择移动工具，将选区中的图像拖曳到“01”图像窗口中适当的位置，如图3-13所示，“图层”面板中会生成新的图层，将其命名为“绿植”。

图3-12

图3-13

07 按Ctrl+O快捷键，打开本书学习资源中的“Ch03\素材\制作家居装饰类电商Banner\04”文件，选择移动工具，将花瓶图片拖曳到“01”图像窗口中适当的位置，效果如图3-14所示，“图层”面板中会生成新图层，将其命名为“花瓶”。

08 按Ctrl+O快捷键，打开本书学习资源中的“Ch03\素材\制作家居装饰类电商Banner\05”文件，如图3-15所示。

图3-14

图3-15

09 选择矩形选框工具，在“05”图像窗口中沿着画框边缘拖曳鼠标绘制矩形选区，如图3-16所示。选择移动工具，将选区中的图像拖曳到“01”图像窗口中适当的位置，如图3-17所示，“图层”面板中会生成新的图层，将其命名为“画框”。

图3-16

图3-17

10 单击“图层”面板下方的“添加图层样式”按钮，在弹出的菜单中选择“投影”命令，在弹出的对话框中进行设置，如图3-18所示；单击“确定”按钮，效果如图3-19所示。

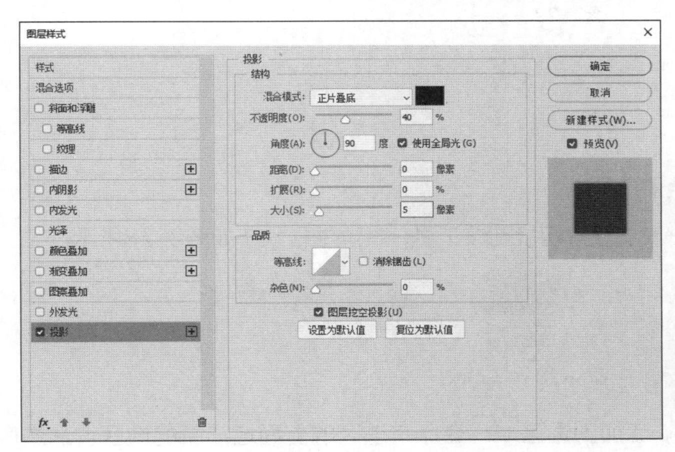

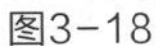

图3-18

图3-19

11 单击“图层”面板下方的“创建新的填充或调整图层”按钮，在弹出的菜单中选择“色相/饱和度”命令，“图层”面板中会生成“色相/饱和度 1”图层，同时弹出“属性”面板，单击该面板下方的“此调整影响下面的所有图层”按钮使其显示为“此调整剪切到此图层”按钮，其他选项设置如图3-20所示；按Enter键确认操作，效果如图3-21所示。

图3-20

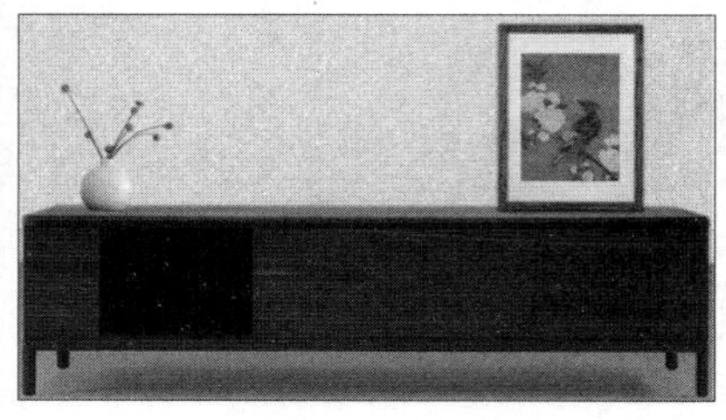

图3-21

12 按Ctrl+O快捷键，打开本书学习资源中的“Ch03\素材\制作家居装饰类电商Banner\06”文件，选择移动工具，将广告文字拖曳到“01”图像窗口中适当的位置，效果如图3-22所示，“图层”面板中会生成新的图层，将其命名为“文字”。家居装饰类电商Banner制作完成。

图3-22

3.1.2 选框工具

使用矩形选框工具可以在图像中绘制矩形选区。

选择矩形选框工具，或反复按Shift+M快捷键切换到该工具，其属性栏状态如图3-23所示。

图3-23

新选区：去除旧选区，绘制新选区。**添加到选区**：在原有选区的上面增加新的选区。**从选区减去**：在原有选区上减去新选区的部分。**与选区交叉**：选择新旧选区重叠的部分。**羽化**：用于设置选区边界的羽化程度。**消除锯齿**：用于清除选区边缘的锯齿。**样式**：用于选择选区尺寸类型。**选择并遮

住：有多项参数可用于细化选区。

选择矩形选框工具，在图像窗口中适当的位置拖曳鼠标绘制选区；松开鼠标，矩形选区绘制完成，如图3-24所示。按住Shift键的同时在图像窗口中拖曳鼠标，可以绘制出正方形选区，如图3-25所示。

图3-24

图3-25

在属性栏中选择“样式”下拉列表中的“固定比例”选项，将“宽度”选项设为3，“高度”选项设为2，如图3-26所示，可以在图像中绘制固定比例的选区，效果如图3-27所示。单击“高度和宽度互换”按钮，可以快速地将“宽度”和“高度”选项的数值互换，互换后绘制的选区效果如图3-28所示。

图3-26

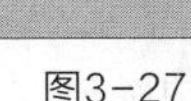

图3-27

图3-28

在属性栏中选择“样式”下拉列表中的“固定大小”选项，在“宽度”和“高度”选项中输入数值，如图3-29所示，可以在图像中绘制固定大小的选区，效果如图3-30所示。单击“高度和宽度互换”按钮，可以快速地将“宽度”和“高度”选项的数值互换，互换后绘制的选区效果如图3-31所示。

图3-29

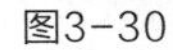

图3-30

图3-31

椭圆选框工具的应用方法与矩形选框工具基本相同，这里不再赘述。

3.1.3 套索工具

使用套索工具可以在图像中绘制不规则形状的选区，从而选取不规则形状的图像。

选择套索工具，或反复按Shift+L快捷键切换到该工具，其属性栏状态如图3-32所示。

图3-32

选择套索工具，在图像窗口中适当的位置拖曳鼠标进行绘制，如图3-33所示，松开鼠标，选择区域自动封闭，生成选区，效果如图3-34所示。

图3-33

图3-34

3.1.4 魔棒工具

使用魔棒工具可以选取图像中与单击位置的颜色相似的区域。

选择魔棒工具，或反复按Shift+W快捷键切换到该工具，其属性栏状态如图3-35所示。

图3-35

取样大小：用于设置取样范围的大小。**容差：**用于控制选取颜色的范围，数值越大，可容许的颜色范围越大。**连续：**勾选后，仅选择连续像素。**对所有图层取样：**勾选后，作用于所有图层。**选择主体：**用于从图像中最突出的对象处创建选区。

选择魔棒工具，在图像中单击需要选择的颜色区域，即可得到需要的选区，如图3-36所示。将“容差”选项设为100，再次单击需要选择的区域，生成选区，效果如图3-37所示。

图3-36

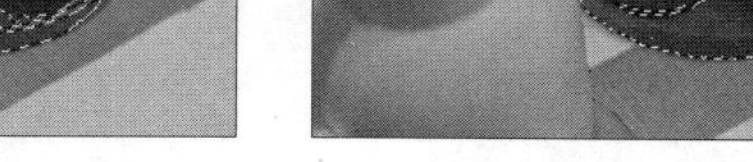

图3-37

打开一张图片，如图3-38所示。选择魔棒工具，单击属性栏中的选择主体按钮，主体周围生成选区，效果如图3-39所示。

图3-38

图3-39

3.1.5 对象选择工具

使用对象选择工具可以在选定的区域内查找并自动选择一个对象。

选择对象选择工具，其属性栏状态如图3-40所示。

图3-40

对象查找程序： 用于在图像上查找对象并选择所需的对象或区域。：用于从附加选项中启用对象减去。**模式：** 用于选择“矩形”或“套索”选取模式。

打开一张图片，如图3-41所示。选择对象选择工具，在主体周围绘制选区，如图3-42所示，主体图像周围生成选区，如图3-43所示。

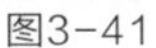

图3-41

图3-42

图3-43

单击属性栏中的“从选区减去”按钮，单击按钮，在弹出的面板中保持“减去对象”复选框的选取状态，在图像中绘制选区，如图3-44所示，减去的选区如图3-45所示；取消“减去对象”复选框的选取状态，在图像中绘制选区，减去的选区如图3-46所示。

图3-44

图3-45

图3-46

提示 对象选择工具不适合选取边界不清晰或带有毛发的复杂图形。

3.1.6 “色彩范围”命令

使用“色彩范围”命令可以根据选区内或整个图像中的颜色差异更加精确地创建不规则选区。

打开一张图片，如图3-47所示。选择“选择 > 色彩范围”命令，会弹出“色彩范围”对话框，如图3-48所示。

图3-47

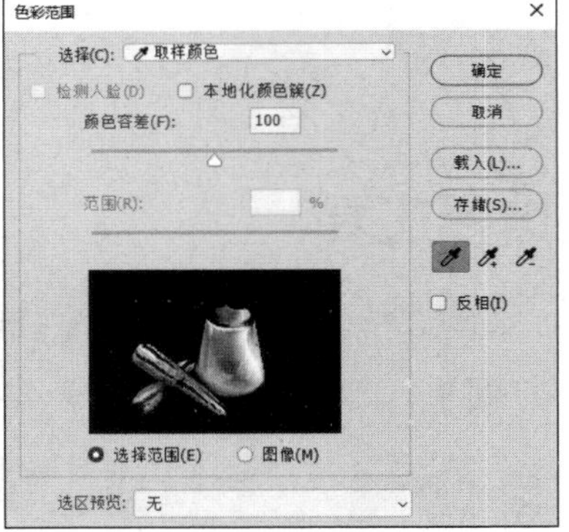

图3-48

选择：选择选区的取样方式。**检测人脸：**选择“肤色”选项时，可以更准确地选择肤色。**本地化颜色簇/范围：**默认状态下，显示最大取样范围，向左拖曳滑块可以缩小取样范围。**颜色容差：**调整选定颜色的范围。**选区预览框：**包含“选择范围”和“图像”两个单选项。**选区预览：**选择图像窗口中选区的预览方式。

3.1.7 “天空替换”命令

使用“天空替换”命令可以快速选择和替换照片中的天空，并自动调整原始图像以便与天空搭配。

打开一张图片，如图3-49所示。选择“编辑 > 天空替换”命令，会弹出“天空替换”对话框，如图3-50所示。设置完成后，单击“确定”按钮，效果如图3-51所示。

图3-49

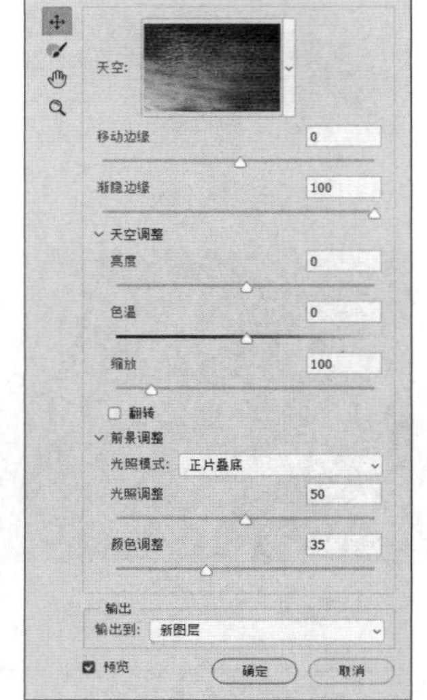

图3-50

图3-51

天空：用于选择预设的天空。**移动边缘：**用于调整天空和原始图像之间的边界。**渐隐边缘：**用于调整天空和原始图像边缘的渐隐值。**天空调整：**用于调整天空的亮度、色温和大小。**前景调整：**用于调整前景与天空颜色的协调程度。**输出：**用于设置输出方式。

3.2 选区的操作

在建立选区后，可以对选区进行一系列的操作，如移动选区、调整选区、羽化选区等。

3.2.1 课堂案例——制作沙发详情页主图

案例学习目标 学习使用选区调整命令制作详情页主图。

案例知识要点 使用矩形选框工具、“变换选区”命令和“羽化”命令制作商品投影，使用移动工具添加装饰图片和文字素材，最终效果如图3-52所示。

效果所在位置 Ch03\效果\制作沙发详情页主图.psd。

图3-52

01 按Ctrl＋O快捷键，打开本书学习资源中的“Ch03\素材\制作沙发详情页主图\01、02”文件，如图3-53和图3-54所示。选择移动工具，将“02”图像拖曳到“01”图像窗口中适当的位置，“图层”面板中会生成新的图层，将其命名为“沙发”，如图3-55所示，图像效果如图3-56所示。

图3-53

图3-54

图3-55

图3-56

02 选择矩形选框工具，在“01”图像窗口中拖曳鼠标绘制矩形选区，如图3-57所示。选择“选择 > 变换选区”命令，在选区周围出现控制手柄，如图3-58所示，按住Ctrl+Shift组合键，拖曳左上角的控制手柄到适当的位置，如图3-59所示。使用相同的方法调整其他控制手柄，如图3-60所示。

图3-57

图3-58

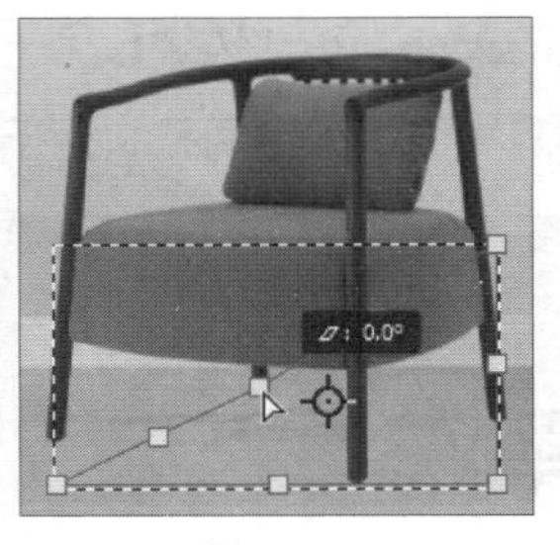

图3-59

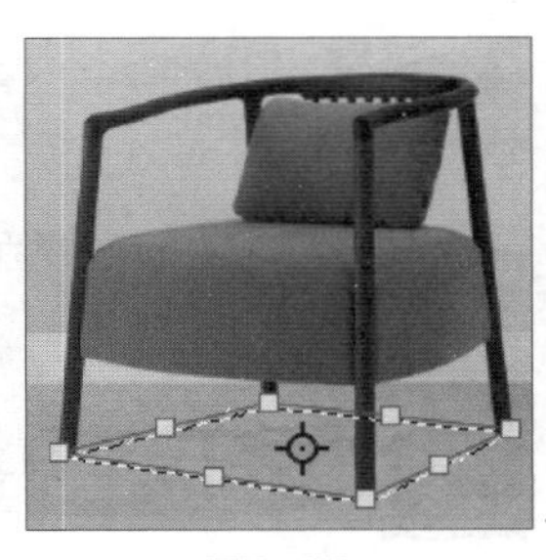
图3-60

03 选区变换完成后，按Enter键确认操作。按Shift+F6快捷键，会弹出“羽化选区”对话框，选项的设置如图3-61所示，单击“确定”按钮。

04 按住Ctrl键的同时单击“图层”面板下方的“创建新图层”按钮，在“沙发”图层下方会新建图层，将其命名为“投影”。将前景色设为浅灰色（204,204,204），按Alt+Delete快捷键用前景色填充选区。按Ctrl+D快捷键取消选区，效果如图3-62所示。

05 在“图层”面板上方，将“投影”图层的“不透明度”选项设为70%，混合模式选项设为“正片叠底”，如图3-63所示，按Enter键确认操作，图像效果如图3-64所示。

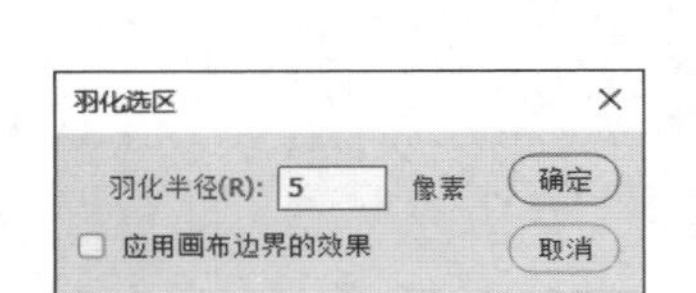

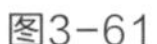
图3-61

图3-62

图3-63

图3-64

06 选择椭圆选框工具，在图像窗口中拖曳鼠标绘制椭圆选区，如图3-65所示。按Shift+F6快捷键，会弹出“羽化选区”对话框，选项的设置如图3-66所示，单击“确定”按钮。

07 按住Ctrl键的同时单击“图层”面板下方的“创建新图层”按钮，在“投影”图层下方会新建图层，将其命名为“圆形投影”。将前景色设为深灰色（97,97,97），按Alt+Delete快捷键用前景色填充选区。按Ctrl+D快捷键取消选区，效果如图3-67所示。

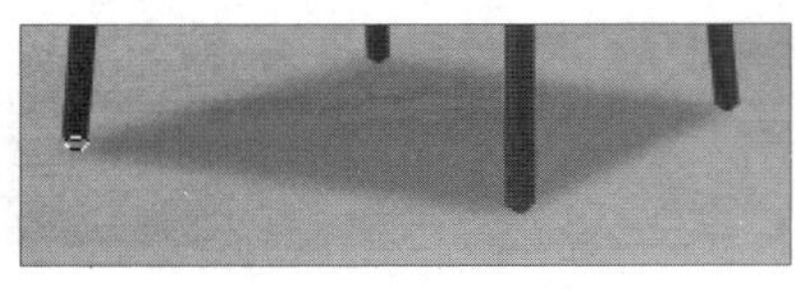
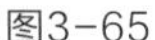
图3-65

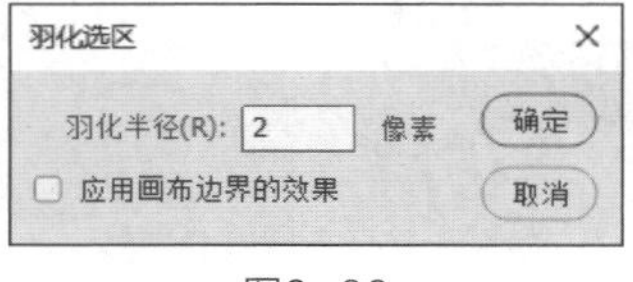

图3-66

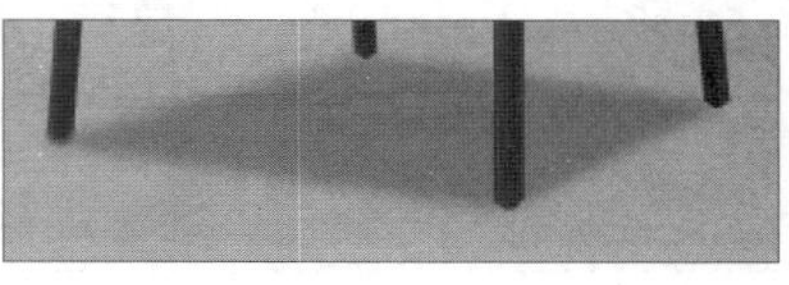
图3-67

08 在“图层”面板上方，将“圆形投影”图层的混合模式选项设为“正片叠底”，如图3-68所示，按Enter键确认操作。使用相同的方法绘制其他投影，如图3-69所示，图像效果如图3-70所示。

图3-68

图3-69

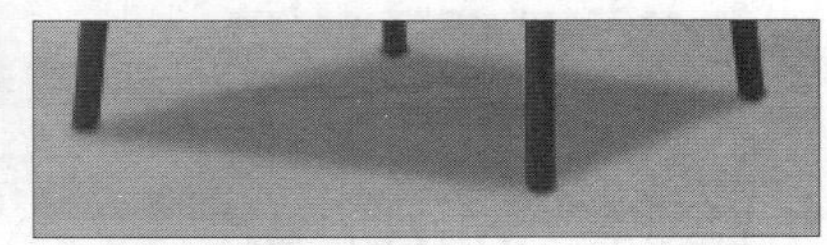
图3-70

09 选择“沙发”图层。按Ctrl＋O快捷键，打开本书学习资源中的“Ch03\素材\制作沙发详情页主图\03、04”文件。选择移动工具，分别将“03”“04”图像拖曳到“01”图像窗口中适当的位置，“图层”面板中会生成两个新的图层，将其分别命名为“装饰”和“文字”，如图3-71所示。沙发详情页主图制作完成，效果如图3-72所示。

图3-71

图3-72

3.2.2 移动选区

选择矩形选框工具，在图像窗口中绘制选区，将鼠标指针放在选区中，鼠标指针变为形状，如图3-73所示。拖曳鼠标，鼠标指针变为▶形状，将选区拖曳到其他位置，如图3-74所示。松开鼠标左键，即可完成选区的移动，效果如图3-75所示。

图3-73

图3-74

图3-75

当使用矩形选框工具和椭圆选框工具绘制选区时，不要松开鼠标左键，按住Space（空格）键的同时拖曳鼠标，也可移动选区。绘制出选区后，使用键盘中的方向键可以将选区沿各方向移动1个像素，使用Shift+方向快捷键可以将选区沿各方向移动10个像素。

3.2.3 羽化选区

羽化选区可以使图像产生柔和的效果。

选择矩形选框工具[]，在图像窗口中绘制选区，如图3-76所示。选择“选择 > 修改 > 羽化”命令，会弹出“羽化选区”对话框，设置羽化半径的数值，如图3-77所示，单击“确定”按钮，选区被羽化，如图3-78所示。按Shift+Ctrl+I快捷键将选区反选。

图3-76

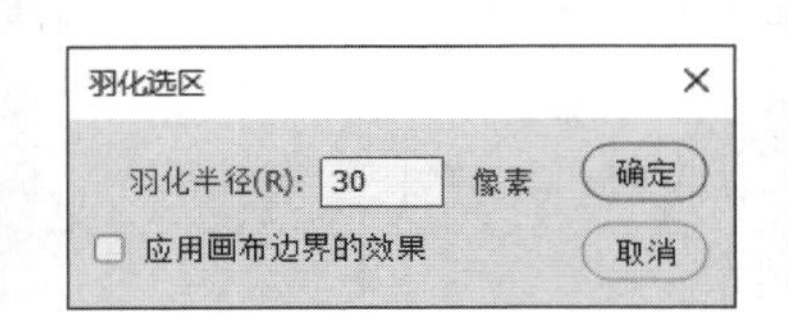

图3-77

图3-78

图3-79

在选区中填充颜色后，按Ctrl+D快捷键取消选区，效果如图3-79所示。

还可以在绘制选区前在所使用工具的属性栏中直接输入羽化的数值，如图3-80所示。此时绘制的选区自动成为带有羽化边缘的选区。

图3-80

3.2.4 取消选区

选择“选择 > 取消选择”命令，或按Ctrl+D快捷键，可以取消选区。

3.2.5 全选和反选选区

选择“选择 > 全部”命令，或按Ctrl+A快捷键，可以选取全部图像像素，效果如图3-81所示。

选择“选择 > 反向”命令，或按Shift+Ctrl+I快捷键，可以对当前的选区进行反向选取，反选选区前后的效果如图3-82和图3-83所示。

图3-81

图3-82

图3-83

课堂练习——制作装饰画

练习知识要点 使用图层样式制作图案底图，使用矩形工具和剪贴蒙版制作装饰画，使用“色彩范围”命令抠出自行车剪影，最终效果如图3-84所示。

效果所在位置 Ch03\效果\制作装饰画.psd。

图3-84

课后习题——制作果汁海报

习题知识要点 使用魔棒工具抠出背景喷溅的果汁、橙子和文字，使用磁性套索工具抠出果汁瓶，使用多边形套索工具、“载入选区”命令、“收缩选区”命令和“羽化选区”命令制作投影，使用移动工具添加图片和文字素材，最终效果如图3-85所示。

效果所在位置 Ch03\效果\制作果汁海报.psd。

图3-85

第 4 章

绘制图像

本章介绍

本章主要介绍Photoshop绘图工具的使用方法，以及填充工具的使用技巧。通过学习本章内容，读者可以用绘图工具绘制出丰富多彩的图像效果，用填充工具制作出多样的填充效果。

学习目标

- 掌握绘图工具的使用方法。
- 了解历史记录画笔工具和历史记录艺术画笔工具的应用。
- 掌握渐变工具、吸管工具和油漆桶工具的使用方法。
- 熟练掌握“填充”命令、“定义图案”命令和“描边”命令的使用方法。

技能目标

- 掌握“美好生活公众号封面次图”的制作方法。
- 掌握“应用商店类UI图标”的制作方法。
- 掌握“女装活动页H5首页”的制作方法。

4.1 绘图类工具

会使用绘图工具是绘画和处理图像的基础。使用画笔工具可以模拟各种绘画效果。使用铅笔工具可以绘制出各种硬边效果的图像。

4.1.1 课堂案例——制作美好生活公众号封面次图

案例学习目标 学习使用“定义画笔预设”命令和画笔工具制作公众号封面次图。

案例知识要点 使用“定义画笔预设”命令定义画笔，使用画笔工具和“画笔设置”面板制作装饰点，使用橡皮擦工具擦除多余的装饰点，使用“高斯模糊”滤镜为装饰点添加模糊效果，最终效果如图4-1所示。

效果所在位置 Ch04\效果\制作美好生活公众号封面次图.psd。

图4-1

01 按Ctrl+O快捷键，打开本书学习资源中的“Ch04\素材\制作美好生活公众号封面次图\01”文件，如图4-2所示。按Ctrl+O快捷键，打开本书学习资源中的“Ch04\素材\制作美好生活公众号封面次图\02”文件，按Ctrl+A快捷键全选图像，如图4-3所示。

图4-2

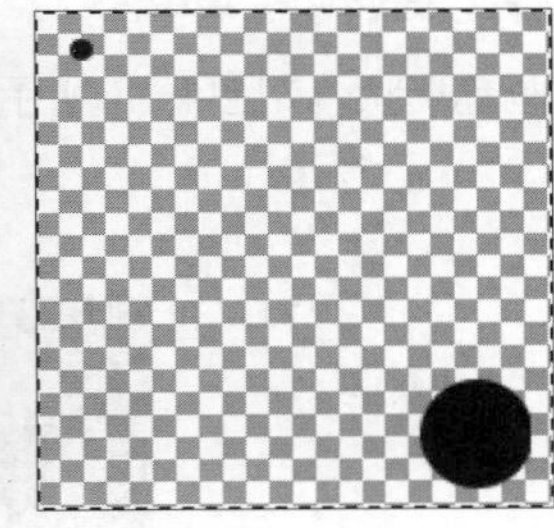

图4-3

02 选择“编辑 > 定义画笔预设”命令，会弹出“画笔名称”对话框，在“名称”文本框中输入“点.psd”，如图4-4所示，单击“确定”按钮，将点图像定义为画笔。

03 在“01”图像窗口中，单击“图层”面板下方的“创建新图层”按钮新建图层，将其命名为“装饰点1”。选择画笔工具，在属性栏中单击“点按可打开‘画笔预设’选取器”按钮，在弹出的面板中选择刚定义好的点形状画笔，如图4-5所示。

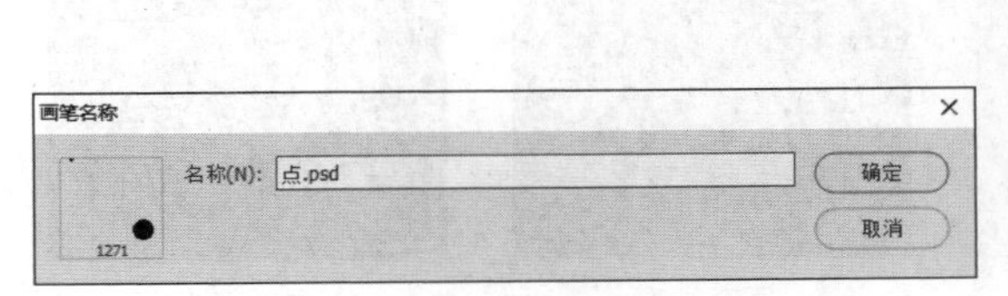

图4-4

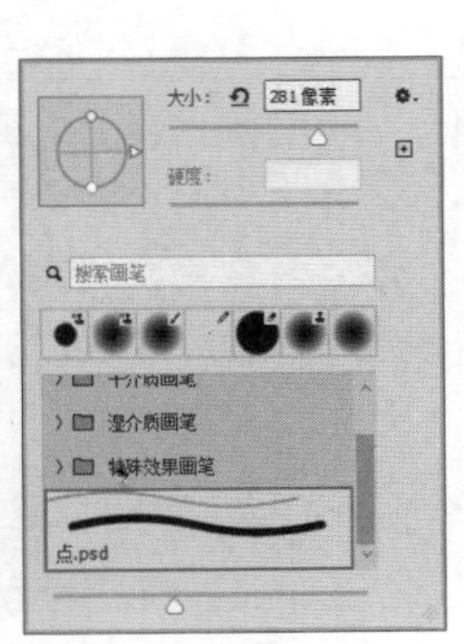

图4-5

04 在属性栏中单击“切换‘画笔设置’面板”按钮，会弹出“画笔设置”面板，选择“形状动态”选项，具体设置如图4-6所示；选择“散布”选项，具体设置如图4-7所示；选择“传递”选项，具体设置如图4-8所示。

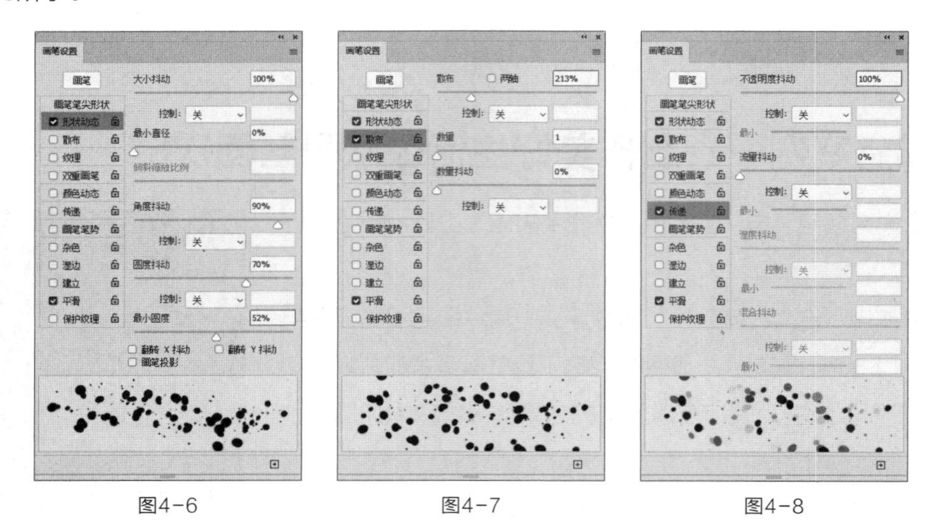

图4-6　　图4-7　　图4-8

05 将前景色设为白色，在“01”图像窗口中拖曳鼠标绘制装饰点，效果如图4-9所示。选择橡皮擦工具，在属性栏中单击“点按可打开‘画笔预设’选取器”按钮，在弹出的“画笔预设”选取器中选择需要的画笔形状，如图4-10所示。在“01”图像窗口中拖曳鼠标擦除不需要的小圆点，效果如图4-11所示。

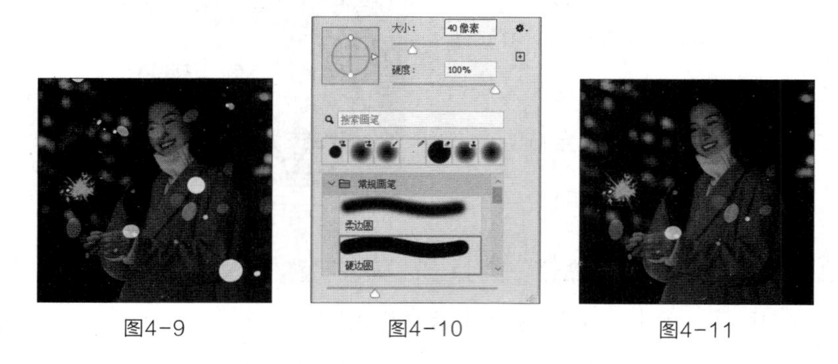

图4-9　　图4-10　　图4-11

06 选择“滤镜 > 模糊 > 高斯模糊”命令，在弹出的对话框中进行设置，如图4-12所示，单击“确定”按钮，效果如图4-13所示。用相同的方法绘制“装饰点2”，效果如图4-14所示。美好生活公众号封面次图制作完成。

图4-12　　图4-13　　图4-14

4.1.2 画笔工具

选择画笔工具，或反复按Shift+B快捷键切换到该工具，其属性栏状态如图4-15所示。

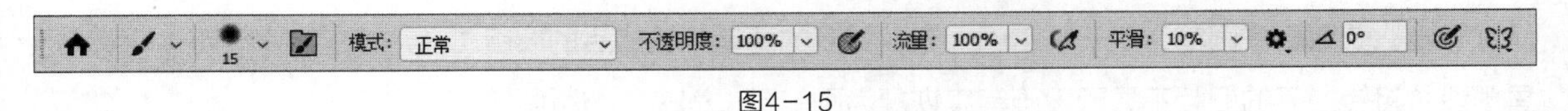

图4-15

：用于选择和设置预设的画笔。**模式：**用于设置绘画颜色与下面现有像素的混合模式。**不透明度：**可以设置画笔颜色的不透明度。：可以对不透明度使用压力。**流量：**用于设置喷笔压力，压力越大，喷色越浓。：可以启用喷枪模式。**平滑：**设置画笔边缘的平滑度。：设置其他平滑度选项。：设置画笔的角度。：使用压感笔压力，可以覆盖属性栏中的“不透明度”和“画笔预设”选取器中“大小”的设置。：可以选择和设置绘画的对称选项。

选择画笔工具，在属性栏中设置画笔选项，如图4-16所示，在图像窗口中拖曳鼠标可以绘制出图4-17所示的效果。

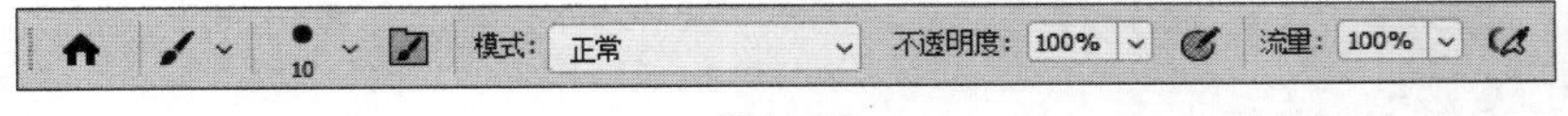

图4-16

图4-17

在属性栏中单击“点按可打开‘画笔预设’选取器”按钮，会弹出图4-18所示的“画笔预设”选取器面板，可以选择画笔形状。拖曳“大小”滑块或直接输入数值，可以设置画笔的大小。如果选择的画笔是基于样本的，将显示“恢复到原始大小”按钮，单击此按钮可以使画笔的大小恢复到初始的大小。

单击“画笔预设”选取器面板右上方的按钮，会弹出面板菜单，如图4-19所示。

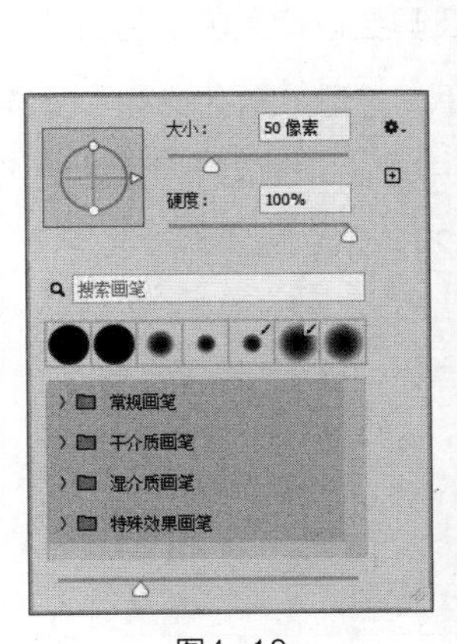

图4-18

图4-19

新建画笔预设：用于建立新画笔。**新建画笔组：**用于建立新的画笔组。**重命名画笔：**用于重新命名画笔。**删除画笔：**用于删除当前选中的画笔。**画笔名称：**在“画笔预设”选取器中显示画笔名称。**画笔描边：**在“画笔预设”选取器中显示画笔描边。**画笔笔尖：**在“画笔预设”选取器中显示画笔笔尖。**显示**

其他预设信息：在“画笔预设”选取器中显示其他预设信息。**显示搜索栏：**在“画笔预设”选取器中显示搜索栏。**显示近期画笔：**在“画笔预设”选取器中显示近期使用过的画笔。**追加默认画笔：**用于追加默认状态的画笔。**导入画笔：**用于将存储的画笔载入面板。**导出选中的画笔：**用于将当前选取的画笔存储并导出。**获取更多画笔：**用于在官网上获取更多的画笔。**转换后的旧版工具预设：**将转换后的旧版工具预设画笔集恢复为画笔预设列表。**旧版画笔：**将旧版的画笔集恢复为画笔预设列表。

在“画笔预设”选取器中单击“从此画笔创建新的预设”按钮，会弹出图4-20所示的“新建画笔”对话框。单击属性栏中的“切换‘画笔设置’面板”按钮，会弹出图4-21所示的“画笔设置”面板。

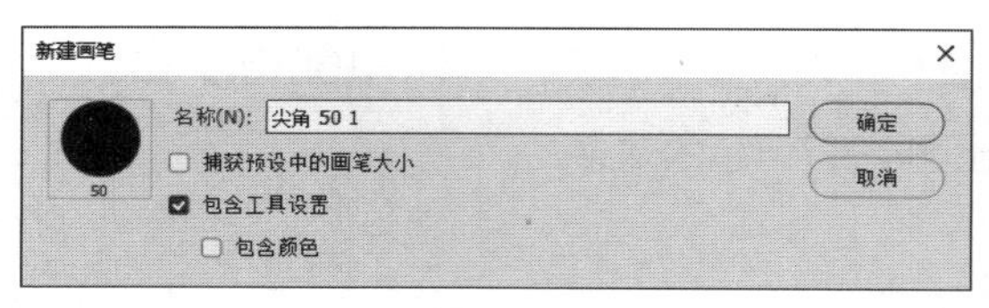

图4-20

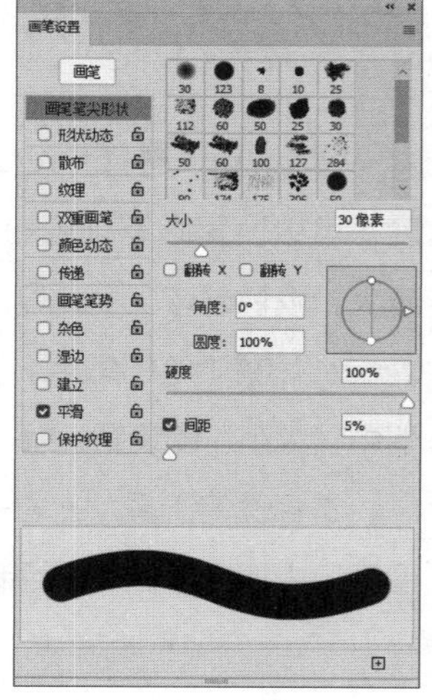

图4-21

4.1.3 铅笔工具

选择铅笔工具，或反复按Shift+B快捷键切换到该工具，其属性栏状态如图4-22所示。

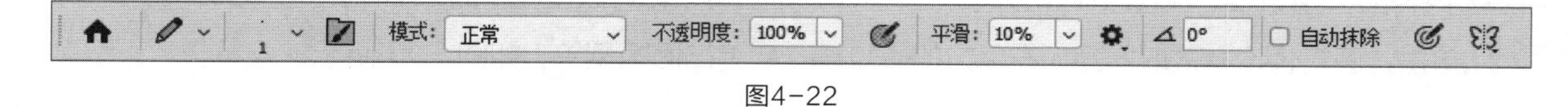

图4-22

自动抹除：勾选后，可用于自动判断绘画时的起点颜色，如果起点颜色不是前景色，则铅笔工具将以前景色绘制；如果起点颜色为前景色，则铅笔工具会以背景色绘制。

选择铅笔工具，在属性栏中选择笔触大小，勾选“自动抹除”复选框，如图4-23所示。将前景色和背景色分别设置为黄色和橙色，在图像窗口中单击，画出一个黄色图形，在黄色图形上单击绘制下一个图形，用相同的方法继续绘制，效果如图4-24所示。

图4-23

图4-24

4.2 历史记录画笔和历史记录艺术画笔工具

历史记录画笔工具和历史记录艺术画笔工具主要用于将图像恢复到某一历史状态，以形成特殊的图像效果。

4.2.1 历史记录画笔工具

历史记录画笔工具需要与“历史记录”面板结合起来使用，主要用于将图像的部分区域恢复到某一历史状态，以形成特殊的图像效果。

打开一张图片，如图4-25所示。为图片添加滤镜效果，如图4-26所示。“历史记录”面板如图4-27所示。

图4-25

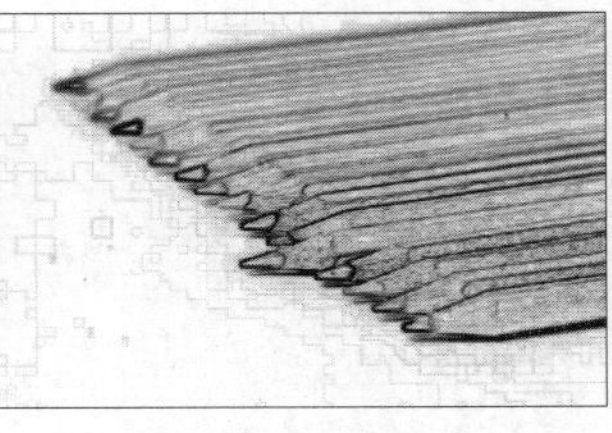
图4-26

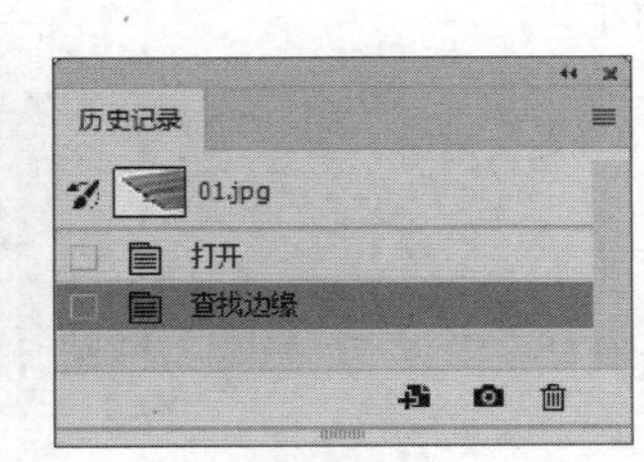

图4-27

选择椭圆选框工具，在属性栏中将“羽化”选项设为50像素，在图像上绘制椭圆选区，如图4-28所示。选择历史记录画笔工具，在“历史记录”面板中单击“打开”步骤左侧的方框，设置历史记录画笔的源，显示出图标，如图4-29所示。

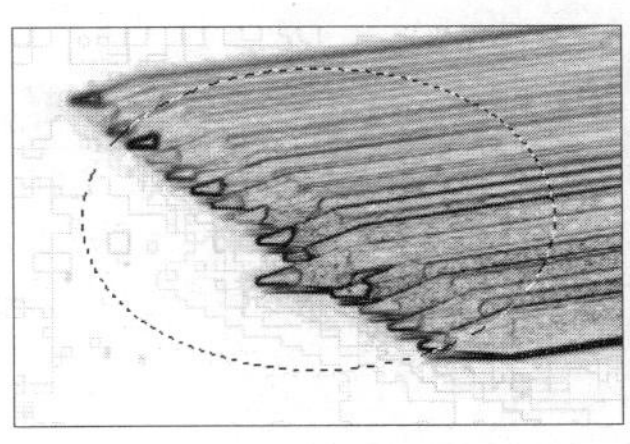
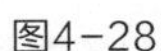
图4-28

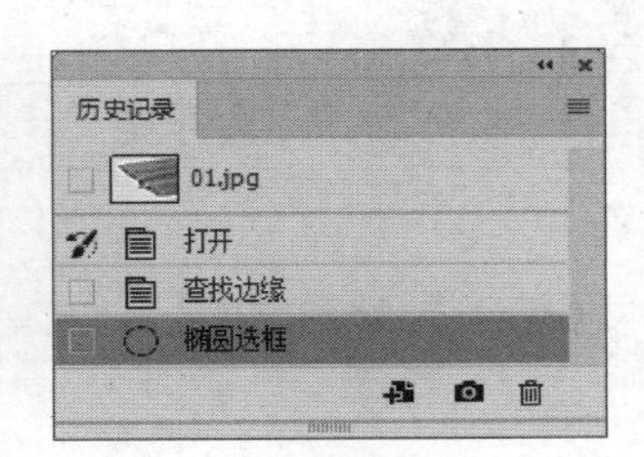

图4-29

用历史记录画笔工具在选区中涂抹，如图4-30所示。取消选区后，效果如图4-31所示。“历史记录”面板如图4-32所示。

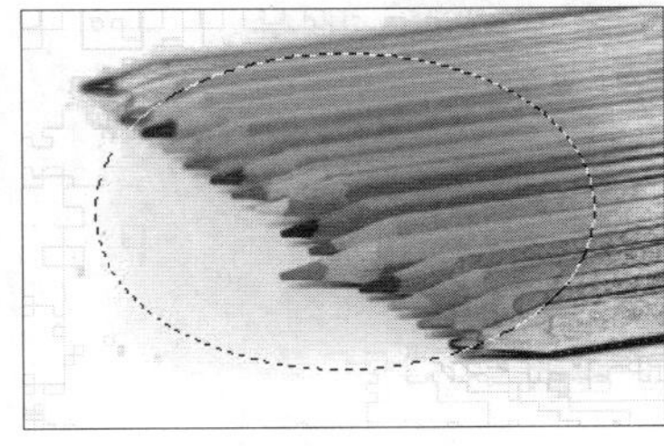
图4-30

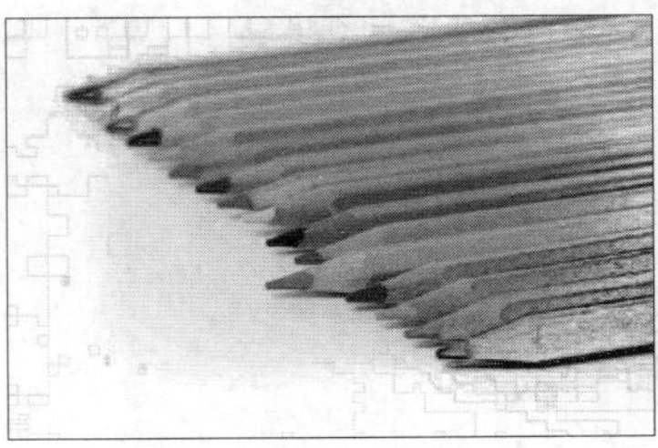
图4-31

图4-32

4.2.2 历史记录艺术画笔工具

历史记录艺术画笔工具使用指定历史记录状态或快照中的源数据，以风格化描边进行绘画。其用法和历史记录画笔工具基本相同，区别在于使用其绘图时可以产生艺术效果。

选择历史记录艺术画笔工具，或反复按Shift+Y快捷键切换到该工具，其属性栏状态如图4-33所示。

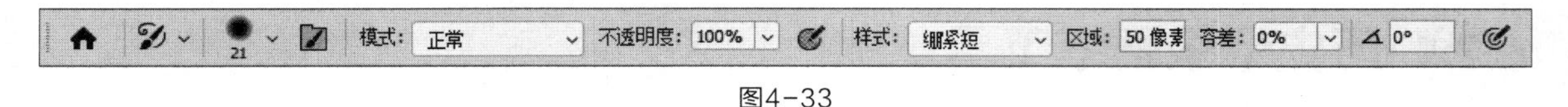

图4-33

样式： 用于选择一种艺术笔触。**区域：** 用于设置画笔绘制时所覆盖的像素范围。**容差：** 限定可应用绘画描边的区域。

打开一张图片，如图4-34所示。用颜色填充图像，效果如图4-35所示。“历史记录”面板如图4-36所示。

图4-34

图4-35

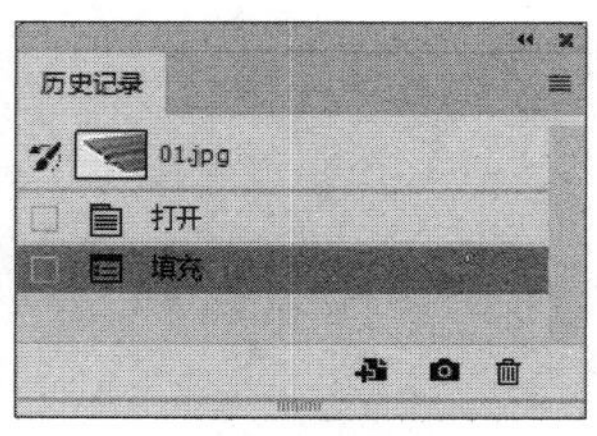

图4-36

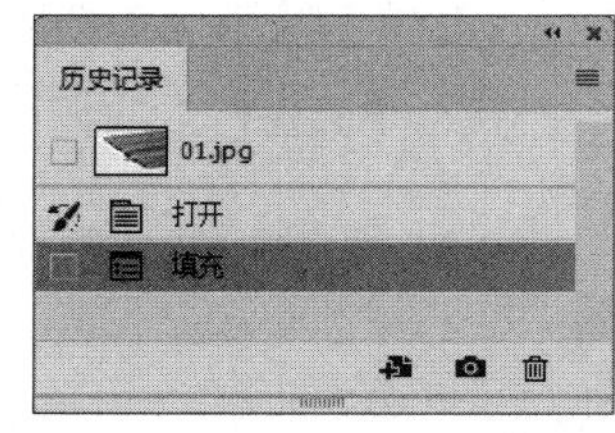

图4-37

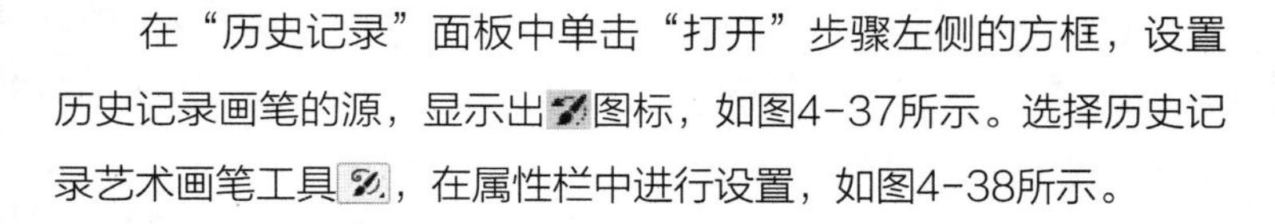

在“历史记录”面板中单击“打开”步骤左侧的方框，设置历史记录画笔的源，显示出图标，如图4-37所示。选择历史记录艺术画笔工具，在属性栏中进行设置，如图4-38所示。

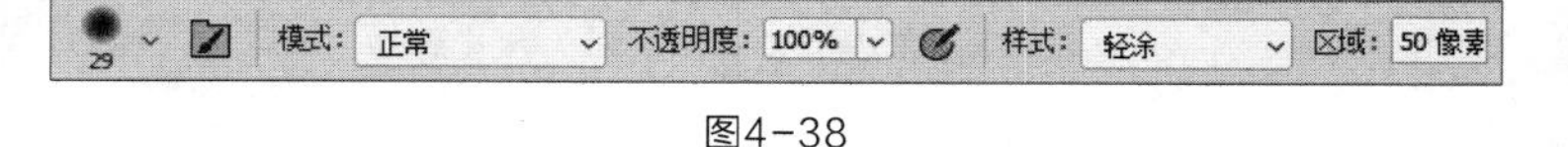

图4-38

使用历史记录艺术画笔工具在图像上涂抹，效果如图4-39所示。“历史记录”面板如图4-40所示。

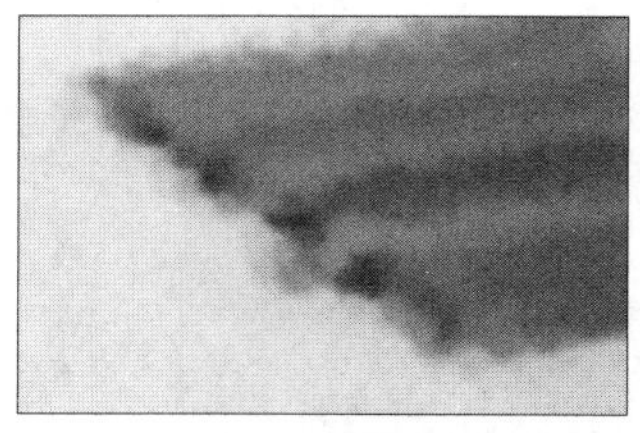

图4-39

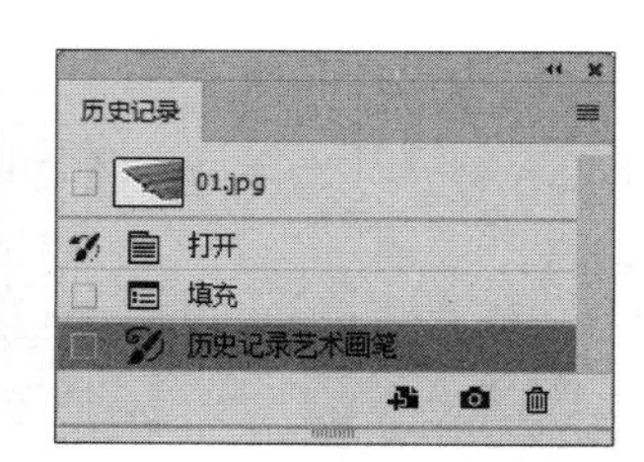

图4-40

4.3 填充类工具

使用油漆桶工具可以改变图像的色彩，使用吸管工具可以吸取需要的色彩，使用渐变工具可以创建多种颜色间的渐变效果。

4.3.1 课堂案例——制作应用商店类UI图标

案例学习目标 学习使用渐变工具和“填充”命令制作应用商店类UI图标。

案例知识要点 使用“路径”面板、渐变工具和“填充”命令制作应用商店类UI图标，最终效果如图4-41所示。

效果所在位置 Ch04\效果\制作应用商店类UI图标.psd。

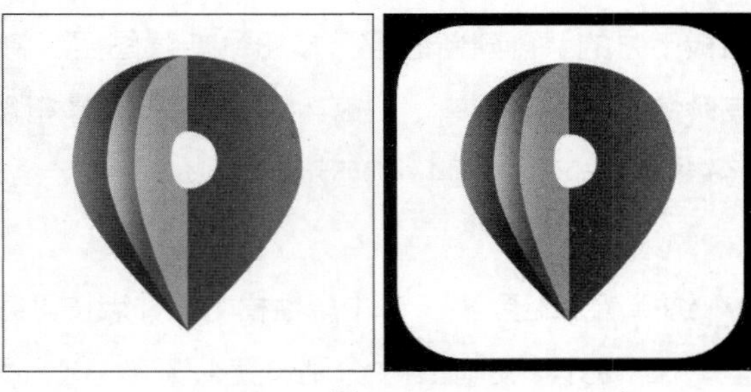

图4-41

01 按Ctrl+O快捷键，打开本书学习资源中的“Ch04\素材\制作应用商店类UI图标\01”文件，“路径”面板如图4-42所示。选中“路径1”，如图4-43所示，图像效果如图4-44所示。

图4-42

图4-43

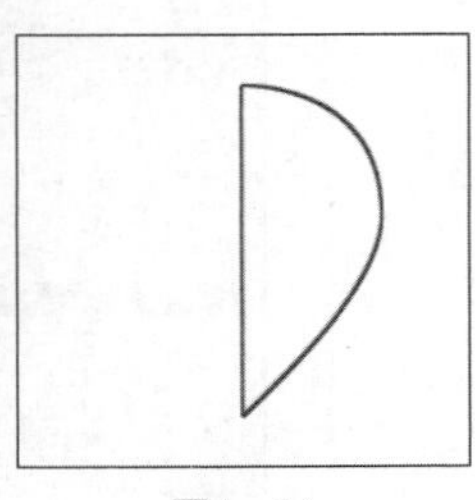

图4-44

02 在“图层”面板中，单击面板下方的“创建新图层”按钮新建图层，将其命名为“红色渐变”。按Ctrl+Enter快捷键将路径转换为选区，如图4-45所示。选择渐变工具，单击属性栏中的“点按可编辑渐变”按钮，会弹出“渐变编辑器”对话框，在“色标”选项组中分别设置0%、100%两个位置点的“颜色”的RGB值为（255,60,0）、（255,144,102），如图4-46所示，单击“确定”按钮。单击属性栏中的“线性渐变”按钮，按住Shift键的同时在选区中由左至右拖曳鼠标填充渐变色。按Ctrl+D快捷键取消选区，效果如图4-47所示。

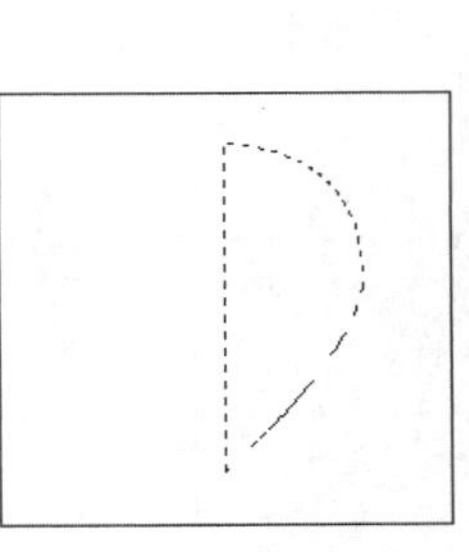

图4-45

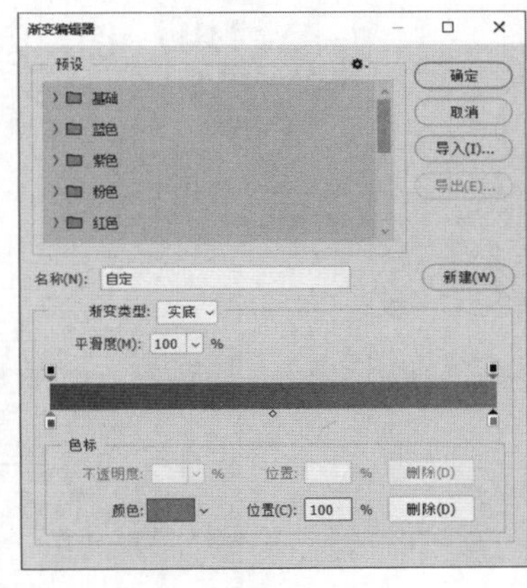

图4-46

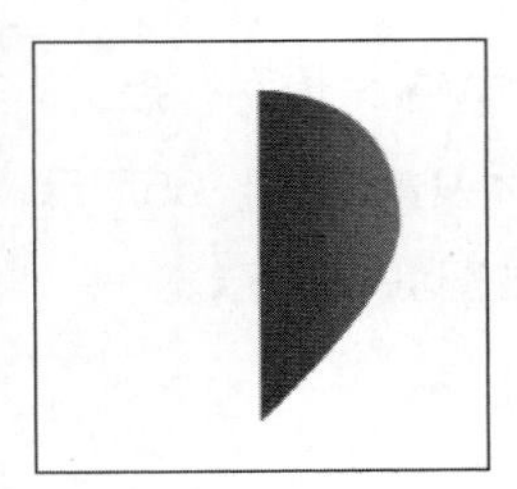

图4-47

03 在“路径”面板中，选中“路径2”，图像效果如图4-48所示。返回到“图层”面板中，单击面板下方的“创建新图层”按钮新建图层，将其命名为“蓝色渐变”。按Ctrl+Enter快捷键将路径转换为选区，如图4-49所示。

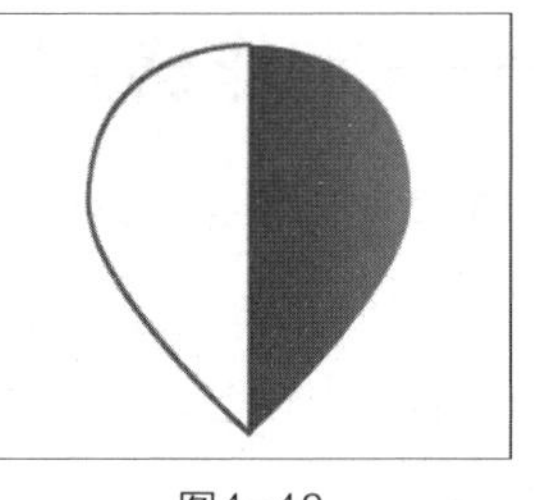
图4-48

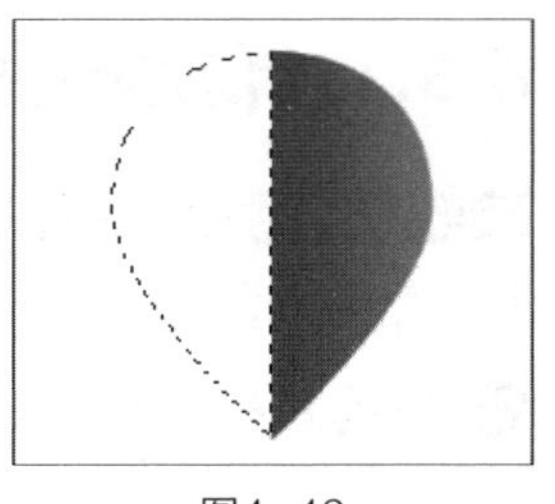
图4-49

04 选择渐变工具，单击属性栏中的“点按可编辑渐变”按钮，会弹出“渐变编辑器”对话框，在“色标”选项组中分别设置47%、100%两个位置点的“颜色”的RGB值为（0,108,183）、（124,201,255），如图4-50所示，单击“确定”按钮。按住Shift键的同时在选区中由右至左拖曳鼠标填充渐变色。按Ctrl+D快捷键取消选区，效果如图4-51所示。

图4-50

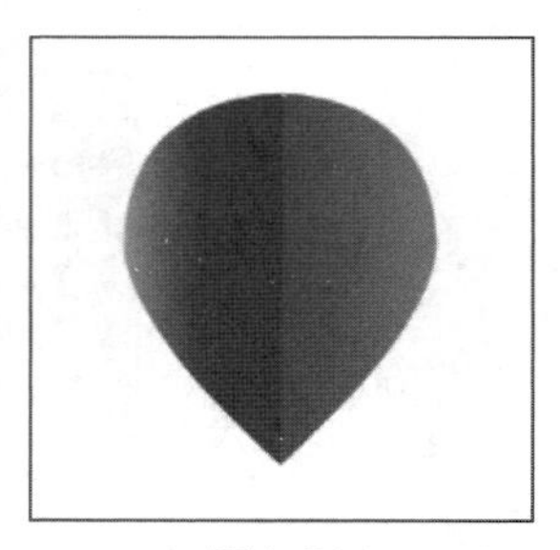
图4-51

05 用相同的方法分别选中“路径3”和“路径4”，制作“绿色渐变”和“橙色渐变”，效果如图4-52所示。在“路径”面板中，选中“路径5”，图像效果如图4-53所示。返回到“图层”面板中，单击面板下方的“创建新图层”按钮新建图层，将其命名为“白色”。按Ctrl+Enter快捷键将路径转换为选区，如图4-54所示。

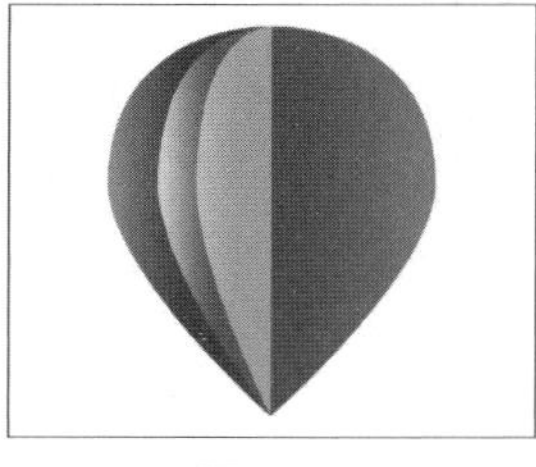
图4-52

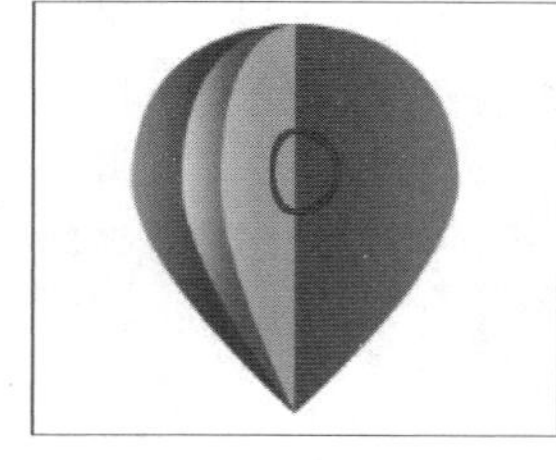
图4-53

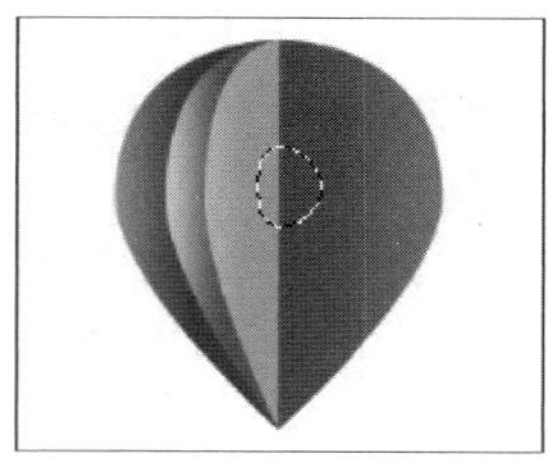
图4-54

06 选择“编辑 > 填充”命令，会弹出“填充”对话框，具体设置如图4-55所示，单击“确定”按钮，效果如图4-56所示。

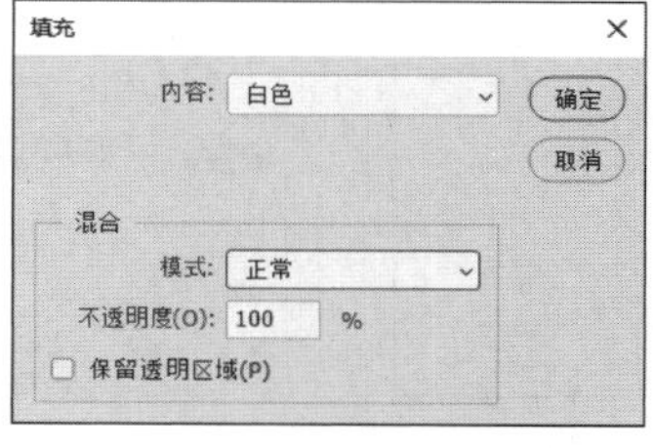

图4-55

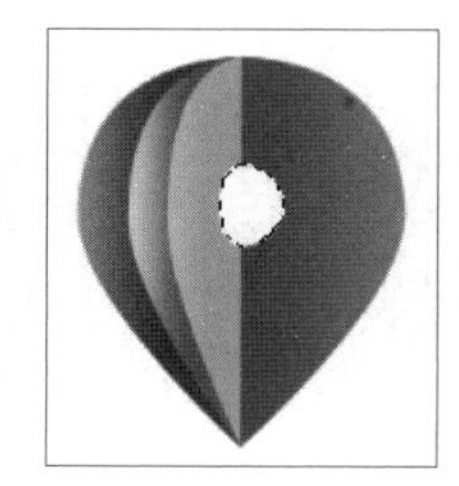
图4-56

07 按Ctrl+D快捷键取消选区，效果如图4-57所示。模拟图标应用在手机中的圆角效果，如图4-58所示。应用商店类UI图标制作完成。

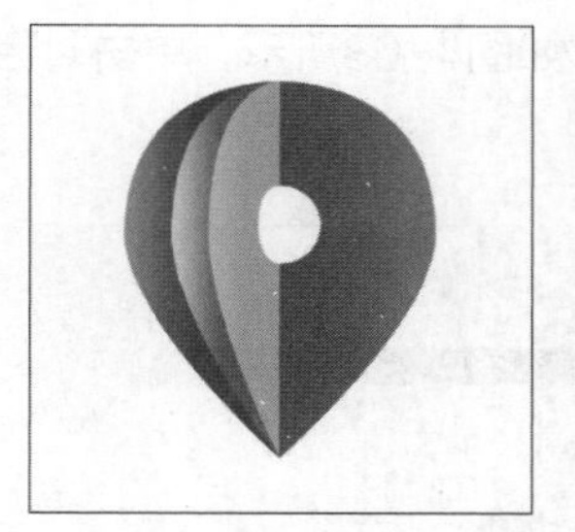
图4-57

图4-58

4.3.2 渐变工具

选择渐变工具，或反复按Shift+G快捷键切换到该工具，其属性栏状态如图4-59所示。

图4-59

：用于选择和编辑渐变的色彩。：用于选择渐变类型，包括线性渐变、径向渐变、角度渐变、对称渐变、菱形渐变。**反向：**勾选后，可将当前渐变反向。**仿色：**勾选后，可使渐变更平滑。**透明区域：**勾选后，可创建包含透明像素的渐变。**方法：**用于选择渐变填充的方法。

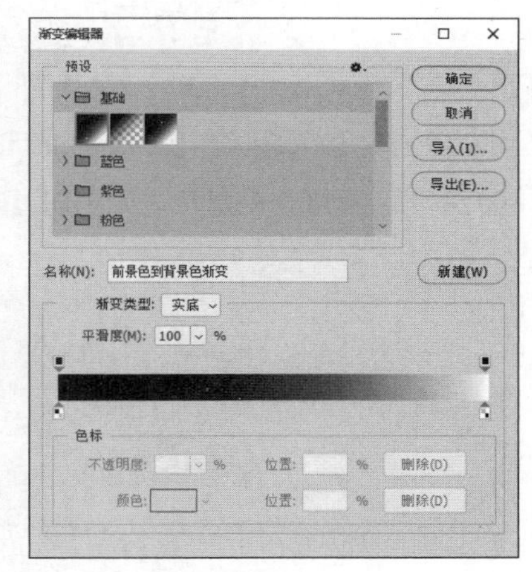

图4-60

单击“点按可编辑渐变”按钮，弹出“渐变编辑器”对话框，如图4-60所示，可以使用预设的渐变色，也可以自定义渐变形式和颜色。

在“渐变编辑器”对话框中的颜色编辑框下方的适当位置单击，可以增加色标，如图4-61所示。在下方的“颜色”选项中选择颜色，或双击色标，会弹出“拾色器”对话框，如图4-62所示，设置颜色后单击“确定”按钮，即可改变色标颜色。在“位置”选项的数值框中输入数值或直接拖曳色标，可以调整色标的位置。

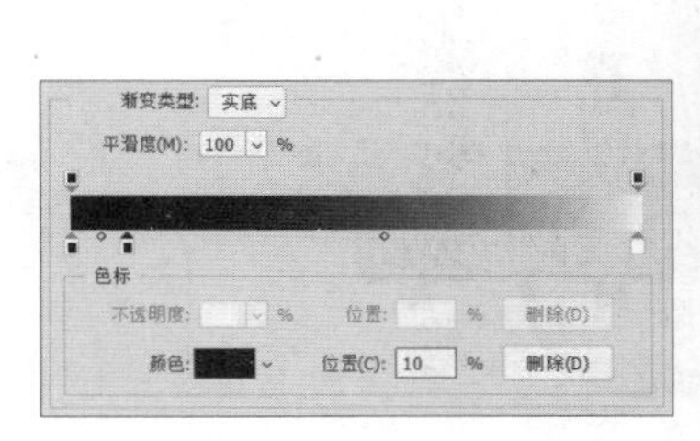

图4-61

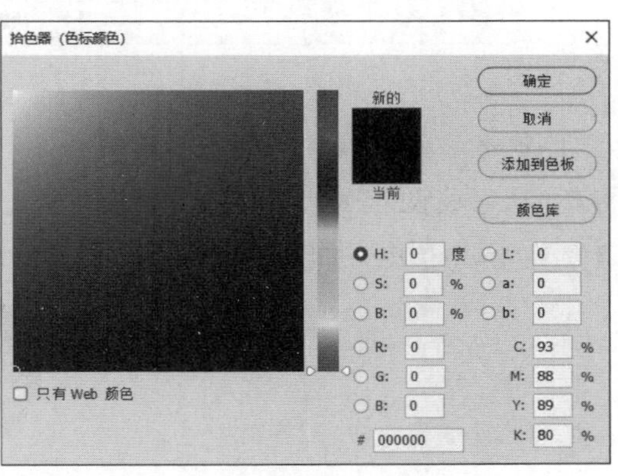

图4-62

任意选择一个色标，如图4-63所示，单击对话框下方的 删除(D) 按钮，或按Delete键，可以将色标删除，如图4-64所示。

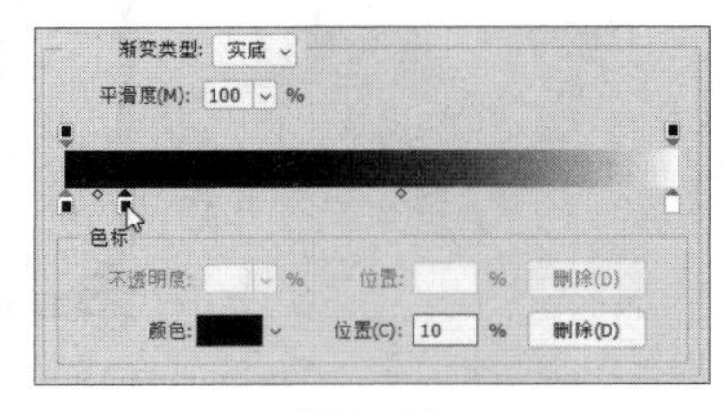
图4-63

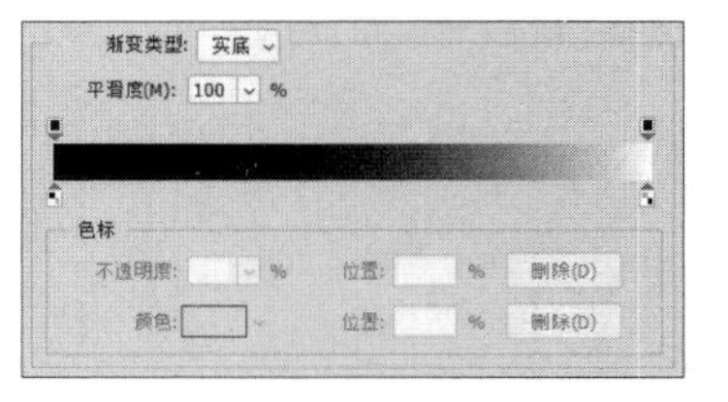
图4-64

单击颜色编辑框左上方的黑色色标，如图4-65所示，调整“不透明度”选项的数值，可以使开始的颜色到结束的颜色之间显示为半透明的效果，如图4-66所示。

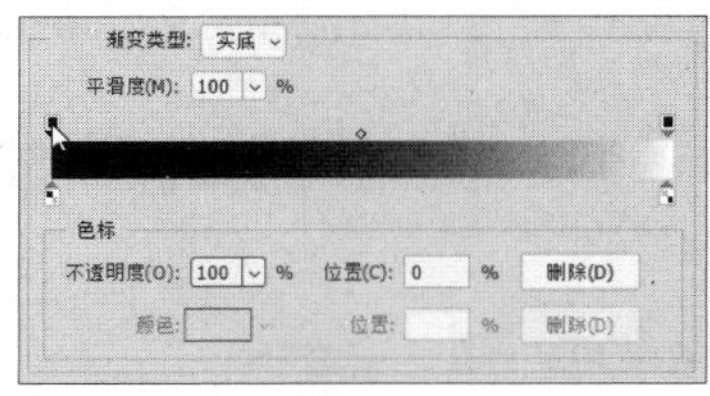
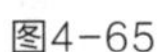
图4-65

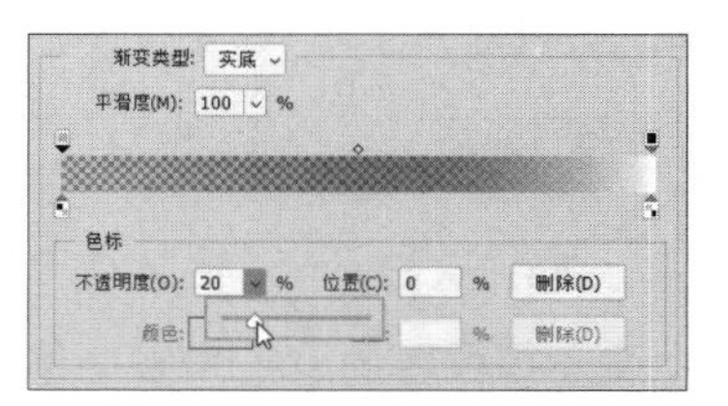
图4-66

单击颜色编辑框的上方，出现新的色标，如图4-67所示，调整“不透明度”选项的数值，可以使新色标的颜色到两侧的颜色之间出现过渡式的半透明效果，如图4-68所示。

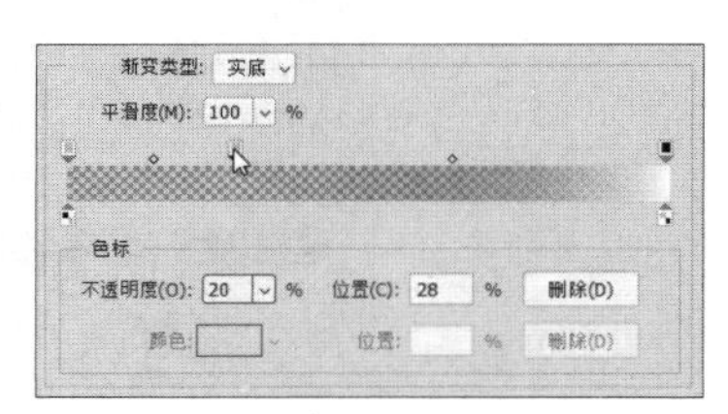
图4-67

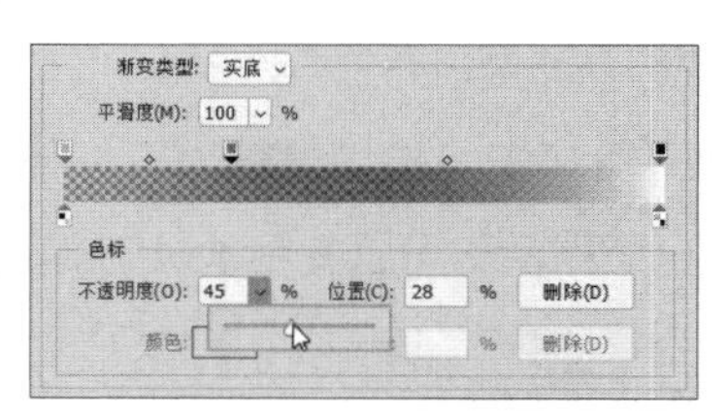
图4-68

4.3.3 吸管工具

选择吸管工具，或反复按Shift+I快捷键切换到该工具，其属性栏状态如图4-69所示。

图4-69

选择吸管工具，在图像中需要的位置单击，前景色将变为吸管吸取的颜色，“信息”面板中将显示吸取颜色的色彩信息，如图4-70所示。

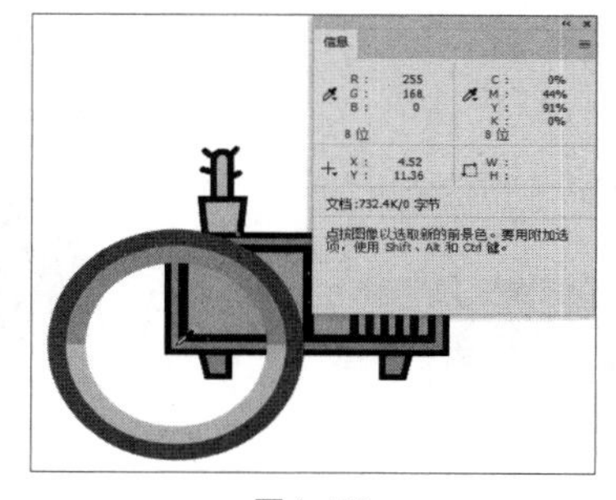
图4-70

4.3.4 油漆桶工具

选择油漆桶工具，或反复按Shift+G快捷键切换到该工具，其属性栏状态如图4-71所示。

图4-71

设置填充区域的源 前景 **：** 在其下拉列表中可以选择填充前景色还是图案。**：** 用于选择定义好的图案。**连续的：** 勾选后，只填充连续的像素。**所有图层：** 用于设置是否对所有可见图层进行填充。

原图像效果如图4-72所示。选择油漆桶工具，在图像中单击填充颜色，如图4-73所示。设置不同的前景色，用相同的方法在其他部位填充颜色，效果如图4-74所示。

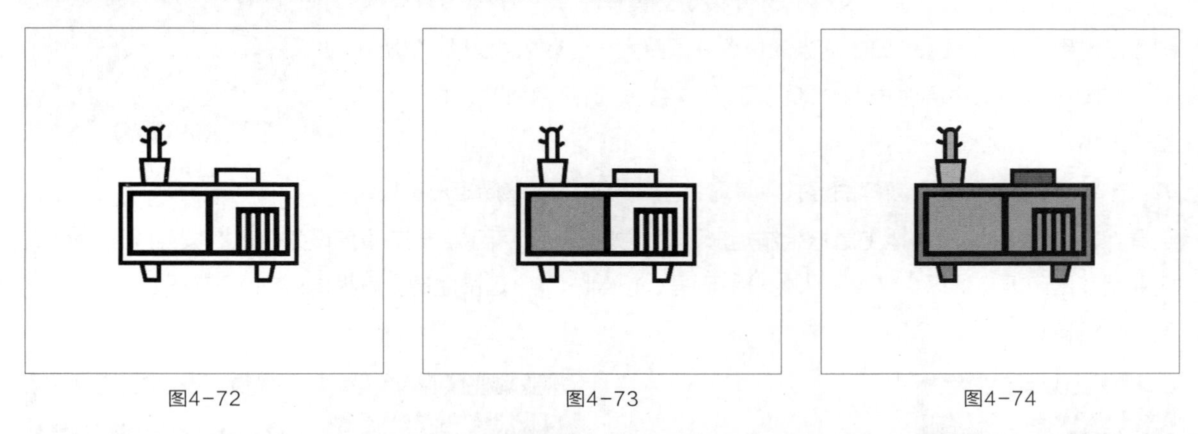

图4-72　　图4-73　　图4-74

在属性栏中设置图案，如图4-75所示。用油漆桶工具在图像中填充图案，效果如图4-76所示。

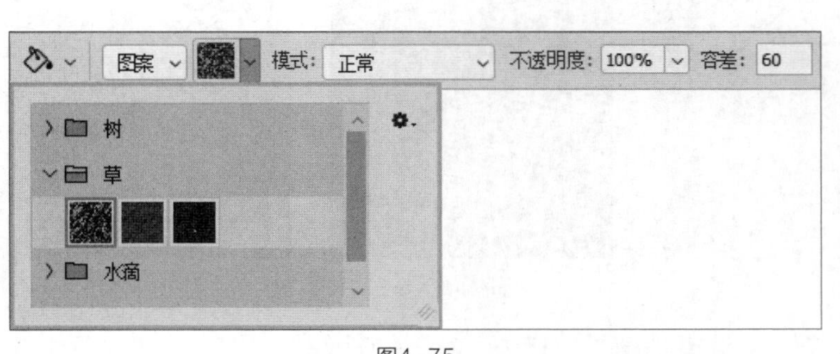

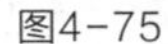

图4-75

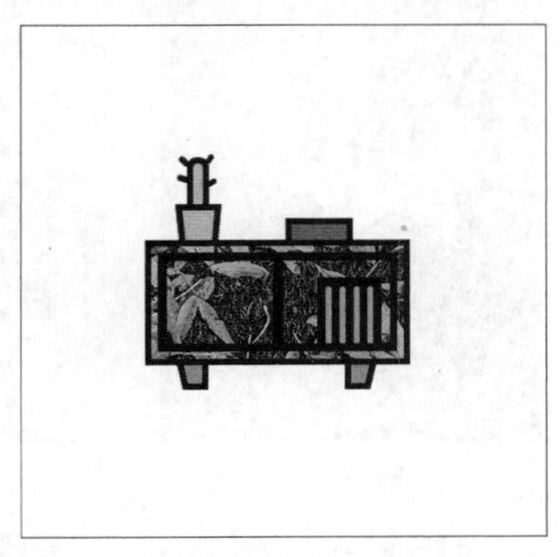

图4-76

4.4 填充类命令

使用“填充”命令可以为图像添加颜色和图案，使用“定义图案”命令可以定义绘制和选取的图案，使用“描边”命令可以为图像描边。

4.4.1 课堂案例——制作女装活动页H5首页

案例学习目标 学习使用“描边”命令为选区添加描边。

案例知识要点 使用矩形选框工具和“描边”命令制作黑色边框，使用“图层”面板的“添加图层样式”按钮为图像添加描边和投影，使用移动工具复制图像并添加文字素材，最终效果如图4-77所示。

效果所在位置 Ch04\效果\制作女装活动页H5首页.psd。

图4-77

01 按Ctrl+O快捷键，打开本书学习资源中的“Ch04\素材\制作女装活动页H5首页\01、02、03”文件。选择移动工具，将“02”“03”图像拖曳到“01”图像窗口中适当的位置并调整大小，效果如图4-78所示，“图层”面板中会生成两个新的图层，将其分别命名为“人物 1”和“人物 2”，如图4-79所示。

02 选择“背景”图层。新建图层并将其命名为“矩形”。选择矩形选框工具，在图像窗口中拖曳鼠标绘制矩形选区，如图4-80所示。将前景色设为白色，按Alt+Delete快捷键用前景色填充选区。选择“人物 1”图层，按Alt+Ctrl+G快捷键，可为图层创建剪贴蒙版，效果如图4-81所示。

图4-78

图4-79

图4-80

图4-81

03 新建图层并将其命名为“黑色边框”。选择“编辑 > 描边”命令，在弹出的“描边”对话框中进行设置，如图4-82所示，单击“确定”按钮，为选区添加描边。按Ctrl+D快捷键取消选区，效果如图4-83所示。

04 选择“人物 2”图层。单击“图层”面板下方的“创建新的填充或调整图层”按钮，在弹出的菜单中选择“色相/饱和度”命令，“图层”面板中会生成“色相/饱和度 1”图层，同时弹出“属性”面板，如图4-84所示，按Enter键确认操作，效果如图4-85所示。

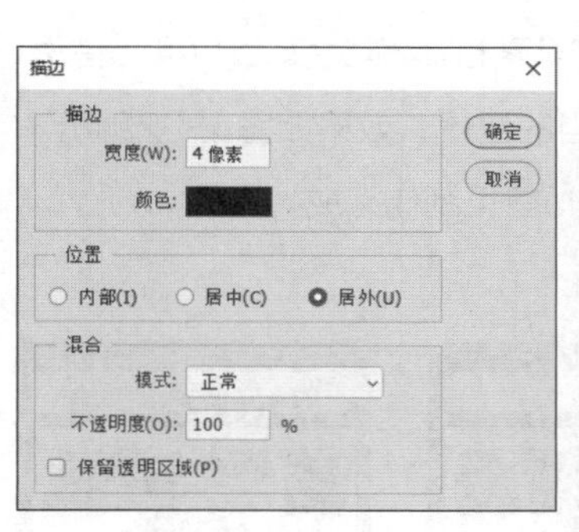

图4-82

图4-83

图4-84

图4-85

05 再次单击“图层”面板下方的“创建新的填充或调整图层”按钮，在弹出的菜单中选择“色阶”命令，“图层”面板中会生成“色阶 1”图层，同时弹出“属性”面板，具体设置如图4-86所示，按Enter键确认操作，效果如图4-87所示。

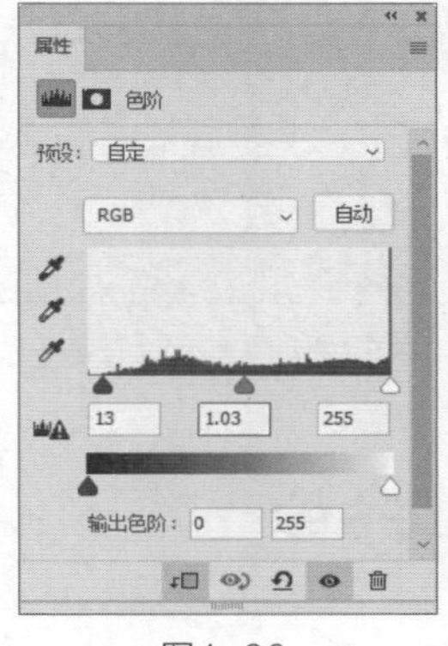

图4-86

图4-87

06 选择“黑色边框”图层。选择横排文字工具T，在图像窗口中输入需要的文字并将其选中，在属性栏中选择合适的字体并设置文字大小，将“文本颜色”选项设为绿色（61,204,138），效果如图4-88所示，“图层”面板中会生成新的文字图层。

07 单击“图层”面板下方的“添加图层样式”按钮fx，在弹出的菜单中选择“描边”命令，会弹出“图层样式”对话框，将描边颜色设为黑色，其他选项的设置如图4-89所示。

图4-88

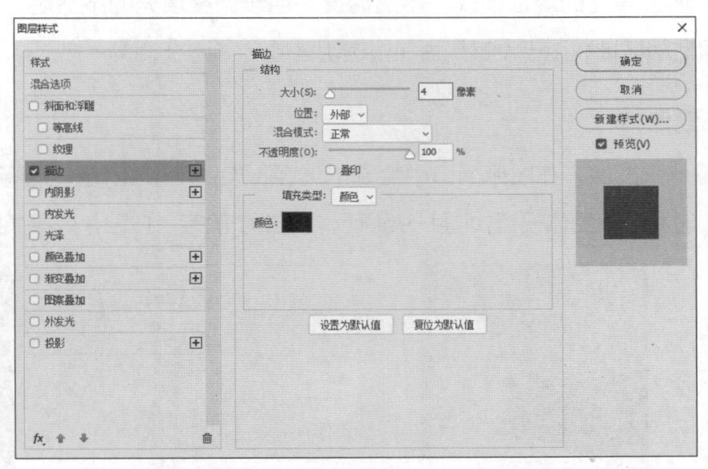

图4-89

08 选择“投影”选项，具体设置如图4-90所示，单击“确定”按钮，效果如图4-91所示。

09 选择最上方的图层。按Ctrl+O快捷键，打开本书学习资源中的“Ch04\素材\制作女装活动页H5首页\04”文件。选择移动工具，将文字素材拖曳到“01”图像窗口中适当的位置，效果如图4-92所示。在“图层”面板中会生成新的图层，将其命名为“文字”。女装活动页H5首页制作完成。

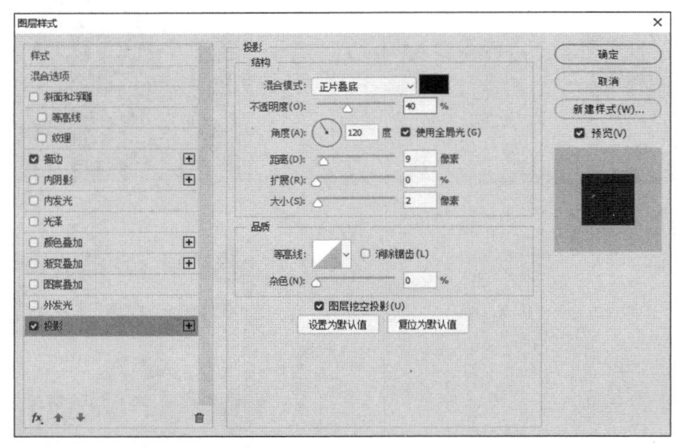

图4-90

图4-91

图4-92

4.4.2 “填充”命令

1. “填充”对话框

选择“编辑 > 填充”命令，会弹出“填充”对话框，如图4-93所示。

内容：用于选择填充方式，包括“前景色”“背景色”“颜色”“内容识别”“图案”“历史记录”“黑色”“50%灰色”“白色”。**颜色适应：**用于调整填充的对比度和亮度以更好地匹配。**模式：**用于设置填充的混合模式。**不透明度：**用于调整填充的不透明度。**保留透明区域：**用于设置是否保留透明区域。

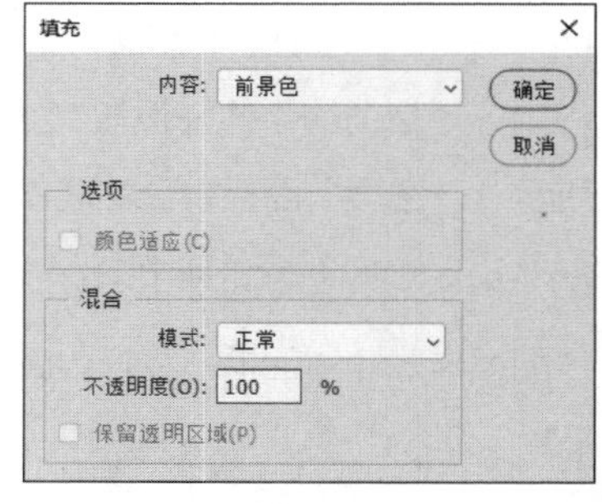

图4-93

2. 填充颜色

打开一张图像，在图像窗口中绘制出选区，如图4-94所示。选择“编辑 > 填充”命令，会弹出“填充”对话框，具体设置如图4-95所示，单击“确定”按钮，效果如图4-96所示。

图4-94

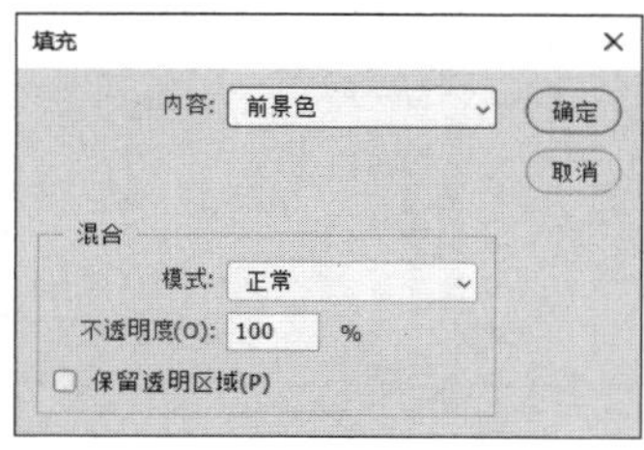

图4-95

图4-96

提示 按Alt+Delete快捷键，可以用前景色填充选区或图层；按Ctrl+Delete快捷键，可以用背景色填充选区或图层；按Delete键，可以删除选区中的图像。

4.4.3 “定义图案”命令

打开一张图像，在图像窗口中绘制出选区，如图4-97所示。选择“编辑 > 定义图案”命令，弹出“图案名称”对话框，如图4-98所示，单击“确定”按钮，定义图案。按Ctrl+D快捷键取消选区。

图4-97

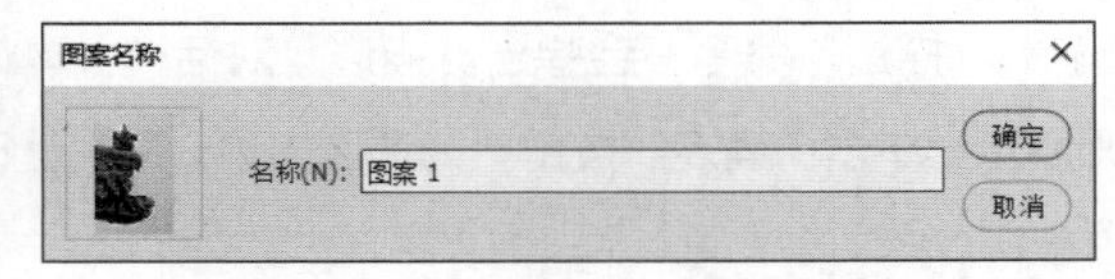

图4-98

选择“编辑 > 填充”命令，弹出“填充”对话框，在“自定图案”选项中选择新定义的图案，如图4-99所示，单击“确定”按钮，效果如图4-100所示。

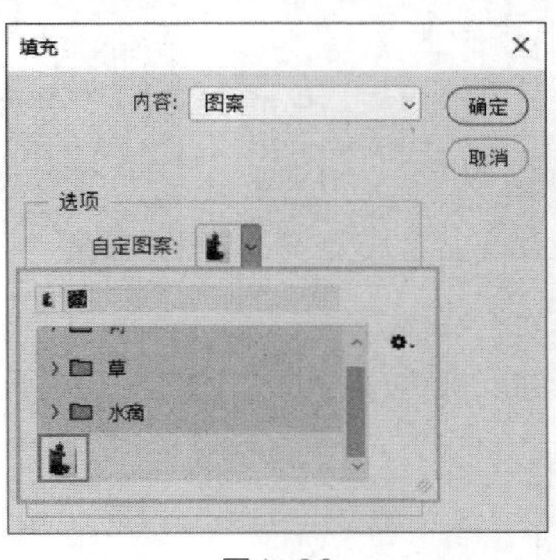

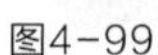

图4-99

图4-100

在“填充”对话框的“模式”选项中选择“叠加”填充模式，如图4-101所示，单击“确定”按钮，效果如图4-102所示。

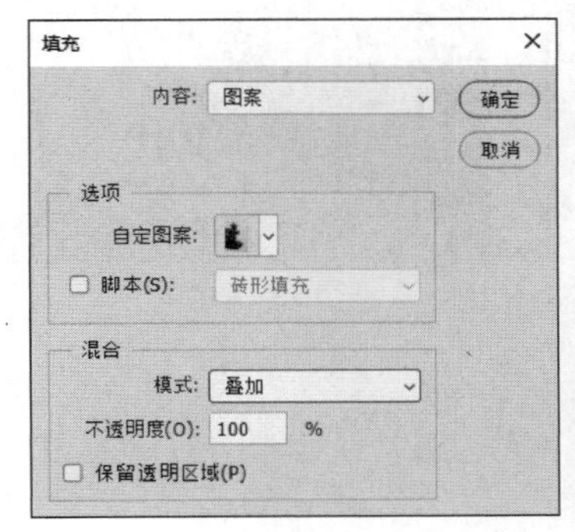

图4-101

图4-102

4.4.4 “描边”命令

1. “描边”对话框

选择“编辑 > 描边”命令，会弹出“描边”对话框，如图4-103所示。

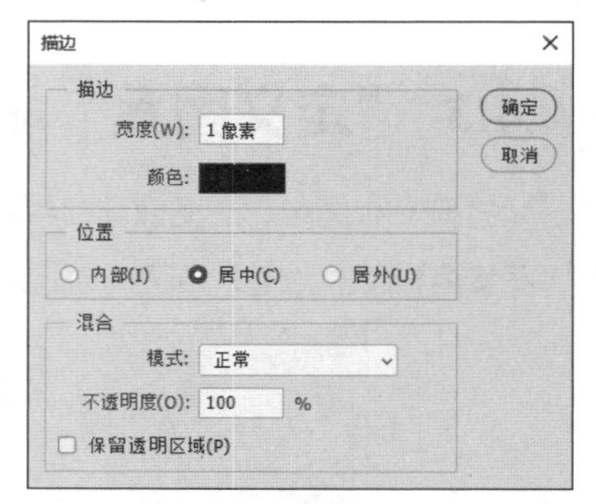

图4-103

描边：用于设置描边的宽度和颜色。**位置：**用于设置描边相对于边缘的位置，包括内部、居中和居外3个选项。**混合：**用于设置描边的混合模式和不透明度。

2. 描边

打开一张图像，在图像窗口中绘制出选区，如图4-104所示。选择“编辑 > 描边”命令，会弹出“描边”对话框，具体设置如图4-105所示，单击“确定”按钮，为选区描边。取消选区后，效果如图4-106所示。

图4-104

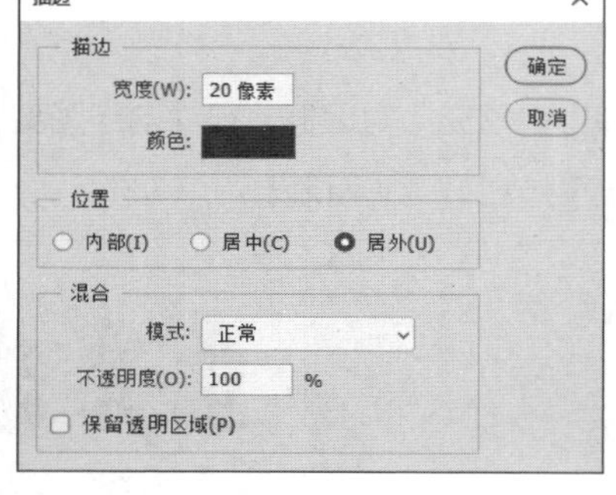

图4-105

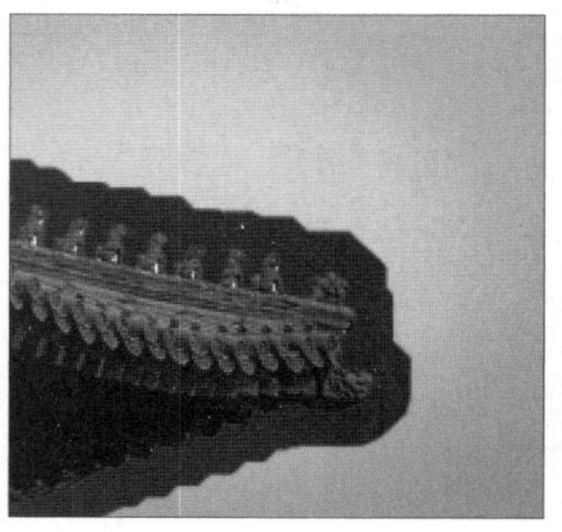

图4-106

在“描边”对话框的“模式”选项中选择“叠加”描边模式，如图4-107所示，单击“确定”按钮，为选区描边。取消选区后，效果如图4-108所示。

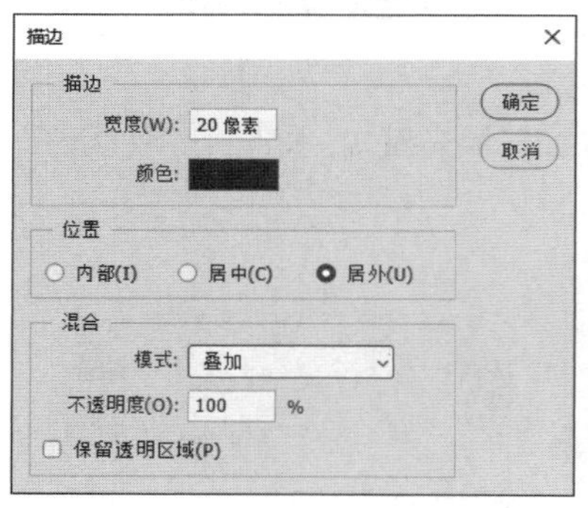

图4-107

图4-108

课堂练习——制作艺术画廊公众号首图

练习知识要点 使用历史记录艺术画笔工具制作涂抹效果，使用“色相/饱和度”命令和“颜色叠加”命令调整图片颜色，使用“去色”命令将图片去色，使用“浮雕效果”滤镜为图片添加浮雕效果，最终效果如图4-109所示。

效果所在位置 Ch04\效果\制作艺术画廊公众号首图.psd。

图4-109

课后习题——制作欢乐假期宣传海报插画

习题知识要点 使用矩形选框工具调整选区，使用“定义画笔预设”命令定义画笔，使用画笔工具绘制形状，最终效果如图4-110所示。

效果所在位置 Ch04\效果\制作欢乐假期宣传海报插画.psd。

图4-110

第5章

修饰图像

本章介绍

本章主要介绍用Photoshop修饰图像的方法与技巧。通过学习本章内容，读者可以掌握修饰图像的基本方法与操作技巧，应用相关工具快速地仿制图像、去除污点、消除红眼、修复有缺陷的图像。

学习目标

- 掌握修复类工具的运用方法。
- 了解修饰类工具的使用技巧。
- 熟悉橡皮擦类工具的使用技巧。

技能目标

- 掌握人物照片的修复方法。
- 掌握“为茶具添加水墨画”效果的制作方法。

5.1 修复类工具

修复类工具用于对图像的细微部分进行修复和调整，是处理图像的重要工具。

5.1.1 课堂案例——修复人物照片

案例学习目标 学习使用仿制图章工具清除图像中多余的碎发。

案例知识要点 使用仿制图章工具清除照片中多余的碎发，最终效果如图5-1所示。

效果所在位置 Ch05\效果\修复人物照片.psd。

图5-1

01 按Ctrl+O快捷键，打开本书学习资源中的“Ch05\素材\修复人物照片\01”文件，如图5-2所示。在“图层”面板中，将“背景”图层拖曳到下方的“创建新图层”按钮上进行复制，会生成新的图层“背景 拷贝”，解除锁定，如图5-3所示。

02 选择缩放工具，将图像的局部放大。选择仿制图章工具，在属性栏中单击“点按可打开‘画笔预设’选取器”按钮，在弹出的面板中选择需要的画笔形状，选项的设置如图5-4所示。

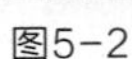

图5-2

图5-3

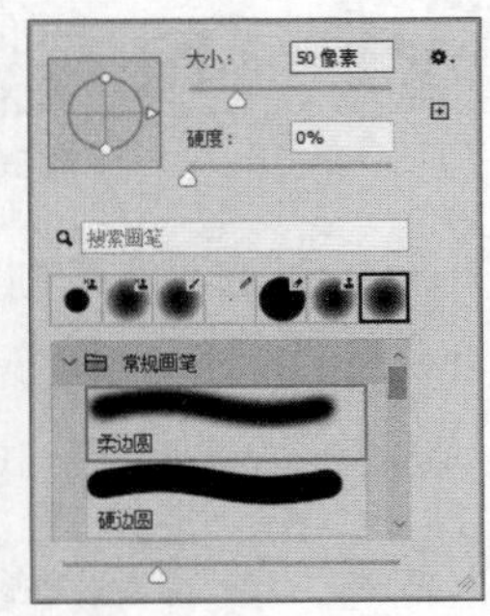

图5-4

03 将鼠标指针放置到图像需要复制的位置，按住Alt键，鼠标指针由仿制图章工具图标变为⊕形状，如图5-5所示。单击确定取样点，在图像窗口中需要清除的位置多次单击，清除图像中多余的碎发，效果如图5-6所示。使用相同的方法，清除图像中其他部位多余的碎发，效果如图5-7所示。人物照片修复完成。

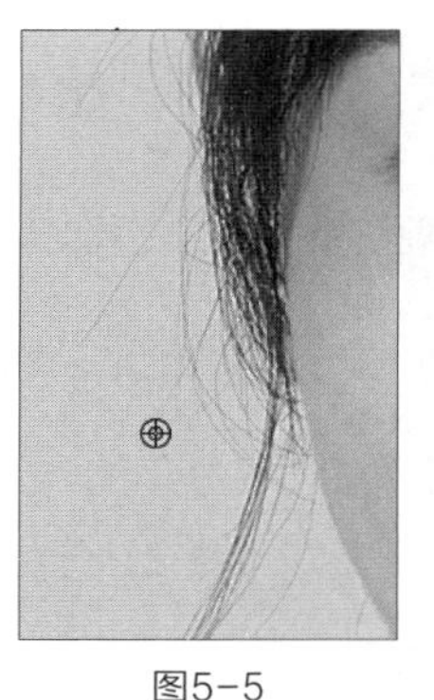
图5-5

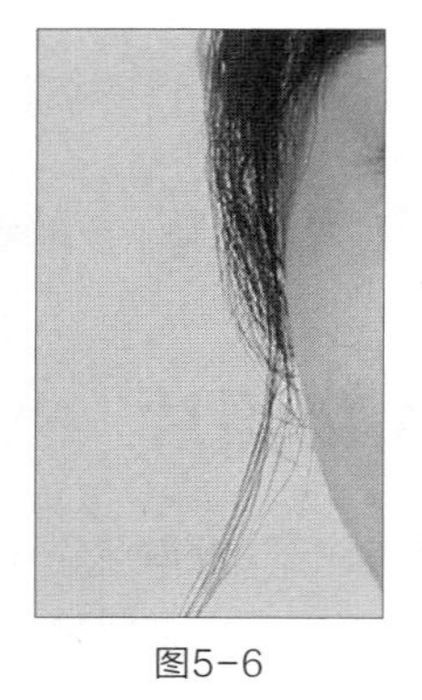
图5-6

图5-7

5.1.2 修补工具

选择修补工具，或反复按Shift+J快捷键切换到该工具，其属性栏状态如图5-8所示。

图5-8

打开一张图片。选择修补工具，圈选图像中要修复的区域，如图5-9所示。在属性栏中单击“源”按钮，将圈选的区域拖曳到需要的位置，如图5-10所示。释放鼠标左键，圈选的图像被新位置的图像替换，如图5-11所示。按Ctrl+D快捷键取消选区，效果如图5-12所示。

图5-9

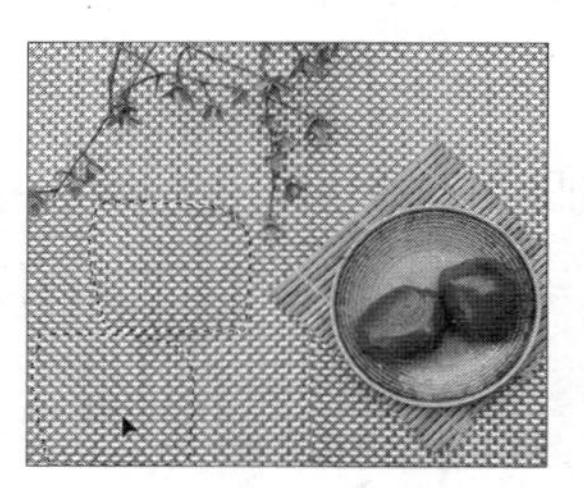
图5-10

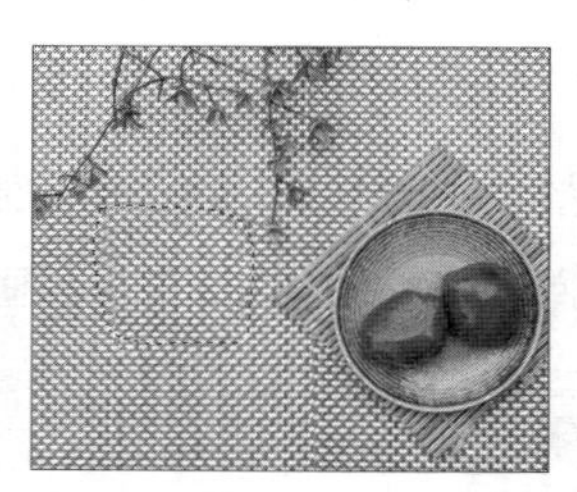
图5-11

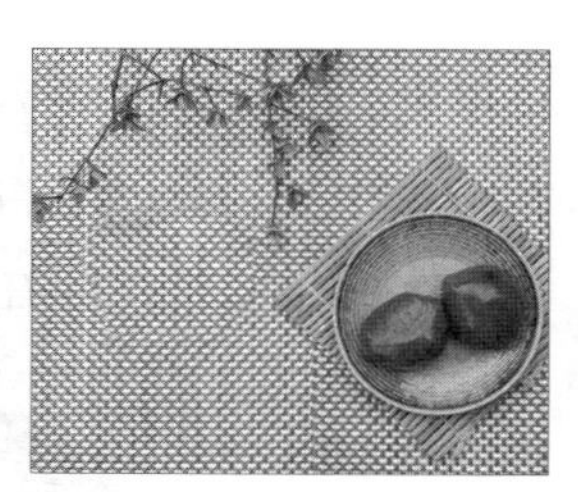
图5-12

选择修补工具，圈选要使用的图像区域，如图5-13所示。在属性栏中单击“目标”按钮，将圈选的图像拖曳到要修复的区域，如图5-14所示。圈选的图像替换了新位置的图像，如图5-15所示。按Ctrl+D快捷键取消选区，效果如图5-16所示。

图5-13

图5-14

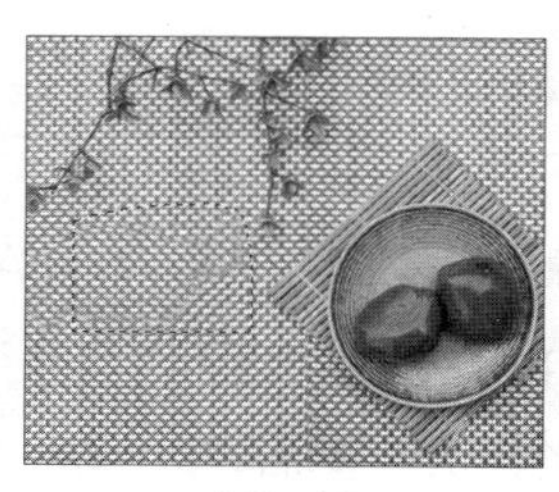
图5-15

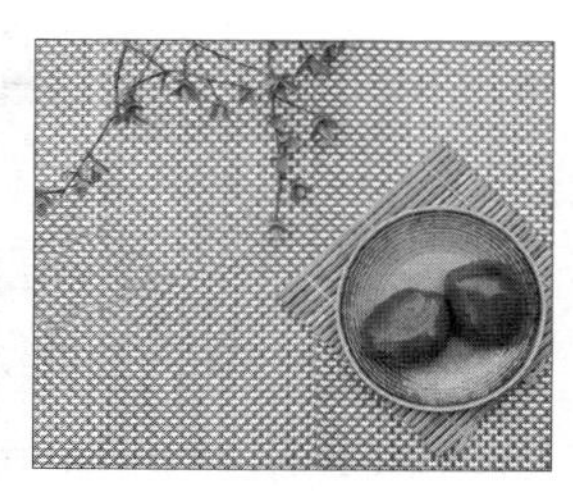
图5-16

选择“窗口 > 图案”命令，会弹出“图案”面板，单击面板右上方的按钮，在弹出的菜单中选择“旧版图案及其他”命令，面板如图5-17所示。选择修补工具，圈选图像中要修复的区域，如图

5-18所示。单击属性栏中的 按钮，弹出图案选择面板，选择“旧版图案及其他 > 旧版图案 > 旧版默认图案”中需要的图案，如图5-19所示。单击“使用图案”按钮，在选区中填充所选图案。按Ctrl+D快捷键取消选区，效果如图5-20所示。

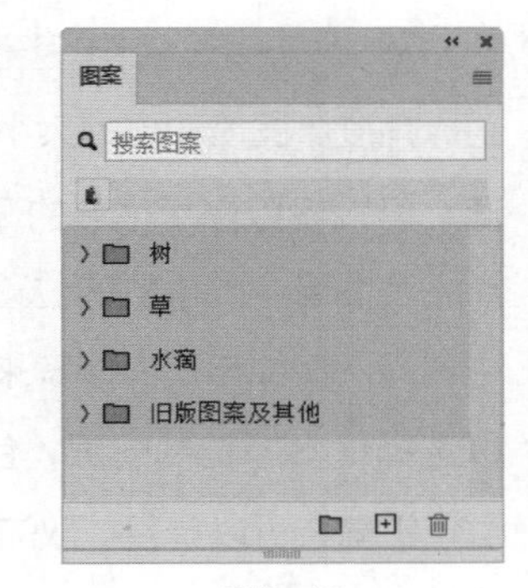

图5-17

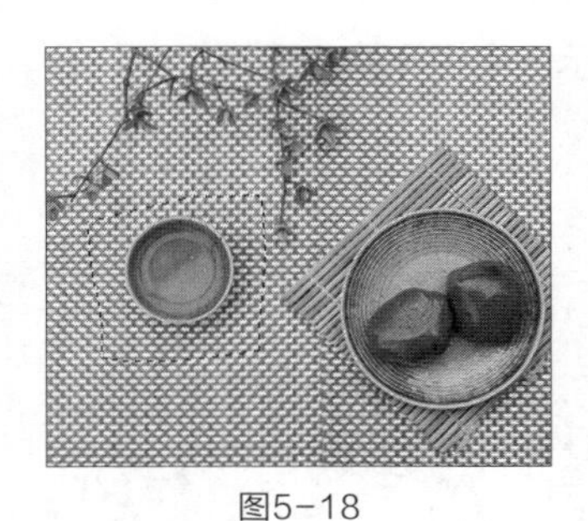
图5-18

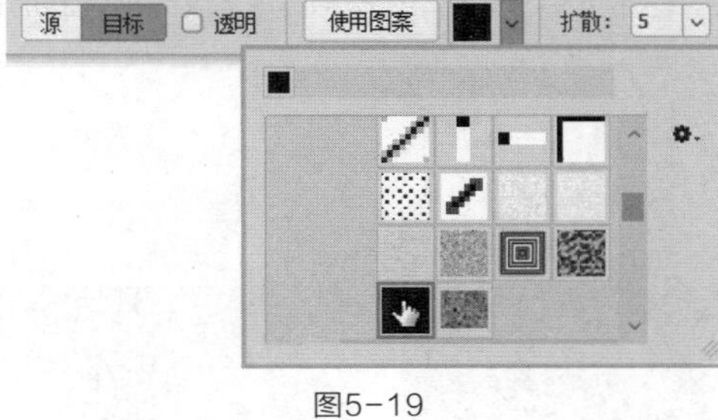

图5-19

图5-20

选择修补工具，圈选图像中要修复的区域。选择需要的图案，勾选“透明”复选框，如图5-21所示。单击“使用图案”按钮，在选区中填充透明图案。按Ctrl+D快捷键取消选区，效果如图5-22所示。

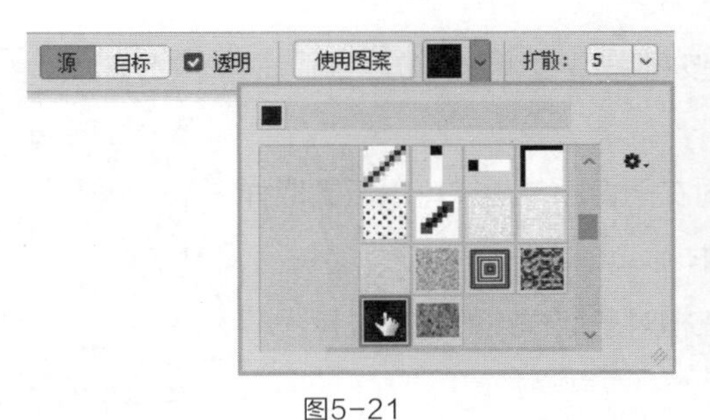

图5-21

图5-22

5.1.3 修复画笔工具

修复画笔工具可以将取样点的像素信息非常自然地复制到图像的破损位置，并保持图像的亮度、饱和度、纹理等属性，使修复的效果更加自然、逼真。

选择修复画笔工具，或反复按Shift+J快捷键切换到该工具，其属性栏状态如图5-23所示。

图5-23

：可以选择和设置修复的画笔。单击此按钮，可以在弹出的面板中设置画笔的大小、硬度、间距、角度、圆度和压力大小，如图5-24所示。**模式：**可以选择复制像素或填充图案与底图的混合模式。**源：**可以设置修复区域的源。单击“取样”按钮后，按住Alt键，鼠标指针变为⊕形状。单击确定取样点，在图像中要修复的位置拖曳鼠标，复制出取样点的图像；单击“图案”按钮后，可以在右侧的选项中选择图案或自定义图案来填充图像。**对齐：**勾选此复选框，可以使取样点随修复位置移动。**样本：**可以选择样本的仿制图层，包括当前图层、当前和下方图层和所有图层。：可以在修复时忽略调整图层。**扩散：**可以调整扩散的程度。

打开一张图片。选择修复画笔工具，按住Alt键，鼠标指针变为⊕形状，如图5-25所示，在适当的位置单击确定取样点。在要修复的区域单击，修复图像，如图5-26所示。用相同的方法修复其他部位，效果如图5-27所示。

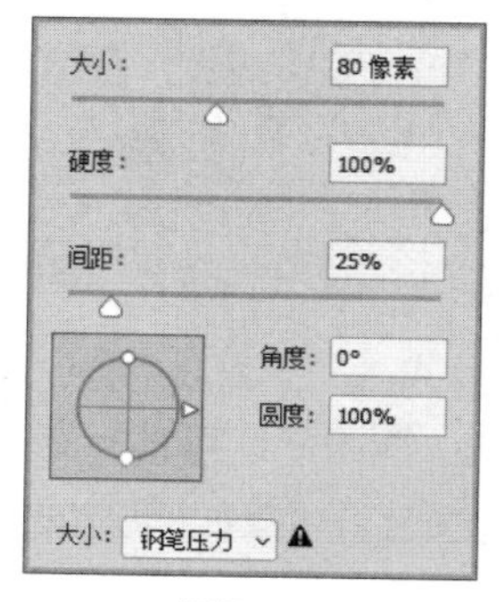

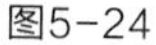

图5-24

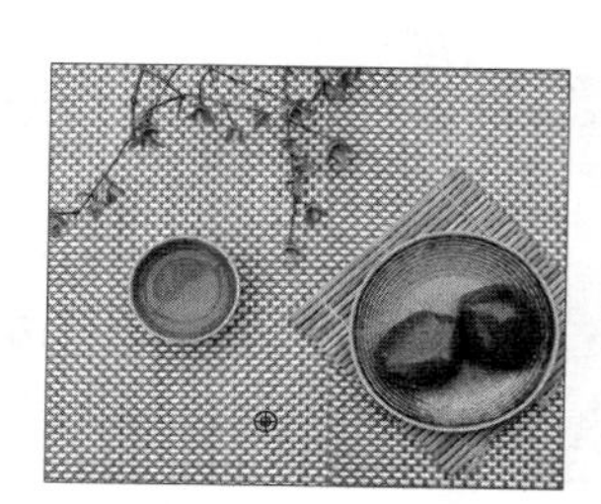

图5-25

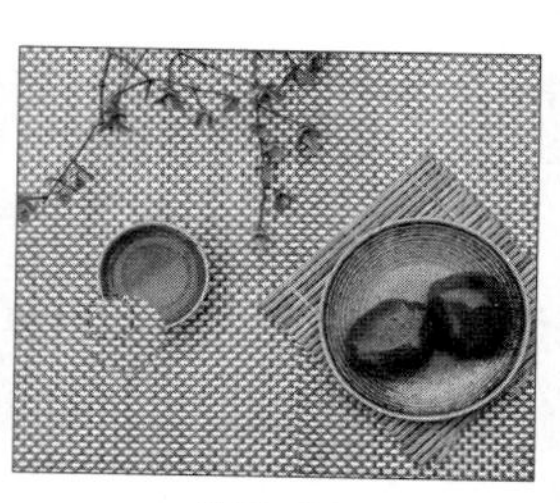

图5-26

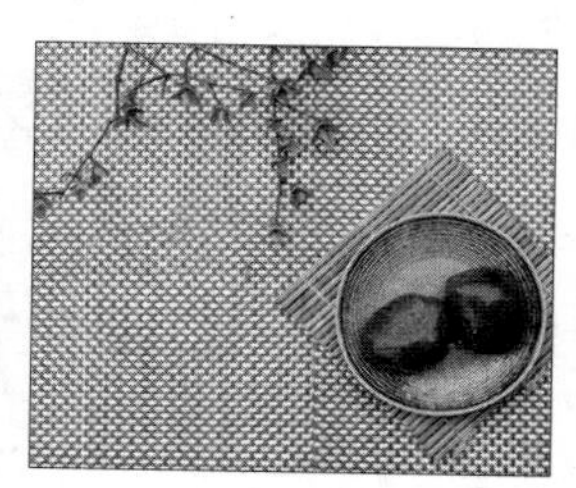

图5-27

单击属性栏中的“切换仿制源面板”按钮，会弹出“仿制源”面板，如图5-28所示。

图5-28

仿制源：激活按钮后，按住Alt键的同时在图像中单击，可以设置取样点。单击下一个仿制源按钮，还可以继续取样。

源：指定*x*轴和*y*轴的像素位移，可以在相对于取样点的精确位置进行仿制。

W/H：可以缩放所仿制的源。

旋转：在文本框中输入旋转角度，可以旋转仿制的源。

翻转：单击“水平翻转”按钮或“垂直翻转”按钮，可以水平或垂直翻转仿制源。

复位变换：将W、H、角度值和翻转方向恢复到默认的状态。

帧位移：可以设置帧位移。

锁定帧：可以锁定源帧。

显示叠加：勾选此复选框并设置叠加方式后，在使用修复工具时可以更好地查看叠加效果和下面的图像。

已剪切：可以将叠加剪切到画笔大小。

自动隐藏：可以在应用绘画描边时隐藏叠加。

反相：可以反相叠加颜色。

5.1.4 图案图章工具

选择图案图章工具，或反复按Shift+S快捷键切换到该工具，其属性栏状态如图5-29所示。

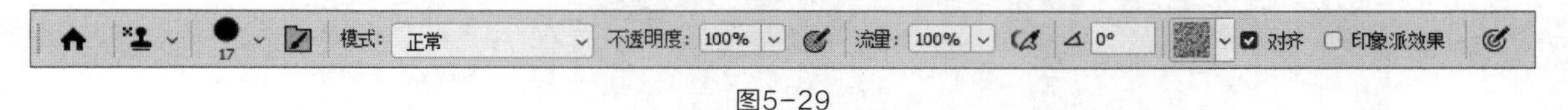

图5-29

在要定义为图案的图像上绘制选区，如图5-30所示。选择“编辑 > 定义图案”命令，弹出“图案名称”对话框，具体设置如图5-31所示，单击“确定”按钮，定义选区中的图像为图案。

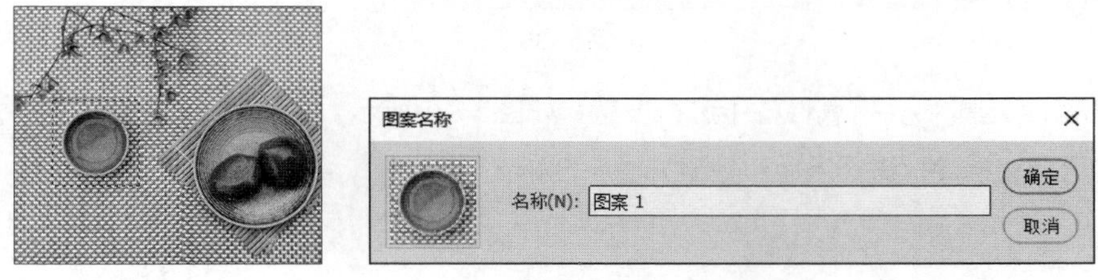

图5-30　　图5-31

选择图案图章工具，在属性栏中选择定义好的图案，如图5-32所示。按Ctrl+D快捷键取消选区。在适当的位置拖曳鼠标，复制出定义好的图案，效果如图5-33所示。

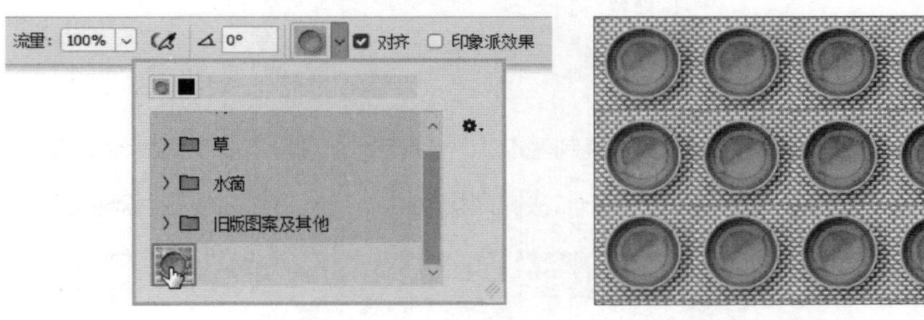

图5-32　　图5-33

5.1.5 颜色替换工具

颜色替换工具能够替换图像中的特定颜色，可以使用校正颜色在目标颜色上绘画。颜色替换工具不适用于“位图”“索引颜色”或“多通道”颜色模式的图像。

选择颜色替换工具，或反复按Shift+B快捷键切换到该工具，其属性栏状态如图5-34所示。

图5-34

打开一张图片，如图5-35所示。在“颜色”面板中设置前景色，如图5-36所示。在“色板”面板中单击“创建新色板”按钮，将设置的前景色存放在面板中，如图5-37所示。

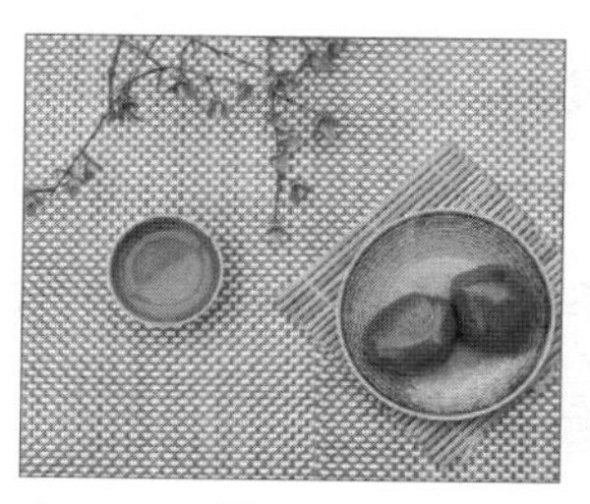
图5-35

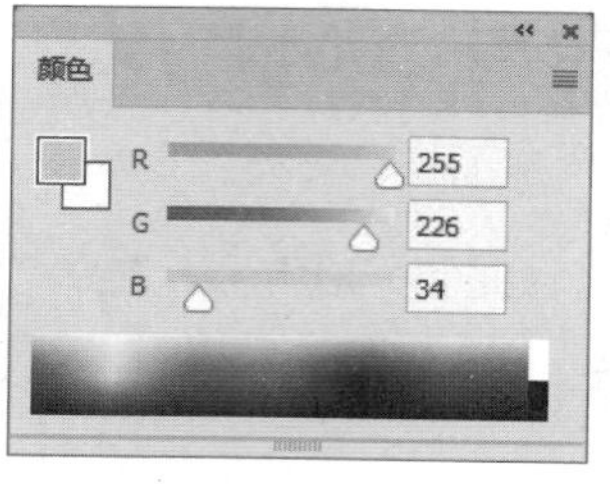

图5-36

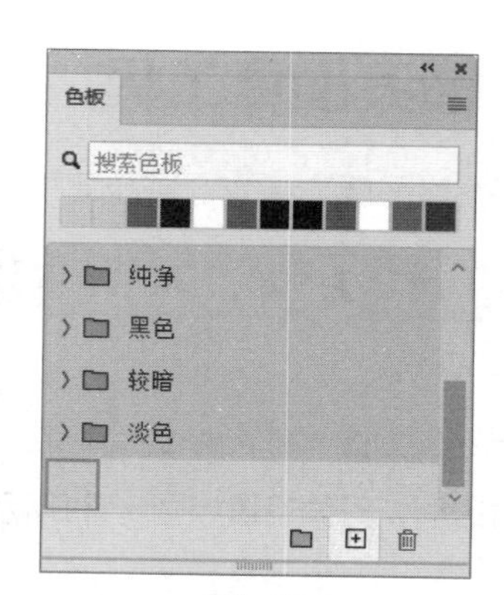

图5-37

选择颜色替换工具，在属性栏中进行设置，如图5-38所示。在图像中需要上色的区域直接涂抹进行上色，效果如图5-39所示。

图5-38

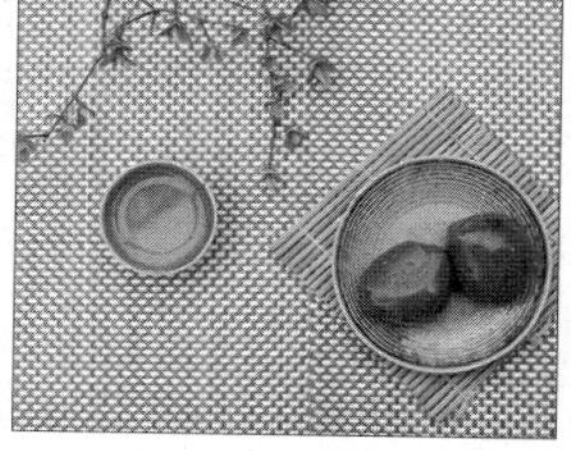
图5-39

5.1.6 仿制图章工具

仿制图章工具可以以指定的像素点为复制基准点，将其周围的图像复制到其他地方。

选择仿制图章工具，或反复按Shift+S快捷键切换到该工具，其属性栏状态如图5-40所示。

图5-40

流量：用于设置扩散的速度。**对齐：**用于控制是否在复制时使用对齐功能。

选择仿制图章工具，将鼠标指针放置在图像中需要复制的位置，按住Alt键，鼠标指针变为形状，如图5-41所示，单击确定取样点。在适当的位置拖曳鼠标，复制出取样点的图像，效果如图5-42所示。

图5-41

图5-42

5.1.7 红眼工具

红眼工具可以去除用闪光灯拍摄的人物照片中的红眼和白色、绿色反光。

选择红眼工具，或反复按Shift+J快捷键切换到该工具，其属性栏状态如图5-43所示。

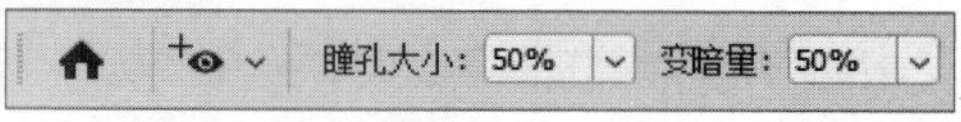

瞳孔大小：50%　变暗量：50%

图5-43

瞳孔大小： 用于设置瞳孔的大小。**变暗量：** 用于设置瞳孔的暗度。

5.1.8 污点修复画笔工具

污点修复画笔工具的工作方式与修复画笔工具相似，使用图像中的样本像素进行绘画，并将样本像素的纹理、光照、透明度和阴影与所修复的像素相匹配。区别在于，污点修复画笔工具不需要指定样本点，将自动从所修复区域的周围取样。

选择污点修复画笔工具，或反复按Shift+J快捷键切换到该工具，其属性栏状态如图5-44所示。

图5-44

选择污点修复画笔工具，在属性栏中进行设置，如图5-45所示。打开一张图片，如图5-46所示。在要去除的污点图像上拖曳鼠标，如图5-47所示，释放鼠标左键，污点会被去除，效果如图5-48所示。

图5-45

图5-46　图5-47　图5-48

5.1.9 内容感知移动工具

内容感知移动工具可以将选中的对象移动或扩展到图像的其他区域并进行重组和混合，产生出色的视觉效果。

选择内容感知移动工具，或反复按Shift+J快捷键切换到该工具，其属性栏状态如图5-49所示。

图5-49

模式： 用于选择重新混合的模式。**结构：** 用于设置区域保留的严格程度。**颜色：** 用于调整可修改的源颜色的程度。**投影时变换：** 勾选此复选框，可以在制作混合时变换图像。

打开一张图片，如图5-50所示。选择内容感知移动工具，在属性栏的“模式”下拉列表中选择“移动”选项，在图像窗口中拖曳鼠标绘制选区，如图5-51所示。将鼠标指针放置在选区中，向下方拖曳鼠标，如图5-52所示。松开鼠标左键后，软件自动将选区中的图像移动到新位置，同时出现变换框，如图5-53所示。拖曳鼠标旋转图形，如图5-54所示。按Enter键确认操作，原位置被周围的图像自动修复，取消选区后，效果如图5-55所示。

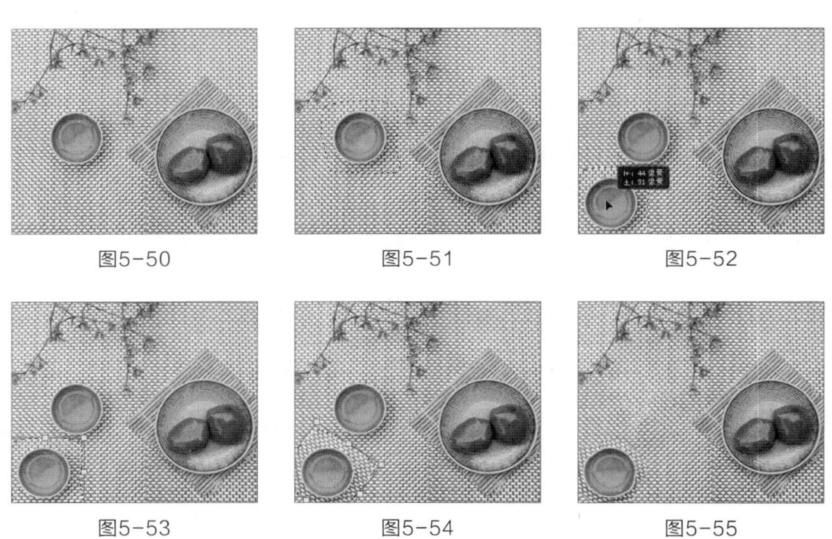

图5-50　图5-51　图5-52

图5-53　图5-54　图5-55

打开一张图片，如图5-56所示。选择内容感知移动工具，在属性栏的“模式”下拉列表中选择“扩展”选项，在图像窗口中拖曳鼠标绘制选区，如图5-57所示。将鼠标指针放置在选区中，向下方拖曳鼠标，如图5-58所示。松开鼠标左键后，软件自动将选区中的图像复制到新位置，同时出现变换框，如图5-59所示。拖曳鼠标旋转图形，如图5-60所示。按Enter键确认操作，取消选区后，效果如图5-61所示。

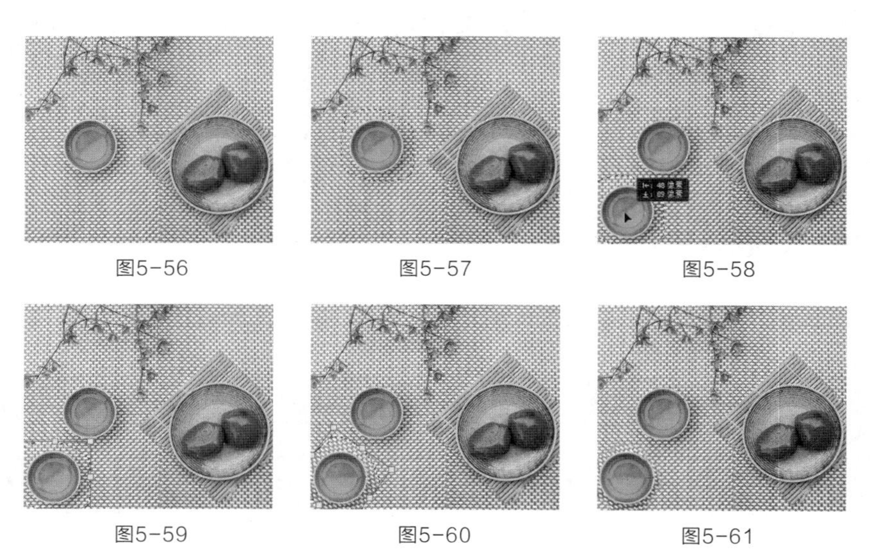

图5-56　图5-57　图5-58

图5-59　图5-60　图5-61

5.2 修饰类工具

修饰类工具用于对图像进行修饰，使图像产生不同的变化效果。

5.2.1 课堂案例——为茶具添加水墨画

案例学习目标 学习使用修饰类工具为茶具添加水墨画。

案例知识要点 使用钢笔工具和剪贴蒙版制作图片合成，使用减淡工具、加深工具和模糊工具修饰水墨画，最终效果如图5-62所示。

效果所在位置 Ch05\效果\为茶具添加水墨画.psd。

图5-62

01 按Ctrl+O快捷键，打开本书学习资源中的“Ch05\素材\为茶具添加水墨画\01”文件，选择钢笔工具 ，在属性栏的“选择工具模式”下拉列表中选择“路径”选项，在图像窗口中沿着茶壶轮廓绘制路径，如图5-63所示。

02 按Ctrl+Enter快捷键将路径转换为选区，如图5-64所示。按Ctrl+J快捷键复制选区中的图像，“图层”面板中会生成新的图层，将其命名为“茶壶”，如图5-65所示。

图5-63

图5-64

图5-65

提示 如钢笔工具使用有困难，可以参考“7.2.2 钢笔工具”。

03 按Ctrl+O快捷键，打开本书学习资源中的“Ch05\素材\为茶具添加水墨画\02”文件，选择移动工具 ，将“02”图片拖曳到“01”图像窗口中适当的位置，如图5-66所示，“图层”面板中会生成新的图层，将其命名为“水墨画”。

04 在“图层”面板上方，将“水墨画”图层的混合模式选项设为“正片叠底”，如图5-67所示，图像效果如图5-68所示。按Alt+Ctrl+G快捷键，可为图层创建剪贴蒙版，效果如图5-69所示。

图5-66

图5-67

图5-68

图5-69

05 选择减淡工具，在属性栏中单击“点按可打开‘画笔预设’选取器”按钮，在弹出的面板中选择需要的画笔形状，选项的设置如图5-70所示，在图像窗口中进行涂抹弱化水墨画边缘，效果如图5-71所示。

06 选择加深工具，在属性栏中单击“点按可打开‘画笔预设’选取器”按钮，在弹出的面板中选择需要的画笔形状，选项的设置如图5-72所示，在图像窗口中进行涂抹调暗水墨画暗部，效果如图5-73所示。

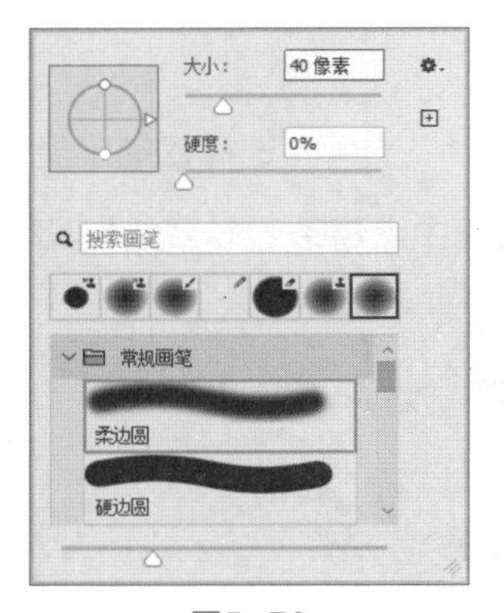

图5-70

图5-71

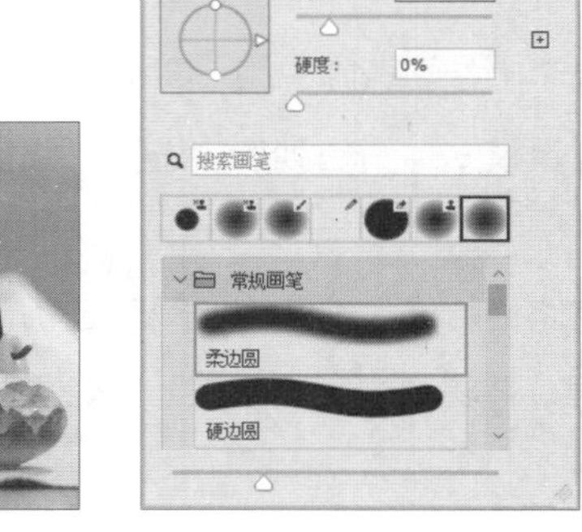

图5-72

图5-73

07 选择模糊工具，在属性栏中单击“点按可打开‘画笔预设’选取器”按钮，在弹出的面板中选择需要的画笔形状，选项的设置如图5-74所示，在图像窗口中拖曳鼠标模糊图像，效果如图5-75所示。为茶具添加水墨画制作完成。

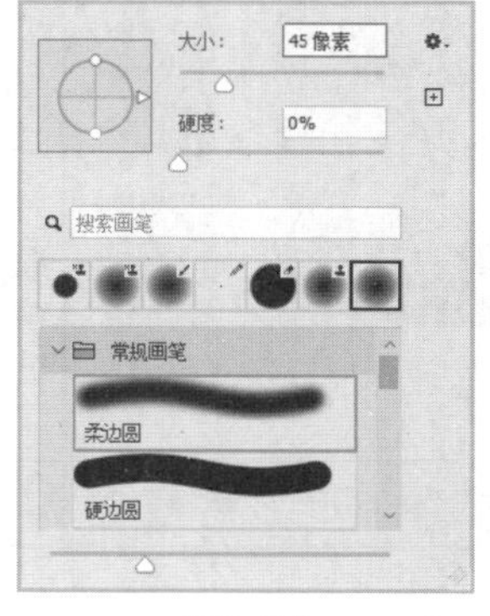

图5-74

图5-75

5.2.2 模糊工具

选择模糊工具，其属性栏状态如图5-76所示。

图5-76

强度：用于设置压力的大小。**对所有图层取样：**用于确定模糊工具是否对所有可见图层起作用。

选择模糊工具，在属性栏中进行设置，如图5-77所示。在图像窗口中拖曳鼠标，使图像产生模糊效果。原图像和模糊后的图像效果如图5-78、图5-79所示。

图5-77

图5-78

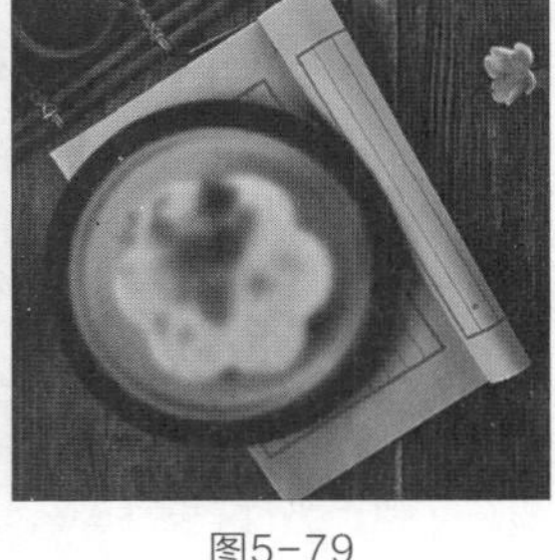

图5-79

5.2.3 锐化工具

选择锐化工具，其属性栏状态如图5-80所示。

图5-80

选择锐化工具，在属性栏中进行设置，如图5-81所示。在图像窗口中拖曳鼠标，使图像产生锐化效果。原图像和锐化后的图像效果如图5-82、图5-83所示。

图5-81

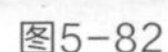

图5-82

图5-83

5.2.4 加深工具

选择加深工具，或反复按Shift+O快捷键切换到该工具，其属性栏状态如图5-84所示。

图5-84

选择加深工具，在属性栏中进行设置，如图5-85所示。在图像窗口中拖曳鼠标，使图像产生加深效果。原图像和加深后的图像效果如图5-86和图5-87所示。

图5-85

图5-86

图5-87

5.2.5 减淡工具

选择减淡工具，或反复按Shift+O快捷键切换到该工具，其属性栏状态如图5-88所示。

图5-88

范围： 用于设置图像中要提高亮度的区域。**曝光度：** 用于设置曝光的强度。

选择减淡工具，在属性栏中进行设置，如图5-89所示。在图像窗口中拖曳鼠标，使图像产生减淡效果。原图像和减淡后的图像效果如图5-90和图5-91所示。

图5-89

图5-90

图5-91

5.2.6 海绵工具

选择海绵工具，或反复按Shift+O快捷键切换到该工具，其属性栏状态如图5-92所示。

图5-92

选择海绵工具，在属性栏中进行设置，如图5-93所示。在图像窗口中拖曳鼠标，改变图像的色彩饱和度。原图像和调整后的图像效果如图5-94、图5-95所示。

图5-93

图5-94

图5-95

5.2.7 涂抹工具

选择涂抹工具，其属性栏状态如图5-96所示。

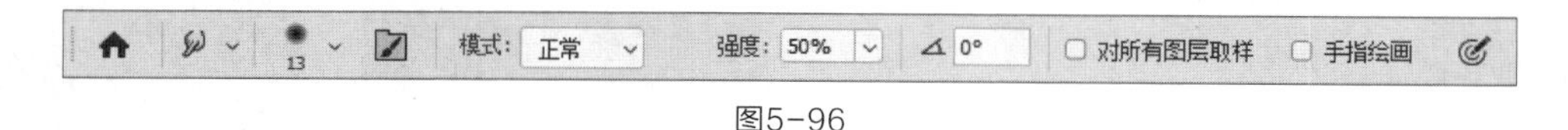

图5-96

手指绘画：用于设置是否用前景色进行涂抹。

选择涂抹工具，在属性栏中进行设置，如图5-97所示。在图像窗口中拖曳鼠标，使图像产生涂抹效果。原图像和涂抹后的图像效果如图5-98和图5-99所示。

图5-97

图5-98

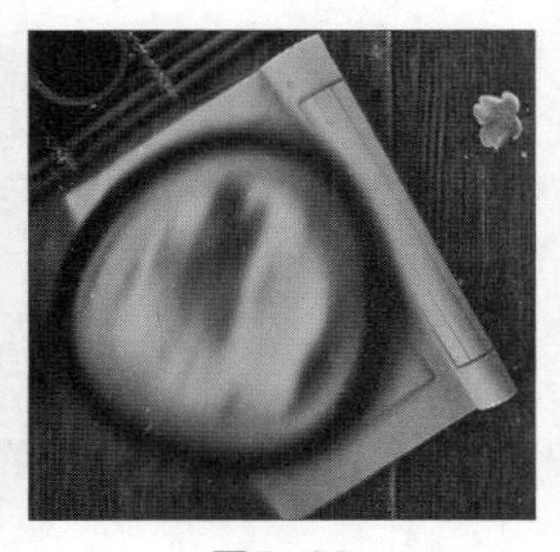
图5-99

5.3 橡皮擦类工具

橡皮擦类工具可以擦除指定图像的颜色，还可以擦除颜色相近区域中的图像。

5.3.1 橡皮擦工具

选择橡皮擦工具，或反复按Shift+E快捷键切换到该工具，其属性栏状态如图5-100所示。

图5-100

抹到历史记录：用于确定以“历史记录”面板中确定的图像状态来擦除图像。

选择橡皮擦工具，在图像窗口中拖曳鼠标，可以擦除图像。当图层为“背景”图层或锁定了透明区域的图层时，擦除的图像显示为背景色，效果如图5-101所示。当图层为普通图层时，擦除的图像显示为透明的，效果如图5-102所示。

图5-101

图5-102

5.3.2 背景橡皮擦工具

选择背景橡皮擦工具，或反复按Shift+E快捷键切换到该工具，其属性栏状态如图5-103所示。

图5-103

限制：用于选择擦除界限。**容差：**用于设置容差值。**保护前景色：**勾选后，可保护前景色不被擦除。

选择背景橡皮擦工具，在属性栏中进行设置，如图5-104所示。在图像窗口中拖曳鼠标，可以擦除图像。擦除前后的效果对比如图5-105和图5-106所示。

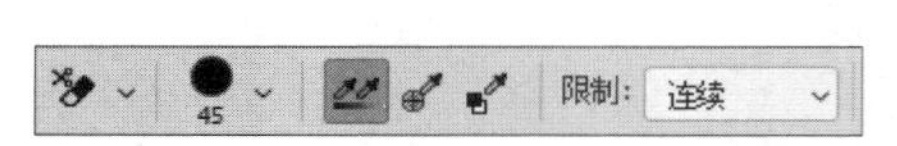

图5-104

图5-105

图5-106

5.3.3 魔术橡皮擦工具

选择魔术橡皮擦工具，或反复按Shift+E快捷键切换到该工具，其属性栏状态如图5-107所示。

连续： 勾选后，仅擦除连续像素。**对所有图层取样：** 勾选后，作用于所有图层。

选择魔术橡皮擦工具，保持属性栏中的选项为默认值，在图5-105的图像窗口中擦除图像，效果如图5-108所示。

图5-107

图5-108

课堂练习——制作七夕活动横版海报

练习知识要点 使用减淡工具提高脸和胳膊的亮度，使用加深工具加深衣服图案颜色，使用模糊工具模糊头部外围，使用移动工具添加文字、灯笼和浪花素材，使用图层样式为文字添加样式，使用调整图层命令调整图像颜色，最终效果如图5-109所示。

效果所在位置 Ch05\效果\制作七夕活动横版海报.psd。

图5-109

课后习题——制作头戴式耳机海报

习题知识要点 使用渐变工具制作背景，使用移动工具调整素材位置，使用橡皮擦工具擦除不需要的文字，最终效果如图5-110所示。

效果所在位置 Ch05\效果\制作头戴式耳机海报.psd。

图5-110

第 6 章

编辑图像

本章介绍

本章主要介绍用Photoshop编辑图像的基本方法，包括应用图像编辑工具，裁切图像，变换图像等。通过学习本章内容，要掌握图像的编辑方法和应用技巧，快速地应用命令对图像进行适当的编辑与变换。

学习目标

●熟练掌握图像编辑工具的使用方法。

●掌握裁切图像和变换图像的技巧。

技能目标

●掌握“室内空间装饰画”的制作方法。

●掌握“音量调节器”的制作方法。

6.1 图像编辑工具

使用图像编辑工具对图像进行编辑和整理，可以提高用户处理图像的效率。

6.1.1 课堂案例——制作室内空间装饰画

案例学习目标 学习用“图层”面板制作需要的效果。

案例知识要点 使用“图层”面板中的“曲线”命令和“色相/饱和度”命令为图像调色，使用Alt+Ctrl+G快捷键创建剪贴蒙版，使用注释工具为室内空间装饰画添加注释，最终效果如图6-1所示。

效果所在位置 Ch06\效果\制作室内空间装饰画.psd。

图6-1

01 按Ctrl+O快捷键，打开本书学习资源中的“Ch06\素材\制作室内空间装饰画\01”文件，如图6-2所示。在“图层”面板中，将“背景”图层拖曳到下方的“创建新图层”按钮 上进行复制，会生成新的图层“背景 拷贝”，解除锁定，如图6-3所示。

图6-2

图6-3

02 单击“图层”面板下方的“创建新的填充或调整图层”按钮 ，在弹出的菜单中选择“曲线”命令。“图层”面板中会生成“曲线1”图层，同时弹出“属性”面板，在曲线上单击添加控制点，将“输入”选项设为101，“输出”选项设为119，如图6-4所示；再次在曲线上单击添加控制点，将“输入”选项设为75，“输出”选项设为86，如图6-5所示，按Enter键确认操作，效果如图6-6所示。

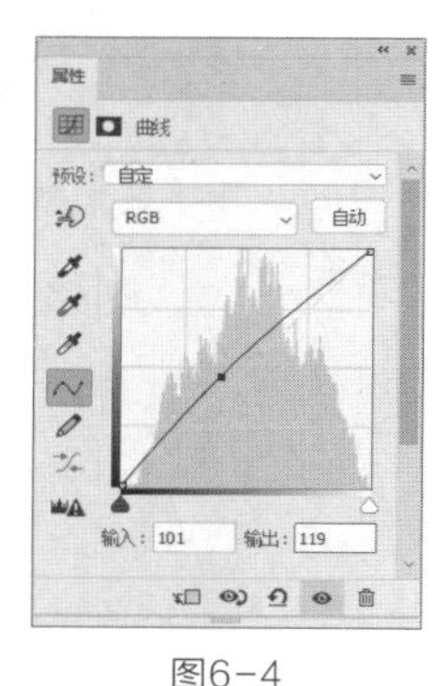

图6-4

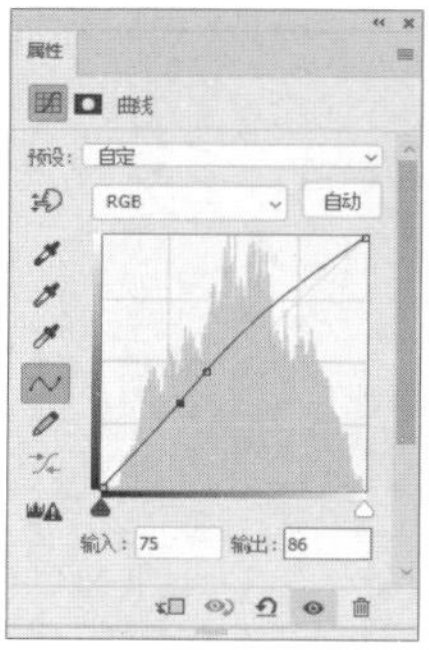

图6-5

图6-6

03 选择椭圆工具，在属性栏的“选择工具模式”下拉列表中选择“形状”选项，“填充”颜色设为白色，按住Shift键的同时在图像窗口中拖曳鼠标，绘制一个圆形，效果如图6-7所示。

图6-7

04 单击“图层”面板下方的“添加图层样式”按钮，在弹出的菜单中选择“内阴影”命令，在弹出的对话框中进行设置，如图6-8所示，单击“确定”按钮，效果如图6-9所示。

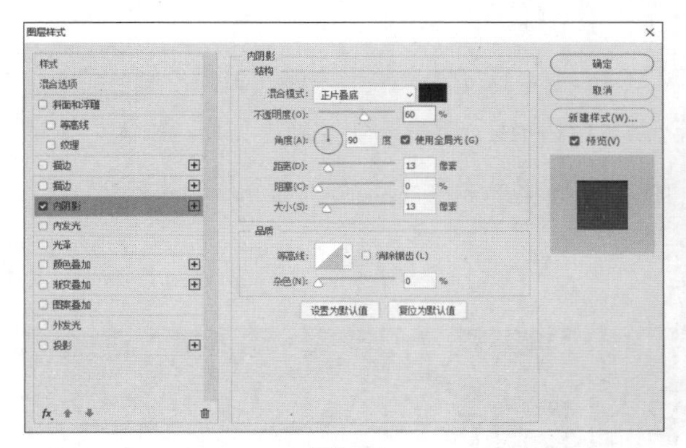

图6-8

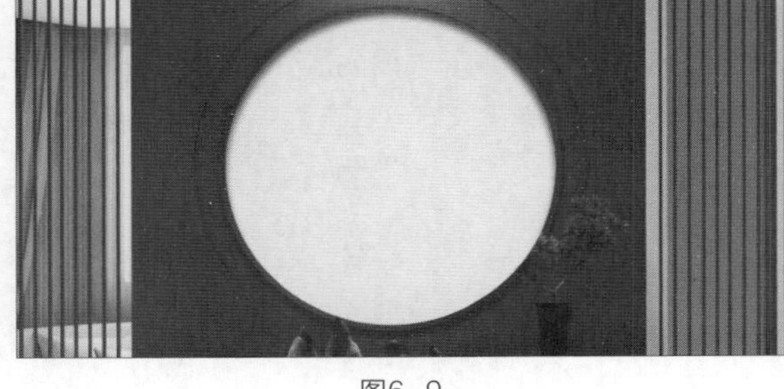

图6-9

05 按Ctrl+O快捷键，打开本书学习资源中的“Ch06\素材\制作室内空间装饰画\02”文件。选择移动工具，将“02”图像拖曳到“01”图像窗口中适当的位置，如图6-10所示，“图层”面板中会生成新的图层，将其命名为“画”。按Alt+Ctrl+G快捷键，可创建剪贴蒙版，效果如图6-11所示。

图6-10

图6-11

06 单击“图层”面板下方的“创建新的填充或调整图层”按钮，在弹出的菜单中选择“色相/饱和度”命令。“图层”面板中会生成“色相/饱和度 1”图层，同时弹出“属性”面板，选项的设置如图6-12所示，按Enter键确认操作，效果如图6-13所示。

图6-12　　　　图6-13

07 单击“图层”面板下方的“创建新的填充或调整图层”按钮，在弹出的菜单中选择“曲线”命令。“图层”面板中会生成“曲线2”图层，同时弹出“属性”面板，在曲线上单击添加控制点，将“输入”选项设为63，“输出”选项设为65，如图6-14所示；再次在曲线上单击添加控制点，将“输入”选项设为193，“输出”选项设为221，如图6-15所示，按Enter键确认操作，效果如图6-16所示。

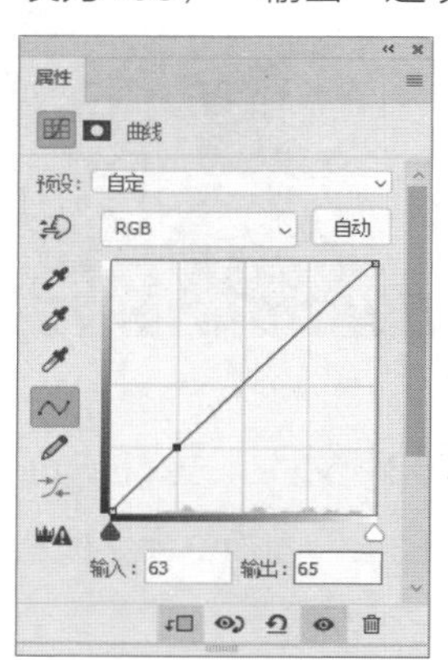

属性
曲线
预设：自定
RGB
自动
输入：193
输出：221

图6-14　　　　图6-15　　　　图6-16

08 按Ctrl+O快捷键，打开本书学习资源中的“Ch06\素材\制作室内空间装饰画\03”文件。选择移动工具，将“03”图像拖曳到“01”图像窗口中适当的位置，如图6-17所示，“图层”面板中会生成新的图层，将其命名为“植物”。

09 选择注释工具，在图像窗口中单击，会弹出“注释”面板，在面板中输入文字，如图6-18所示。室内空间装饰画制作完成。

图6-17　　　　图6-18

6.1.2 注释工具

注释工具可以为图像增加文字注释。

选择注释工具，或反复按Shift+I快捷键切换到该工具，其属性栏状态如图6-19所示。

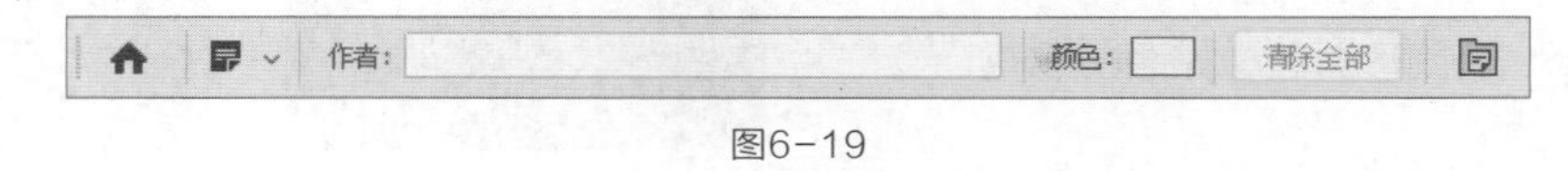

图6-19

作者： 用于输入注释者姓名。**颜色：** 用于设置注释标记的颜色。**清除全部：** 用于清除所有注释。**：** 用于打开“注释”面板，编辑注释文字。

6.1.3 标尺工具

选择标尺工具，或反复按Shift+I快捷键切换到该工具，其属性栏状态如图6-20所示。

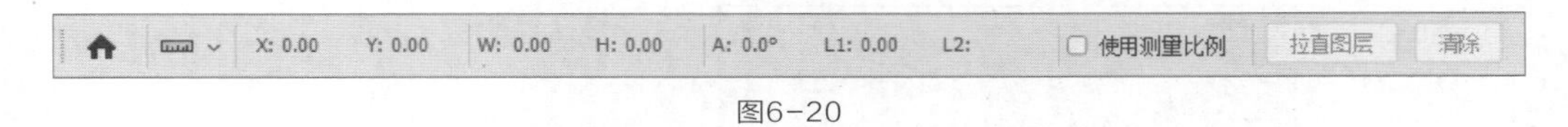

图6-20

X/Y： 起始位置坐标。**W/H：** 在x轴和y轴上移动的水平和垂直距离。**A：** 相对于坐标轴偏离的角度。**L1：** 两点间的距离。**L2：** 测量角度时另一条测量线的长度。**使用测量比例：** 使用测量比例计算标尺工具数据。**拉直图层：** 拉直图层使标尺水平。**清除：** 用于清除测量线。

6.2 图像的裁切和变换

通过图像的裁切和变换，可以制作出多变的图像效果。

6.2.1 课堂案例——制作音量调节器

案例学习目标 学习对图像进行变换。

案例知识要点 使用选框工具、渐变工具“图层”面板和图像变换快捷键制作音量调节器，最终效果如图6-21所示。

效果所在位置 Ch06\效果\制作音量调节器.psd。

图6-21

01 按Ctrl＋O快捷键，打开本书学习资源中的“Ch06\素材\制作音量调节器\01”文件，如图6-22所示。新建图层并将其命名为“圆”。选择椭圆选框工具，按住Shift键的同时在图像窗口中拖曳鼠标绘制一个圆形选区，如图6-23所示。

图6-22

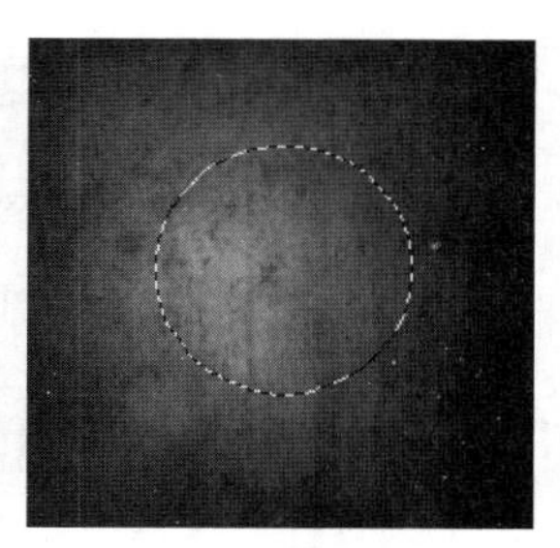
图6-23

02 选择渐变工具，单击属性栏中的“点按可编辑渐变”按钮，会弹出“渐变编辑器”对话框，在“色标”选项组中分别设置0%、100%两个位置点的“颜色”的RGB值为（196,196,196）、（255,255,255），其他选项的设置如图6-24所示，单击“确定”按钮。选中属性栏中的“径向渐变”按钮，在选区中从右下角至左上角拖曳鼠标，填充渐变色，效果如图6-25所示。按Ctrl+D快捷键取消选区。

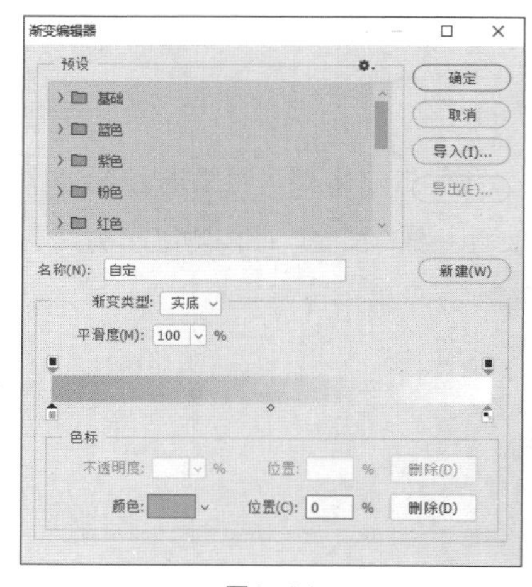

图6-24

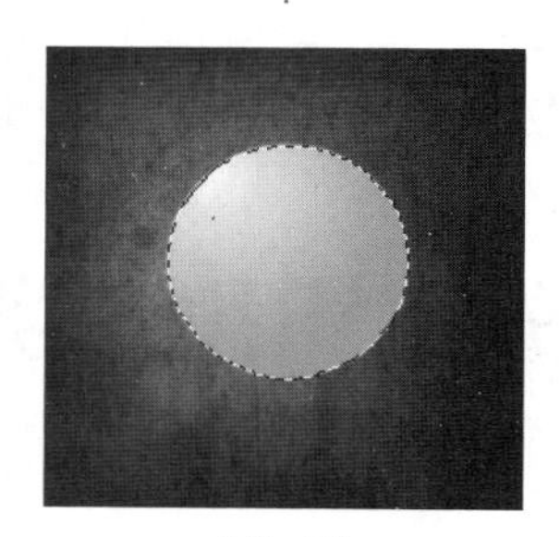
图6-25

03 单击“图层”面板下方的“添加图层样式”按钮，在弹出的菜单中选择“投影”命令，会弹出对话框，选项的设置如图6-26所示，单击“确定”按钮，效果如图6-27所示。

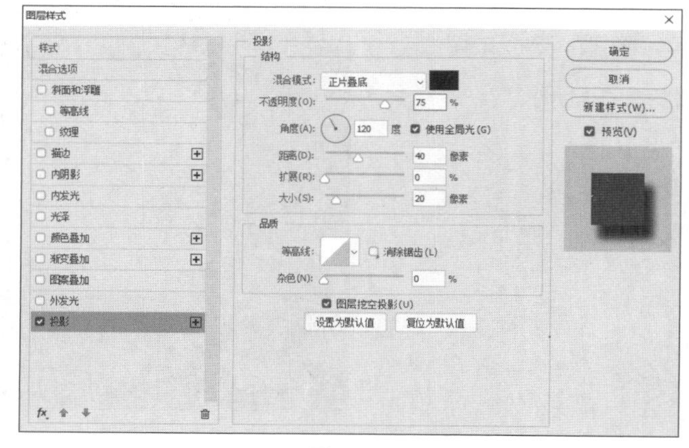

图6-26

图6-27

04 在“图层”面板中，将“圆”图层拖曳到下方的“创建新图层”按钮⊞上进行复制，会生成新的图层，将其命名为“圆2”。按Ctrl+T快捷键，在图像周围会出现变换框，按住Alt键的同时向内拖曳右上角的控制手柄等比例缩小图像，按Enter键确认操作。在“图层”面板中的“圆 2”图层上右击，在弹出的菜单中选择“清除图层样式”命令，清除图层样式，“图层”面板如图6-28所示。

05 按住Ctrl键的同时单击“圆2”图层的缩览图，图像周围会生成选区，如图6-29所示。将前景色设为灰白色（240,240,240），按Alt+Delete快捷键用前景色填充选区。按Ctrl+D快捷键取消选区，图像效果如图6-30所示。

图6-28

图6-29

图6-30

06 新建图层并将其命名为“圆3”。选择椭圆选框工具◯，按住Shift键的同时在图像窗口中拖曳鼠标，绘制一个圆形选区。将前景色设为黑色，按Alt+Delete快捷键用前景色填充选区。按Ctrl+D快捷键取消选区，效果如图6-31所示。

07 新建图层“图层1”。选择椭圆选框工具◯，按住Shift键的同时在图像窗口中拖曳鼠标，绘制一个圆形选区。将前景色设为白色，按Alt+Delete快捷键用前景色填充选区。按Ctrl+D快捷键取消选区，效果如图6-32所示。按Ctrl+J快捷键复制图层，“图层”面板中会生成新的图层“图层1 拷贝”。

图6-31

图6-32

08 按Alt+Ctrl+T快捷键，在图像周围会出现变换框。在属性栏中勾选“切换参考点”选项，显示中心点。按住Alt键的同时拖曳中心点到适当的位置，如图6-33所示。在属性栏中将“旋转”选项设置为10.8°，按Enter键确认操作。按Alt+Shift+Ctrl+T快捷键多次，复制多个图形，效果如图6-34所示，“图层”面板中会生成多个新的图层。

图6-33

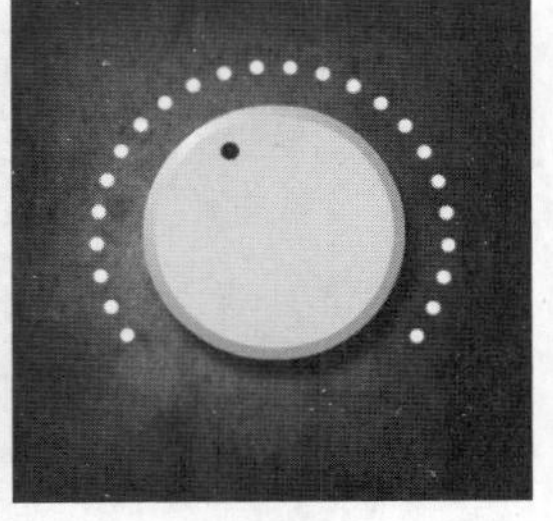
图6-34

09 选中“图层1”，按住Shift键的同时单击“图层1 拷贝23”图层，将两个图层间的所有图层同时选取，如图6-35所示。按Ctrl+E快捷键合并图层，并将其命名为“点”，如图6-36所示。

10 单击“图层”面板下方的“添加图层样式”按钮，在弹出的菜单中选择“渐变叠加”命令，会弹出“图层样式”对话框，单击“渐变”选项右侧的“点按可编辑渐变”按钮，会弹出“渐变编辑器”对话框，在“色标”选项组中分别设置0%、100%两个位置点的“颜色”的RGB值为（230,0,18）、（255,241,0），如图6-37所示。

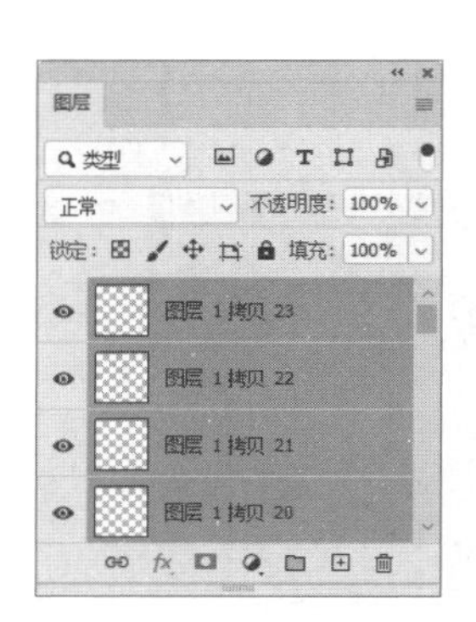

图6-35

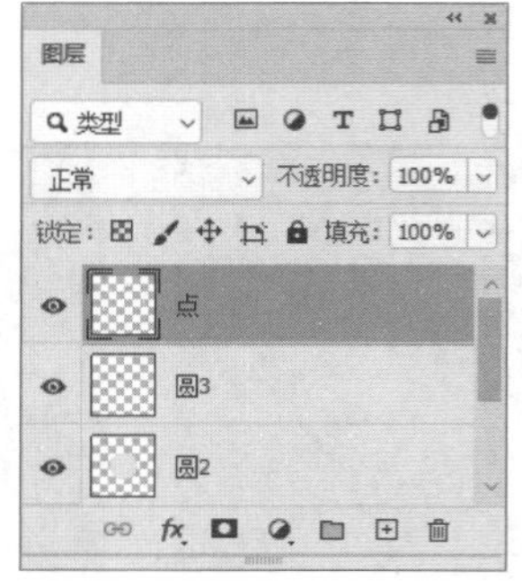

图6-36

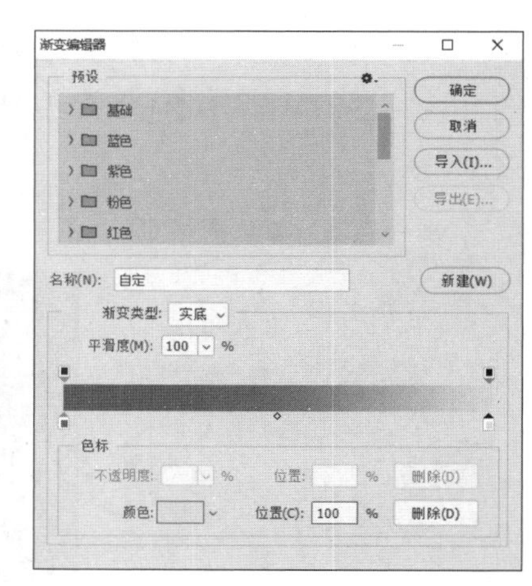

图6-37

11 单击“确定”按钮，返回到“图层样式”对话框，其他选项的设置如图6-38所示。选择“外发光”选项，将发光颜色设为黑色，其他选项的设置如图6-39所示。

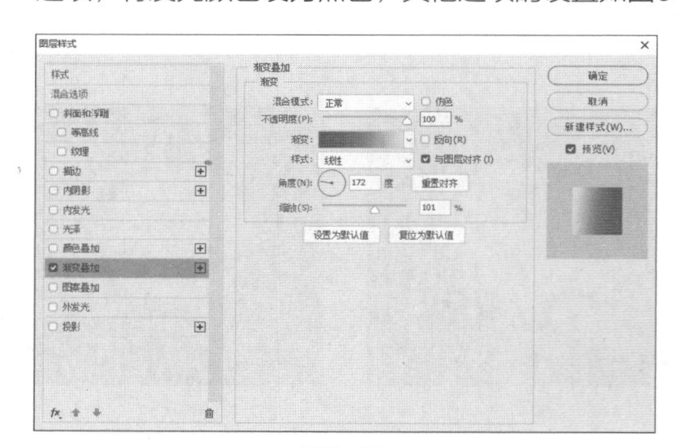

图6-38

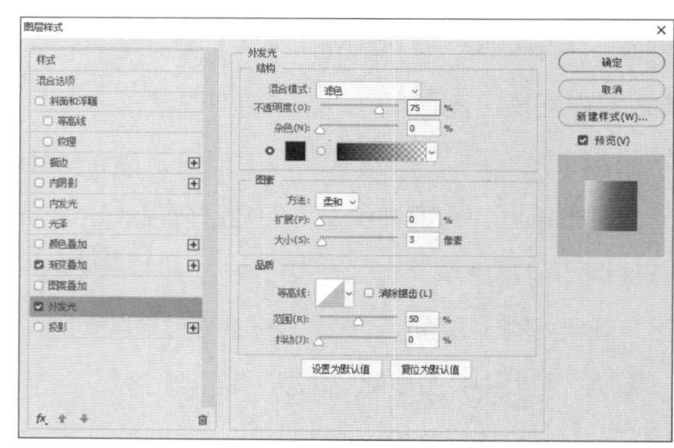

图6-39

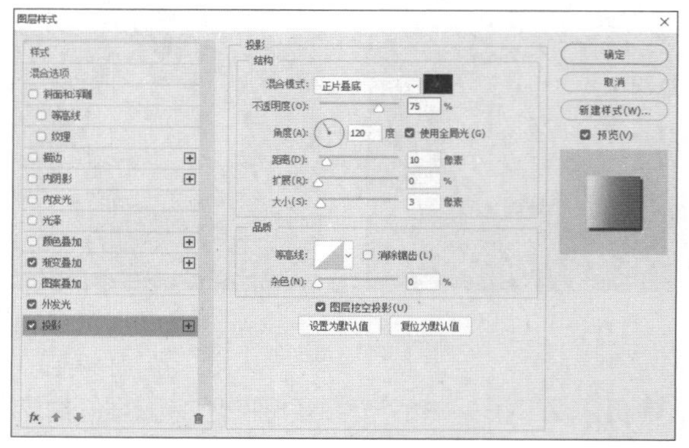

图6-40

12 选择“投影”选项，选项的设置如图6-40所示，单击“确定”按钮，效果如图6-41所示。音量调节器制作完成。

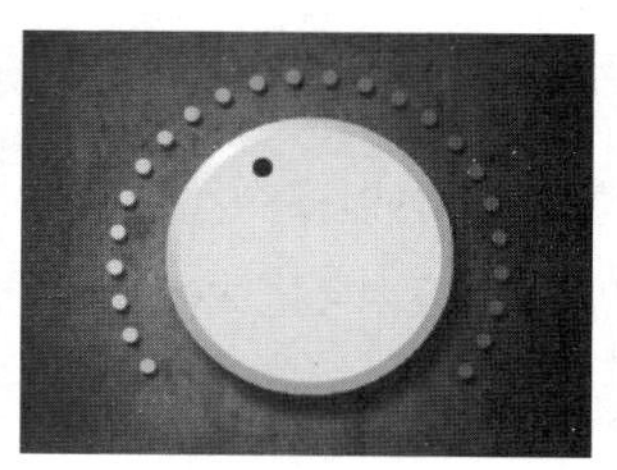

图6-41

6.2.2 图像的裁切

若图像中含有大面积的纯色区域或透明区域，可以应用“裁切”命令进行操作。

打开一幅图像，如图6-42所示。选择“图像 > 裁切”命令，会弹出“裁切”对话框，具体设置如图6-43所示，单击“确定”按钮，效果如图6-44所示。

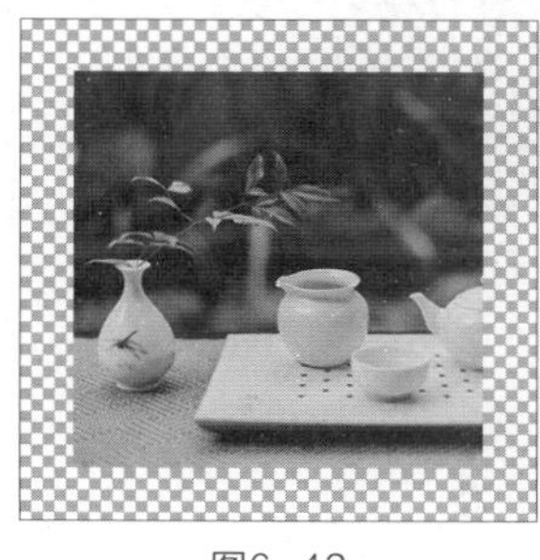

图6-42

裁切
基于
透明像素(A)
左上角像素颜色(O)
右下角像素颜色(M)
确定
取消
裁切
顶(T)
左(L)
底(B)
右(R)

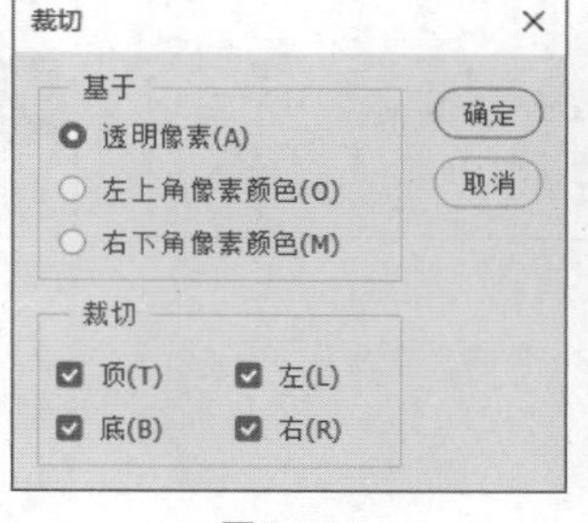

图6-43

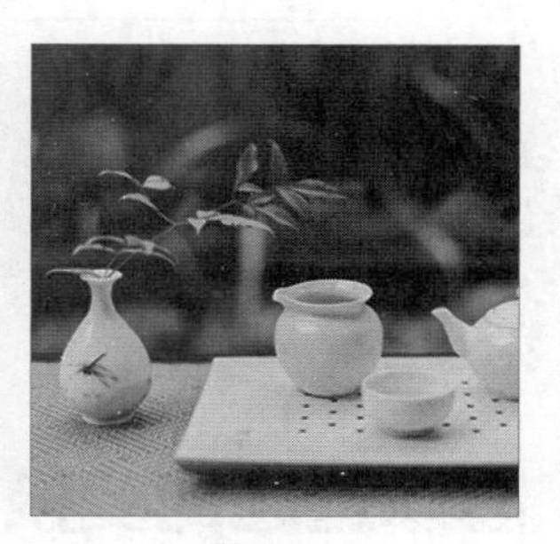

图6-44

透明像素：若当前图像的多余区域是透明的，则选择此选项。**左上角像素颜色：**根据图像左上角的像素颜色来确定裁切的颜色范围。**右下角像素颜色：**根据图像右下角的像素颜色来确定裁切的颜色范围。**裁切：**用于设置裁切的区域范围。

6.2.3 图像的变换

“图像 > 图像旋转”子菜单如图6-45所示。打开一张图片，应用不同的变换命令后，图像的变换效果如图6-46所示。

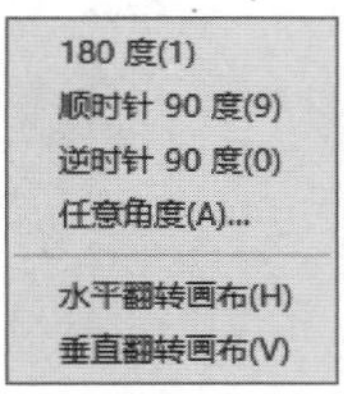

180 度(1)
顺时针 90 度(9)
逆时针 90 度(0)
任意角度(A)...
水平翻转画布(H)
垂直翻转画布(V)

图6-45

原图像
180度
顺时针90度
逆时针90度
水平翻转画布
垂直翻转画布

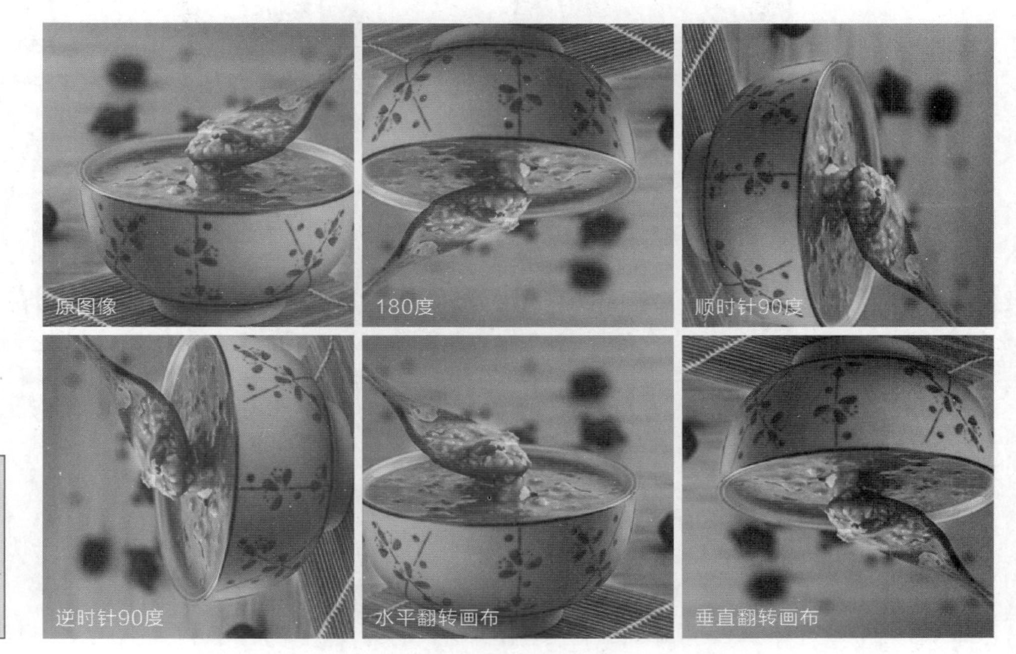

图6-46

在图6-46原图像的基础上，选择“任意角度”命令，会弹出“旋转画布”对话框，具体设置如图6-47所示，单击“确定”按钮，图像的旋转效果如图6-48所示。

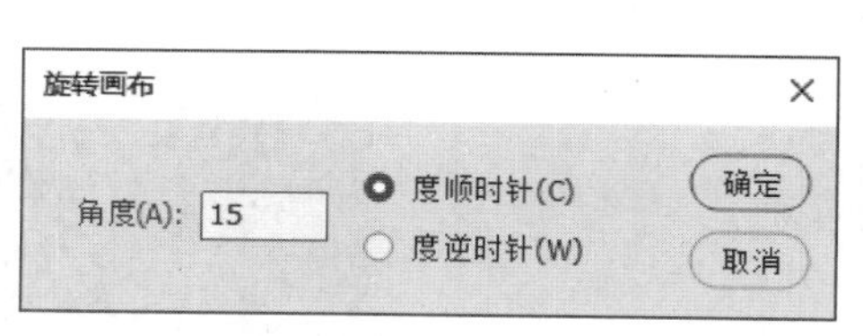

图6-47

图6-48

6.2.4 图像选区的变换

在操作过程中可以根据设计和制作的需要，变换已经绘制好的选区。

打开一张图片。选择矩形选框工具，在要变换的图像部分绘制选区。“编辑 > 变换”的子菜单如图6-49所示，应用不同的变换命令后，图像的变换效果如图6-50所示。

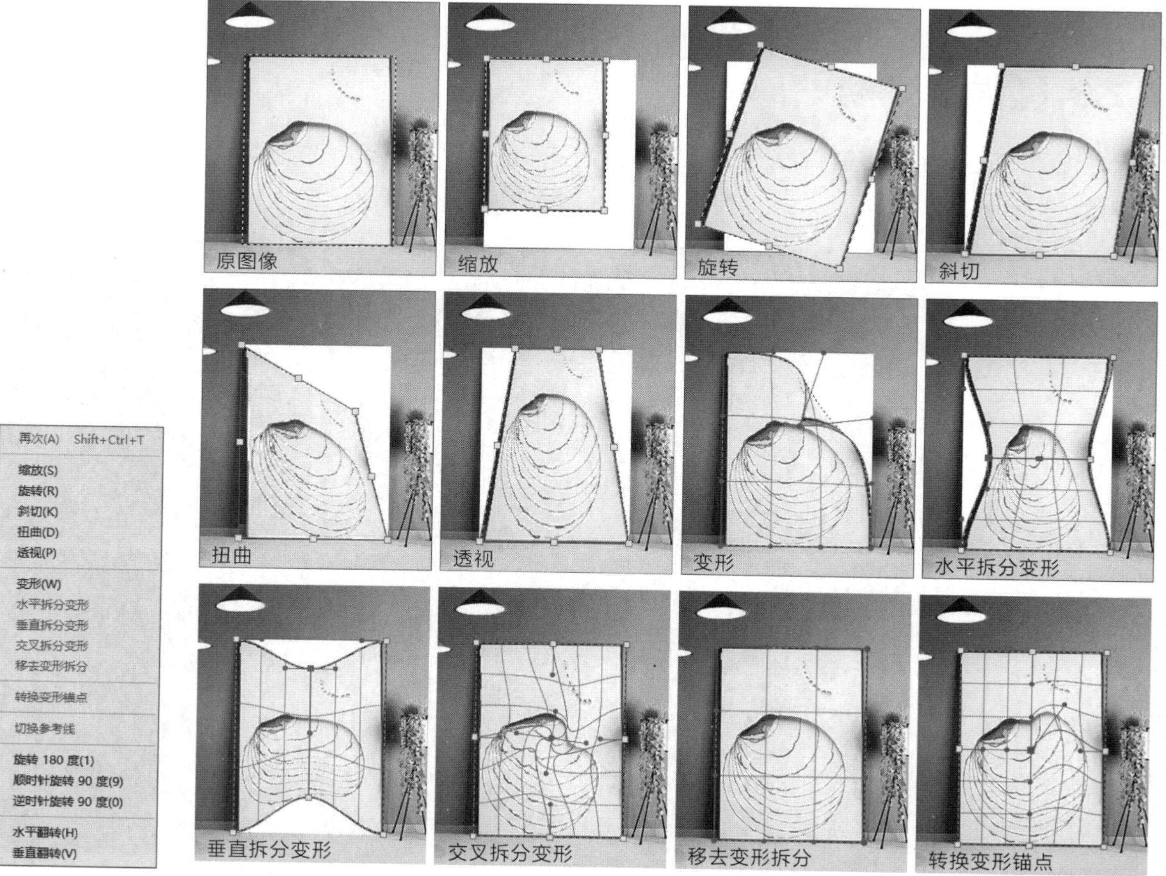

图6-49

图6-50

提示 在使用“变形”命令后，才可以使用“水平拆分变形”“垂直拆分变形”“交叉拆分变形”命令，用于进一步变形图像；使用“水平拆分变形”“垂直拆分变形”“交叉拆分变形”命令后，才可以使用“移去变形拆分”命令，用于移去变形拆分效果。

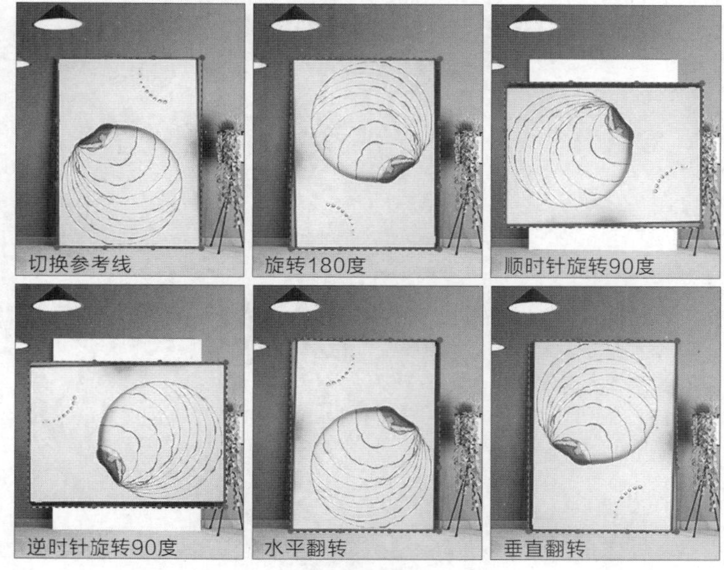

图6-50（续）

课堂练习——制作房屋地产类公众号信息图

练习知识要点 使用裁剪工具裁剪图像，使用移动工具移动图像，最终效果如图6-51所示。

效果所在位置 Ch06\效果\制作房屋地产类公众号信息图.psd。

图6-51

课后习题——制作旅游公众号首图

习题知识要点 使用标尺工具及其属性栏中的“拉直图层”按钮校正倾斜照片，使用“图层”面板中的“色阶命令”调整照片颜色，使用横排文字工具添加文字信息，最终效果如图6-52所示。

效果所在位置 Ch06\效果\制作旅游公众号首图.psd。

图6-52

第 7 章

绘制图形和路径

本章介绍

本章主要介绍绘制图形、绘制和选取路径、创建和调整3D图形等。通过学习本章内容，可以快速地绘制所需路径并对路径进行修改和编辑，还可应用绘图工具绘制出系统自带的图形，提高图像制作的效率。

学习目标

●熟练掌握绘制图形的技巧。

●熟练掌握绘制和选取路径的方法。

技能目标

●掌握“IT互联网App闪屏页”的制作方法。

●掌握“运动产品App主页Banner”的制作方法。

● 掌握“食物宣传卡”的制作方法。

7.1 绘制图形

绘图工具不仅可以绘制出标准的几何图形，也可以绘制出自定义的图形。

7.1.1 课堂案例——制作IT互联网App闪屏页

案例学习目标 学习使用图形绘制工具绘制出需要的图形效果。

案例知识要点 使用矩形工具、椭圆工具绘制图形，使用移动工具复制图形，使用“置入嵌入对象”命令置入图像，使用“图层”面板调整图像色调，使用横排文字工具添加文字信息，最终效果如图7-1所示。

效果所在位置 Ch07\效果\制作IT互联网App闪屏页.psd。

图7-1

01 按Ctrl+N快捷键，会弹出“新建文档”对话框，设置宽度为750像素，高度为1334像素，分辨率为72像素/英寸，颜色模式为RGB，背景颜色为淡粉色（255,234,232），单击“创建”按钮，新建一个文件。

02 选择矩形工具，在属性栏的“选择工具模式”下拉列表中选择“形状”选项，将“填充”颜色设为大红色（230,28,4），“描边”颜色设为“无颜色”，在图像窗口中绘制一个矩形，效果如图7-2所示，“图层”面板中会生成新的形状图层“矩形1”。

03 选择椭圆工具，按住Shift键的同时在图像窗口中拖曳鼠标，绘制一个圆形，效果如图7-3所示，“图层”面板中会生成新的形状图层“椭圆1”。在“图层”面板中，将“椭圆 1”图层的“填充”选项设为25%，如图7-4所示，按Enter键确认操作，图像效果如图7-5所示。

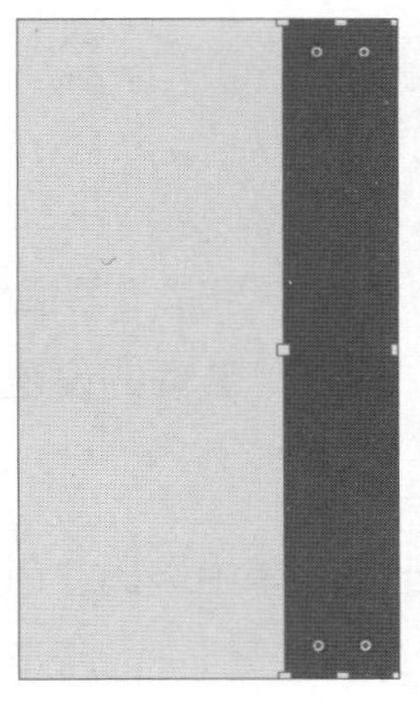

图7-2

图7-3

图7-4

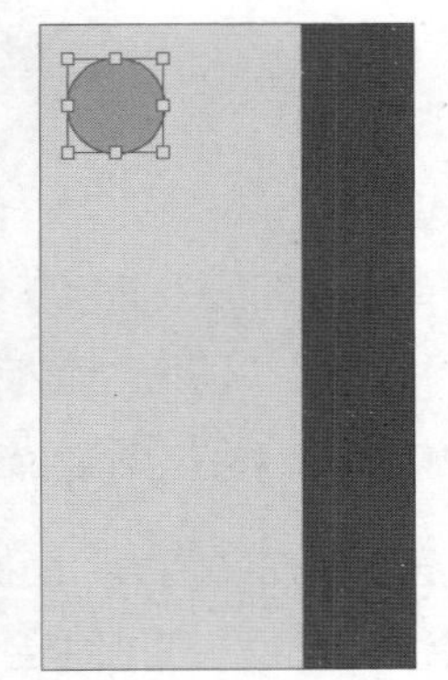

图7-5

04 选择移动工具，按住Alt+Shift组合键的同时水平向右拖曳圆形到适当的位置，复制圆形，效果如图7-6所示。使用相同的方法，复制其他圆形，图像效果如图7-7所示。在“图层”面板中单击“椭圆1”图层，按住Shift键的同时单击最上方的图层，将需要的图层同时选取。按Ctrl+G快捷键群组图层，并将其命名为“圆”，如图7-8所示。

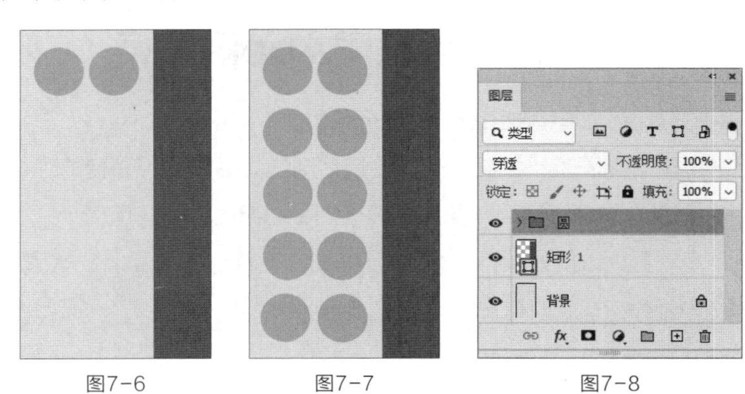

图7-6　　图7-7　　图7-8

05 选择“文件 > 置入嵌入对象”命令，会弹出“置入嵌入的对象”对话框，选择本书学习资源中的“Ch07\素材\制作IT互联网App闪屏页\01”文件。单击“置入”按钮，将图片置入到图像窗口中，将其拖曳到适当的位置并调整大小，按Enter键确认操作，效果如图7-9所示，“图层”面板中会生成新的图层，将其命名为“包包”。

06 使用上述方法置入其他图片，效果如图7-10所示。在“图层”面板中，单击“包包”图层，按住Shift键的同时单击最上方的图层，将需要的图层同时选取。按Ctrl+G快捷键群组图层，并将其命名为“产品”，如图7-11所示。

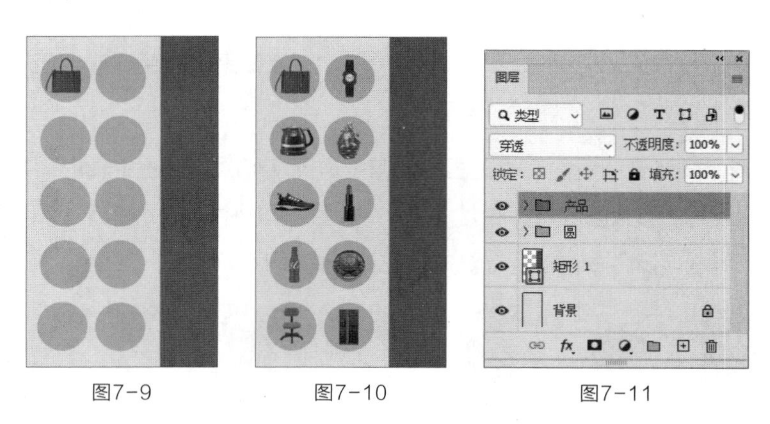

图7-9　　图7-10　　图7-11

07 单击“图层”面板下方的“创建新的填充或调整图层”按钮，在弹出的菜单中选择“色相/饱和度”命令，“图层”面板中会生成“色相/饱和度 1”图层，同时弹出“属性”面板，选项的设置如图7-12所示，按Enter键确认操作。

08 再次单击“图层”面板下方的“创建新的填充或调整图层”按钮，在弹出的菜单中选择“色阶”命令，“图层”面板中会生成“色阶”图层，同时弹出“属性”面板，选项的设置如图7-13所示，按Enter键确认操作，效果如图7-14所示。

图7-12

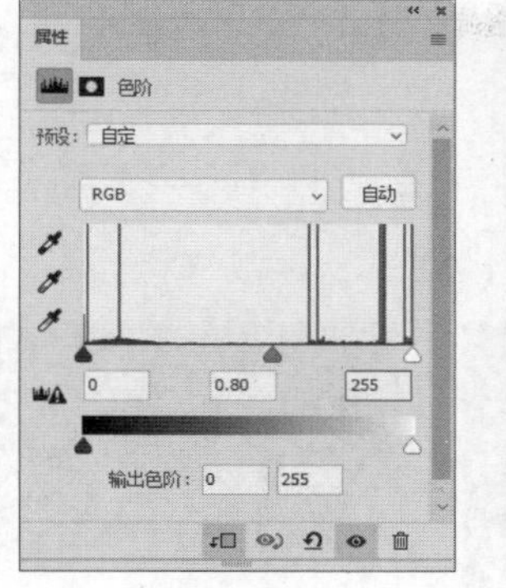

图7-13

图7-14

09 选择“文件 > 置入嵌入对象”命令，会弹出“置入嵌入的对象”对话框，选择本书学习资源中的“Ch07\素材\制作IT互联网App闪屏页\11”文件。单击“置入”按钮，将图片置入到图像窗口中，将其拖曳到适当的位置，按Enter键确认操作，效果如图7-15所示，“图层”面板中会生成新的图层，将其命名为“标”。

10 选择横排文字工具 T.，在适当的位置输入需要的两行文字，“图层”面板中会生成新的文字图层。选择“窗口 > 字符”命令，会弹出“字符”面板，先后选中上下两行文字，在“字符”面板中的选项设置分别如图7-16和图7-17所示，效果如图7-18所示。IT互联网App闪屏页制作完成。

图7-15

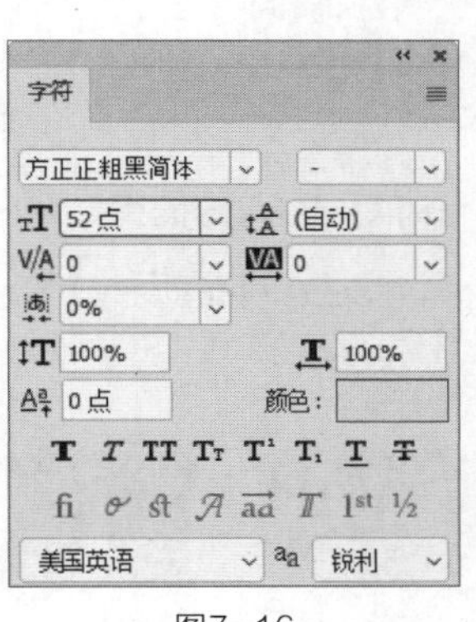

图7-16

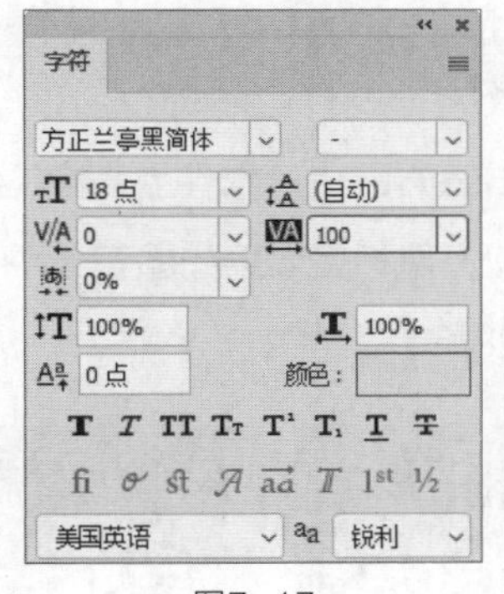

图7-17

图7-18

7.1.2 矩形工具

选择矩形工具 □，或反复按Shift+U快捷键切换到该工具，其属性栏状态如图7-19所示。

图7-19

形状：用于选择矩形工具的模式，包括形状、路径和像素。填充：描边：2.5像素：用于设置矩形的填充色、描边色、描边宽度和描边类型。W: 0像素 H: 0像素：用于设置矩形的宽度和高度。□ ⊫ ⁺≋：用于设置路径的组合方式、对齐方式和排列方式。⚙：用于设置所绘制矩形的形状。⌜ 10像素：用于设置圆角的半径。**对齐边缘：** 用于设置边缘是否对齐。

打开一张图片，如图7-20所示。在图像窗口中绘制矩形，效果如图7-21所示，“图层”面板如图7-22所示。

图7-20　　图7-21　　图7-22

将鼠标指针移动到绘制好的矩形的上、下、左、右4个边角构件处，指针变为“ ”，如图7-23所示，向内拖曳其中任意一个边角构件，如图7-24所示，可对矩形角进行变形，松开鼠标后效果如图7-25所示。

图7-23　　图7-24　　图7-25

将鼠标指针移动到右上方的边角构件上，按住Alt键的同时向内拖曳，如图7-26所示，可对右上方的边角单独进行变形，松开鼠标后效果如图7-27所示。按住Alt键的同时向外拖曳左下方的边角构件，松开鼠标后效果如图7-28所示。

图7-26　　图7-27　　图7-28

7.1.3 椭圆工具

选择椭圆工具，或反复按Shift+U快捷键切换到该工具，其属性栏状态如图7-29所示。

图7-29

打开一张图片。在图像窗口中绘制椭圆形，效果如图7-30所示，“图层”面板如图7-31所示。

图7-30

图7-31

7.1.4 三角形工具

选择三角形工具，或反复按Shift+U快捷键切换到该工具，其属性栏状态如图7-32所示。

图7-32

打开一张图片。在图像窗口中绘制三角形，效果如图7-33所示。将鼠标指针移动到边角构件上，向内拖曳鼠标，效果如图7-34所示，“图层”面板如图7-35所示。

图7-33

图7-34

图7-35

7.1.5 多边形工具

选择多边形工具，或反复按Shift+U快捷键切换到该工具，其属性栏状态如图7-36所示。其属性栏中的内容与矩形工具属性栏的内容类似，只增加了“边”选项，用于设置多边形的边数。

图7-36

打开一张图片。单击属性栏中的按钮，在弹出的面板中进行设置，如图7-37所示。在图像窗口中绘制星形，效果如图7-38所示，“图层”面板如图7-39所示。

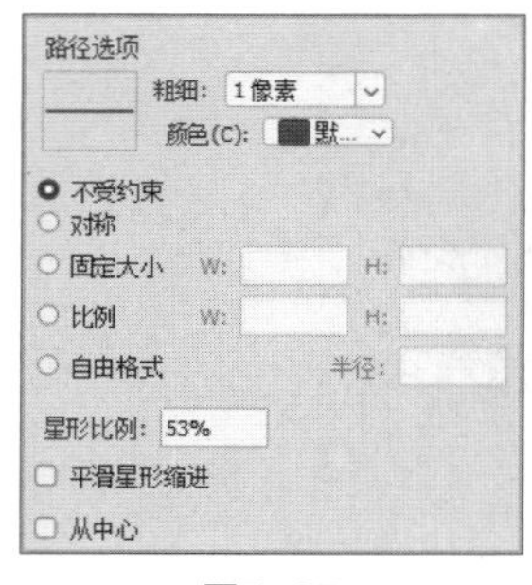

图7-37

图7-38

图7-39

7.1.6 直线工具

选择直线工具，或反复按Shift+U快捷键切换到该工具，其属性栏状态如图7-40所示。其属性栏中的内容与矩形工具属性栏的内容类似，只增加了“粗细”选项，用于设置直线的宽度。

图7-40

单击属性栏中的按钮，会弹出面板，如图7-41所示。

实时形状控件：用于启用画布变换控件调整直线和箭头。**起点：**用于选择位于线段始端的箭头。**终点：**用于选择位于线段末端的箭头。**宽度：**用于设置箭头的宽度。**长度：**用于设置箭头的长度。**凹度：**用于设置箭头凹凸的形状。

打开一张图片，如图7-42所示。在图像窗口中绘制不同效果的直线，如图7-43所示，“图层”面板如图7-44所示。

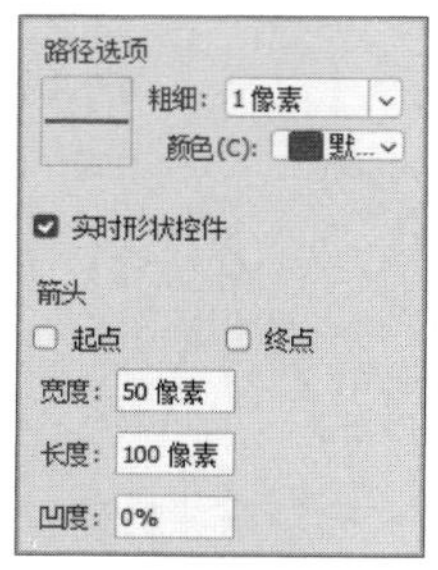

图7-41

图7-42

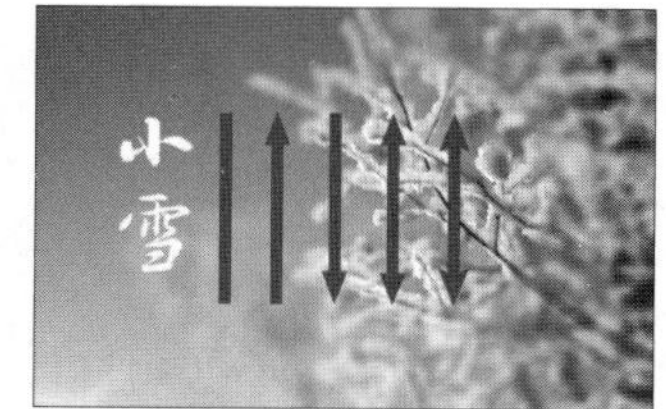

图7-43

图7-44

提示 按住Shift键的同时拖曳鼠标，可以绘制水平或竖直的直线。

7.1.7 自定形状工具

选择自定形状工具，或反复按Shift+U快捷键切换到该工具，其属性栏状态如图7-45所示。其属性栏中的内容与矩形工具属性栏的内容类似，减少了“设置圆角的半径”的选项，而增加了“形状”按钮，可在单击弹出的面板中选择所需的形状。

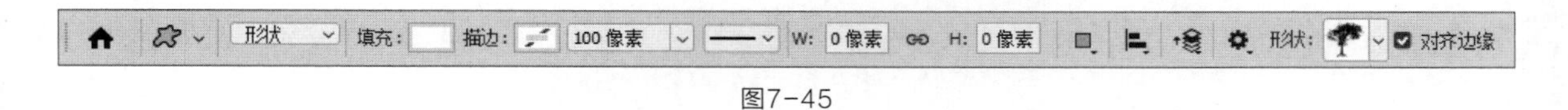

图7-45

单击“形状”按钮，会弹出图7-46所示的面板，其中存储了可供选择的各种不规则形状。

选择“窗口 > 形状”命令，会弹出“形状”面板，如图7-47所示。单击“形状”面板右上方的按钮，会弹出其面板菜单，如图7-48所示。单击“旧版形状及其他”即可添加旧版形状，如图7-49所示。

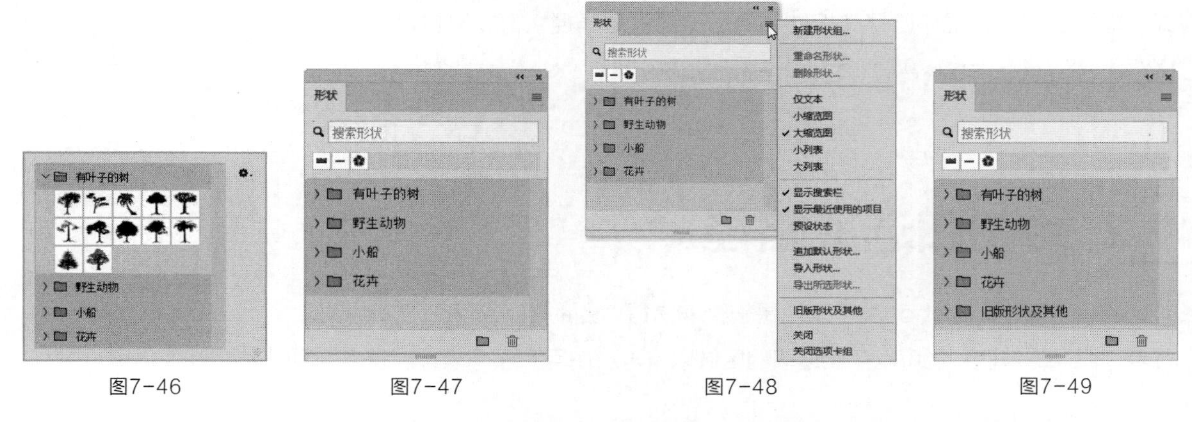

图7-46　图7-47　图7-48　图7-49

打开一个文件。单击“形状”选项，在弹出的面板中选择“旧版形状及其他 > 所有旧版默认形状 > 艺术纹理”中需要的图形，如图7-50所示。在图像窗口中绘制形状图形，效果如图7-51所示，“图层”面板如图7-52所示。

图7-50　图7-51　图7-52

隐藏“艺术效果 61”图层。打开另一个文件，将其中的雪花形状路径拖曳到当前文件中，效果如图7-53所示。选择“编辑 > 定义自定形状”命令，会弹出“形状名称”对话框，在“名称”选项的文本框中输入自定形状的名称，如图7-54所示，单击“确定”按钮。在单击“形状”按钮弹出的面板中会显示刚才定义的形状，如图7-55所示。

图7-53

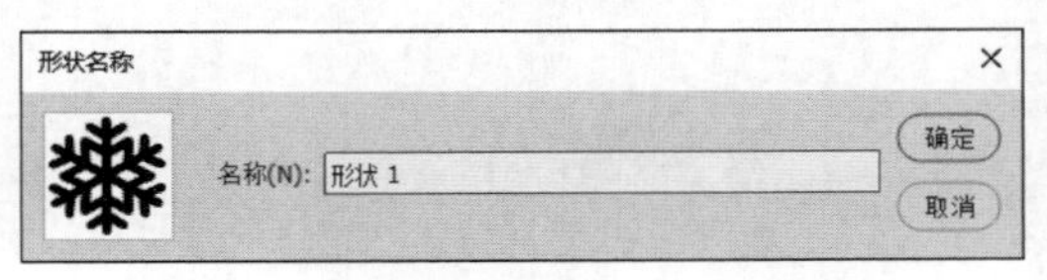

图7-54

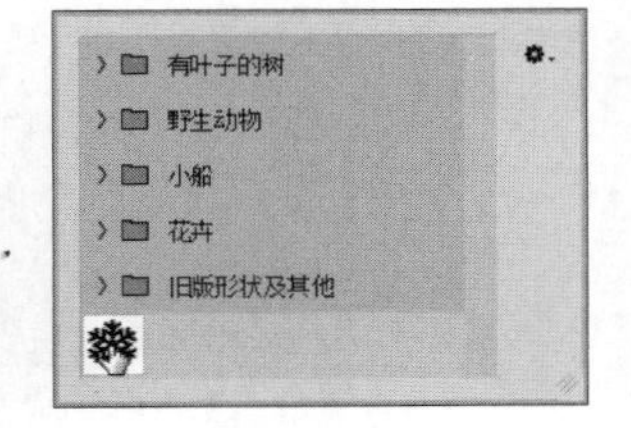

图7-55

7.1.8 “属性”面板

绘制图形后，可以使用“属性”面板调整图形的大小、位置、填色、描边、角半径等属性，如图7-56所示。

W/H： 可以设置图形的宽度和高度。**X/Y：** 可以设置水平和垂直位置。**填色：** 可以设置填充颜色。**描边：** 可以设置描边颜色。1像素：可以设置描边宽度和描边样式。：可以设置描边与路径的对齐方式、描边的端点样式和路径转折处的转折样式。**角半径：** 可以设置角半径。：可以设置路径的组合方式。

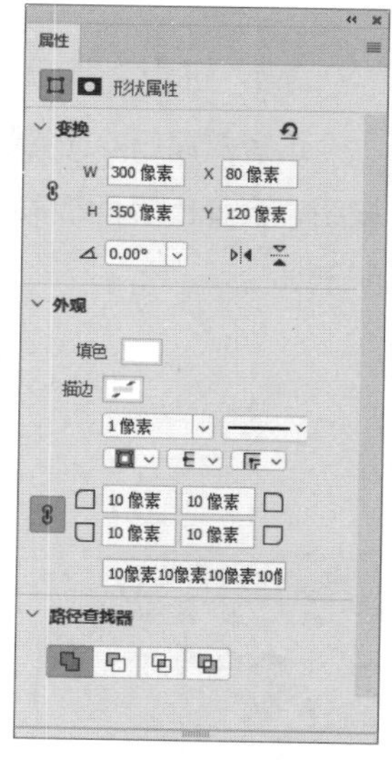

图7-56

7.2 绘制和选取路径

路径对于Photoshop高手来说是一个非常得力的助手。使用路径可以进行复杂图像的选取，也可以存储选取的区域以备再次使用，还可以绘制线条平滑的优美图形。

7.2.1 课堂案例——制作运动产品App主页Banner

案例学习目标 学习使用钢笔工具和锚点工具抠出运动鞋。

案例知识要点 使用钢笔工具和添加锚点工具绘制路径，使用移动工具添加宣传文字素材，最终效果如图7-57所示。

效果所在位置 Ch07\效果\制作运动产品App主页Banner. psd。

图7-57

01 按Ctrl+O快捷键，打开本书学习资源中的“Ch07\素材\制作运动产品App主页Banner\01、02”文件，如图7-58和图7-59所示。

图7-58

图7-59

02 选择钢笔工具，在属性栏的“选择工具模式”下拉列表中选择“路径”选项，在“02”图像窗口中沿着鞋轮廓绘制路径，如图7-60所示。

03 按住Ctrl键暂时将钢笔工具转换为直接选择工具，如图7-61所示，拖曳路径中锚点的控制手柄来改变路径的弧度，如图7-62所示。

图7-60

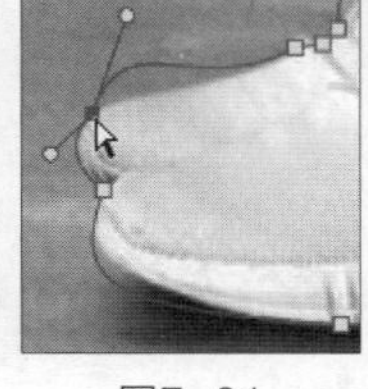

图7-61

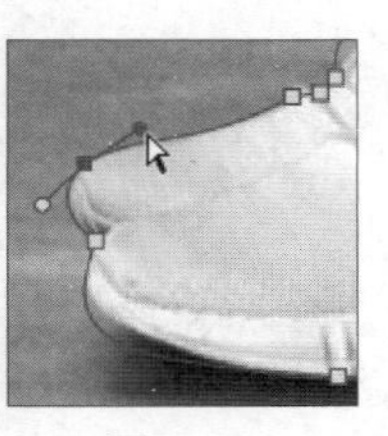

图7-62

04 将鼠标指针移动到路径上，钢笔工具转换为添加锚点工具，如图7-63所示。在路径上单击添加锚点，如图7-64所示。

05 按住Ctrl键暂时将钢笔工具转换为直接选择工具，拖曳路径中锚点来改变路径的弧度，如图7-65所示。

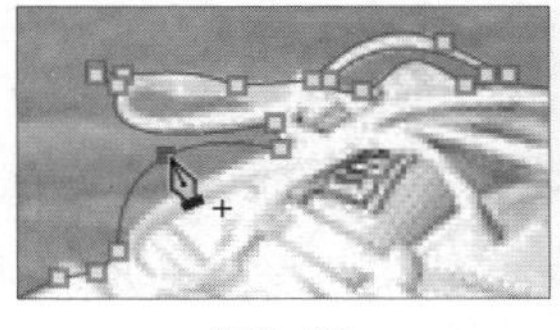

图7-63

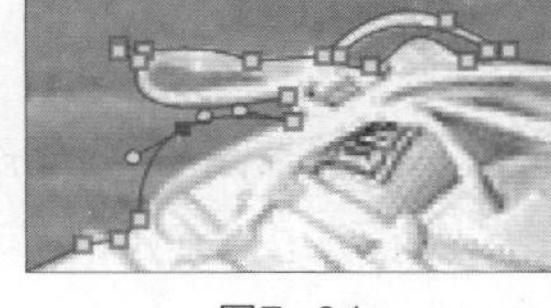

图7-64

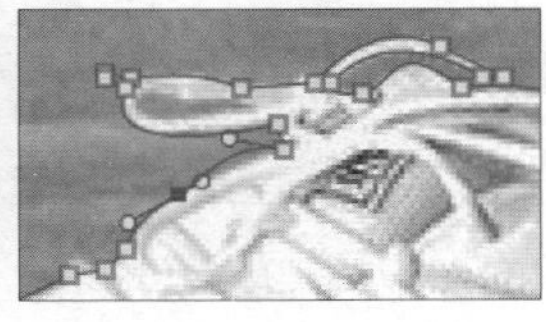

图7-65

06 用相同的方法调整路径，效果如图7-66所示。单击属性栏中的“路径操作”按钮，在弹出的面板中选择“排除重叠形状”选项，用上述方法分别绘制并调整路径，效果如图7-67所示。按Ctrl+Enter快捷键将路径转换为选区，如图7-68所示。

图7-66

图7-67

图7-68

07 选择移动工具，将选区中的图像拖曳到“01”图像窗口中适当的位置，如图7-69所示，“图层”面板中会生成新的图层，将其命名为“鞋”。按Ctrl+T快捷键，在“鞋”图像周围会出现变换框。按住Shift键的同时拖曳控制手柄，旋转图像到适当的角度，如图7-70所示，按Enter键确认操作。

图7-69

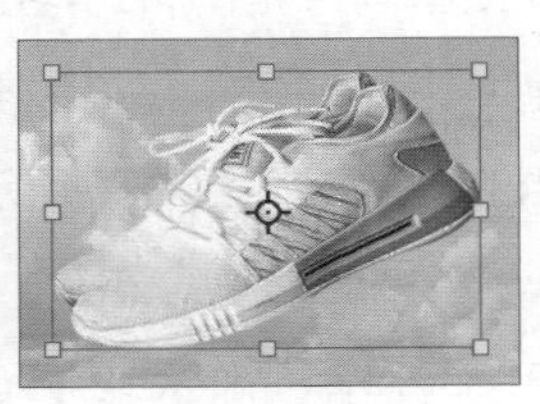

图7-70

08 单击“图层”面板下方的“添加图层样式”按钮 fx，在弹出的菜单中选择“投影”命令，会弹出“图层样式”对话框，设置投影颜色为深蓝色（19,37,94），其他选项的设置如图7-71所示，单击“确定”按钮，效果如图7-72所示。

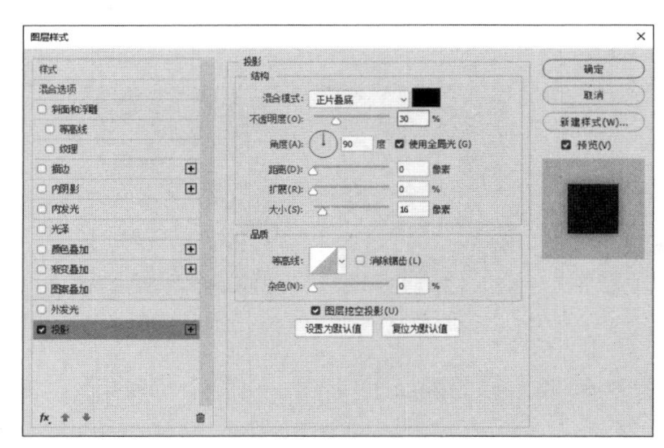

图7-71

图7-72

09 单击“图层”面板下方的“创建新的填充或调整图层”按钮，在弹出的菜单中选择“色相/饱和度”命令，“图层”面板中会生成“色相/饱和度 1”图层，同时弹出“属性”面板，选项的设置如图7-73所示，按Enter键确认操作。

10 单击“图层”面板下方的“创建新的填充或调整图层”按钮，在弹出的菜单中选择“曲线”命令，“图层”面板中会生成“曲线1”图层，同时弹出“属性”面板，在曲线上单击添加控制点，将“输入”选项设为106，“输出”选项设为72，如图7-74所示；再次在曲线上单击添加控制点，将“输入”选项设为204，“输出”选项设为212，如图7-75所示，按Enter键确认操作，效果如图7-76所示。

图7-73

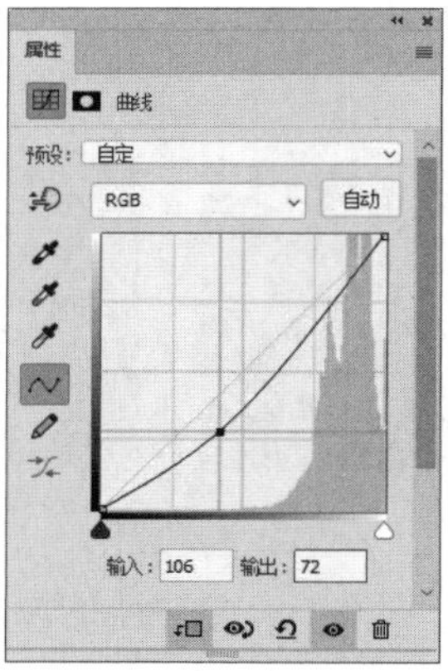

图7-74

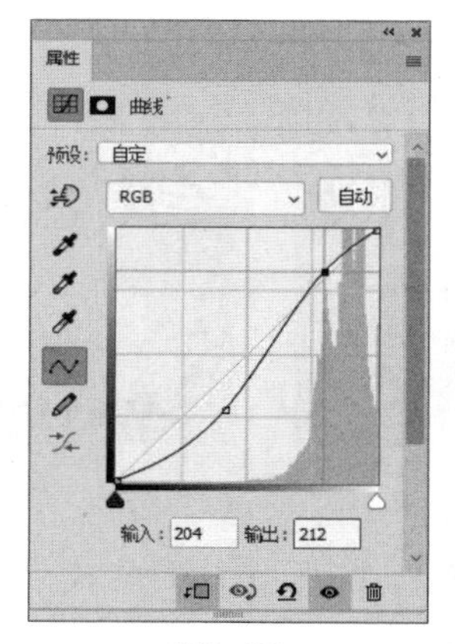

图7-75

图7-76

11 按Ctrl+O快捷键，打开本书学习资源中的“Ch07\素材\制作运动产品App主页Banner\03”文件。选择移动工具，将“03”图像拖曳到“01”图像窗口中适当的位置，如图7-77所示，“图层”面板中会生成新的图层，将其命名为“文字”。运动产品App主页Banner制作完成。

图7-77

7.2.2 钢笔工具

选择钢笔工具，或反复按Shift+P快捷键切换到该工具，其属性栏状态如图7-78所示。

图7-78

按住Shift键创建锚点时，系统将强制以45°或45°的整数倍的角度绘制路径。当把鼠标指针移到锚点上时，按住Alt键，会暂时将钢笔工具转换为转换点工具；按住Ctrl键，会暂时将钢笔工具转换成直接选择工具。

1. 绘制直线

新建一个文件，选择钢笔工具，在属性栏的“选择工具模式”下拉列表中选择“路径”选项，钢笔工具绘制的将是路径；如果选择“形状”选项，将绘制出形状图形。软件默认勾选“自动添加/删除”复选框，可以在路径上自动添加和删除锚点。

在图像中任意位置单击，创建一个锚点，将鼠标指针移动到其他位置再次单击，创建第2个锚点，两个锚点之间自动以直线进行连接，如图7-79所示。再将鼠标指针移动到其他位置单击，创建第3个锚点，系统将在第2个和第3个锚点之间生成一条新的直线路径，如图7-80所示。

将鼠标指针移至第2个锚点上，钢笔工具将暂时转换成删除锚点工具，如图7-81所示；在锚点上单击，即可将第2个锚点删除，如图7-82所示。

图7-79

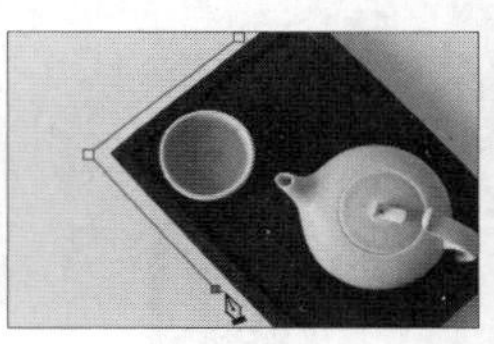
图7-80

图7-81

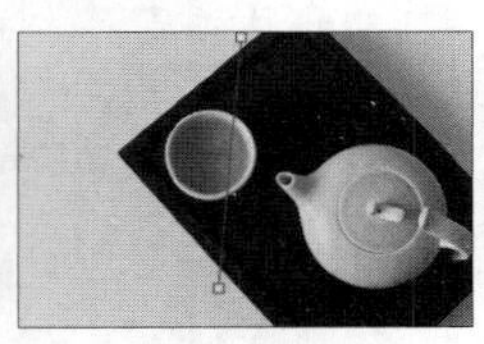
图7-82

2. 绘制曲线

选择钢笔工具，单击建立锚点，在其他位置再次单击建立新的锚点并按住鼠标左键不放，拖曳鼠标，建立曲线段和曲线锚点，如图7-83所示；释放鼠标左键，按住Alt键的同时单击刚建立的曲线锚点，如图7-84所示，将其转换为直线锚点；在其他位置再次单击建立一个新的锚点，在曲线段后绘制出直线，如图7-85所示。

图7-83

图7-84

图7-85

7.2.3 自由钢笔工具

选择自由钢笔工具，或反复按Shift+P快捷键切换到该工具，其属性栏状态如图7-86所示。

图7-86

在图形上按住鼠标左键确定最初的锚点，沿图像小心地拖曳鼠标，确定其他的锚点，如图7-87所示。如果在绘制过程中存在误差，只需要使用其他的路径工具对路径进行修改和调整，就可以接着最后一个锚点继续绘制，如图7-88所示。

图7-87

图7-88

7.2.4 弯度钢笔工具

选择弯度钢笔工具，或反复按Shift+P快捷键切换到该工具，其属性栏状态如图7-89所示。

图7-89

在图形上单击建立第1个锚点，如图7-90所示，在适当的位置再次单击绘制第2个锚点，此时两个锚点间显示为直线，如图7-91所示。再次在适当的位置单击绘制第3个锚点，则刚绘制的3个锚点间全部以曲线段连接，如图7-92所示。

图7-90

图7-91

图7-92

再次在适当的位置单击绘制第4个锚点，如图7-93所示。再次在适当的位置单击绘制第5个锚点，如图7-94所示。用相同的方法分别绘制出需要的锚点，如图7-95所示。绘制完成后，可以通过调整锚点使曲线贴合图形。

图7-93

图7-94

图7-95

提示 选择弯度钢笔工具绘制时，单击可绘制出曲线锚点，双击可绘制出直线锚点。

7.2.5 添加锚点工具

选择钢笔工具，将鼠标指针移动到路径上，若此处没有锚点，则钢笔工具转换成添加锚点工具，如图7-96所示。在路径上单击可以添加一个锚点，效果如图7-97所示；如果单击后按住鼠标左键不放，向下拖曳鼠标，可以建立曲线段和曲线锚点，效果如图7-98所示。

图7-96

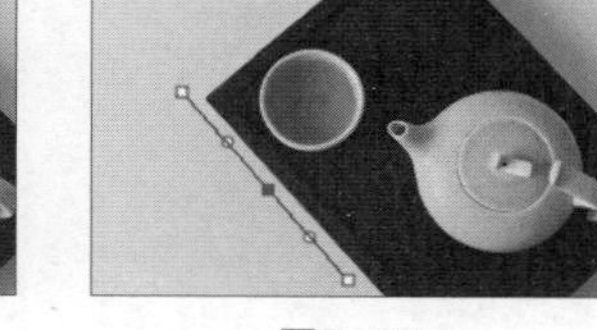
图7-97

图7-98

7.2.6 删除锚点工具

选择钢笔工具，将鼠标指针移动到路径的锚点上，则钢笔工具转换成删除锚点工具，如图7-99所示；单击锚点可以将其删除，效果如图7-100所示。

图7-99

图7-100

选择钢笔工具，将鼠标指针移动到曲线路径的锚点上，单击锚点也可以将其删除。

7.2.7 转换点工具

选择钢笔工具，在图像窗口中绘制一个三角形路径，当要闭合路径时鼠标指针变为形状，如图7-101所示，单击即可闭合路径，完成三角形路径的绘制，如图7-102所示。

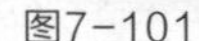
图7-101

图7-102

选择转换点工具，将鼠标指针放置在三角形左下角的锚点上，如图7-103所示；将其向右下方拖曳形成曲线锚点，如图7-104所示。用相同的方法，将三角形的其他锚点转换为曲线锚点，绘制完成后，效果如图7-105所示。

图7-103

图7-104

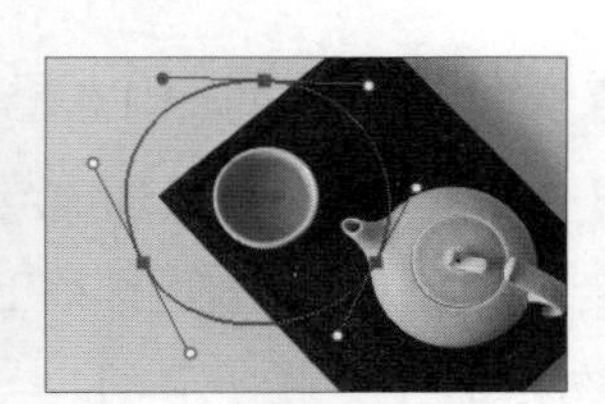
图7-105

7.2.8 选区和路径的转换

1. 将选区转换为路径

在图像上绘制选区，如图7-106所示。单击“路径”面板右上方的≡按钮，在弹出的菜单中选择“建立工作路径”命令，会弹出“建立工作路径”对话框，“容差”选项用于设置转换时的误差允许范围，数值越小越精确，路径上的关键点也越多。如果要编辑生成的路径，在此处设置的数值最好为2像素，如图7-107所示，单击“确定”按钮，可将选区转换为路径，效果如图7-108所示。

图7-106

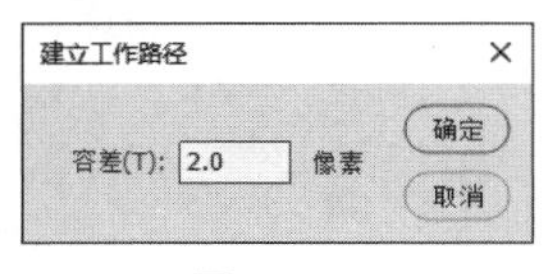

图7-107

图7-108

单击“路径”面板下方的“从选区生成工作路径”按钮◇，也可将选区转换为路径。

2. 将路径转换为选区

在图像中创建路径，如图7-109所示。单击“路径”面板右上方的≡按钮，在弹出的菜单中选择“建立选区”命令，会弹出“建立选区”对话框，如图7-110所示。设置完成后，单击“确定”按钮，可将路径转换为选区，效果如图7-111所示。

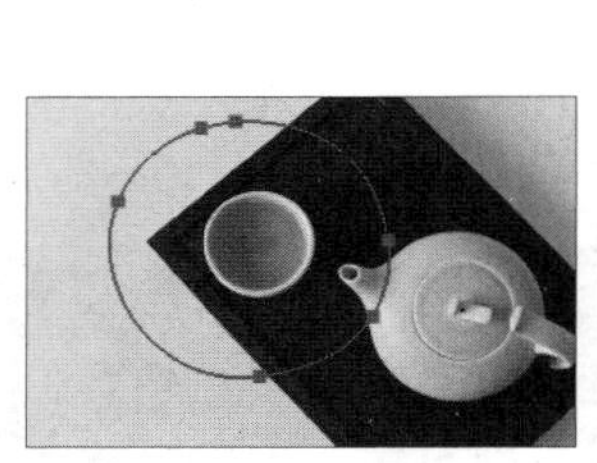
图7-109

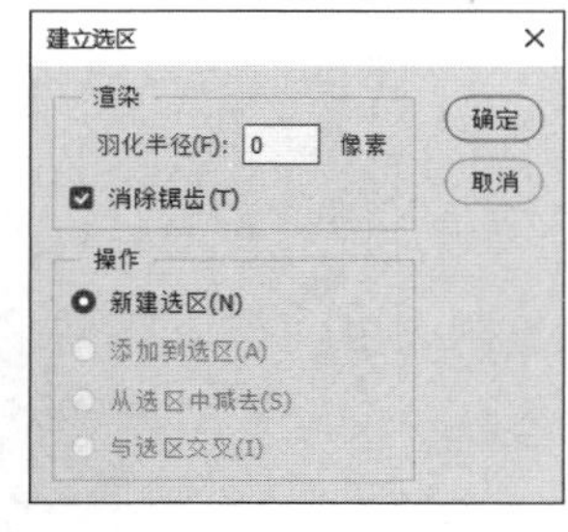

图7-110

图7-111

单击“路径”面板下方的“将路径作为选区载入”按钮⁘，也可将路径转换为选区。

7.2.9 课堂案例——制作食物宣传卡

案例学习目标 学习使用不同的绘制工具绘制并调整路径。

案例知识要点 使用钢笔工具、添加锚点工具、转换点工具和直接选择工具绘制路径，使用椭圆选框工具和“羽化”命令制作阴影，最终效果如图7-112所示。

效果所在位置 Ch07\效果\制作食物宣传卡.psd。

图7-112

01 按Ctrl+O快捷键，打开本书学习资源中的“Ch07\素材\制作食物宣传卡\01”文件，如图7-113所示。选择钢笔工具，在属性栏的“选择工具模式”下拉列表中选择“路径”选项，在图像窗口中沿着蛋糕轮廓拖曳鼠标绘制路径，如图7-114所示。

02 按住Ctrl键，暂时将钢笔工具转换为直接选择工具，拖曳路径中的锚点来改变其位置，拖曳控制手柄改变线段的弧度，效果如图7-115所示。将鼠标指针移动到建立好的路径上，若当前处没有锚点，则钢笔工具转换为添加锚点工具，如图7-116所示，在路径上单击添加一个锚点。用前面的方法，将该锚点的位置向下移至蛋糕底部边缘。

图7-113

图7-114

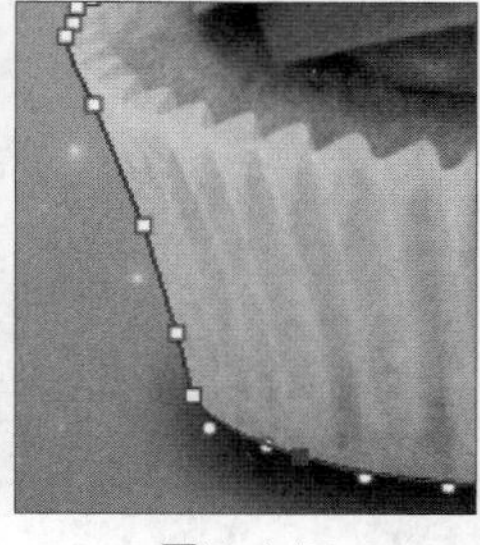
图7-115

图7-116

03 按住Alt键，暂时将钢笔工具转换为转换点工具，可以拖曳锚点的任意一个控制手柄进行单独调整，如图7-117所示。将路径调整得更贴近蛋糕的形状，效果如图7-118所示。

04 单击“路径”面板下方的“将路径作为选区载入”按钮，将路径转换为选区，如图7-119所示。按Ctrl+O快捷键，打开本书学习资源中的“Ch07\素材\制作食物宣传卡\02”文件。选择移动工具，将“01”图像中的选区拖曳到“02”图像窗口中，如图7-120所示，“图层”面板中会生成新的图层，将其命名为“蛋糕”。

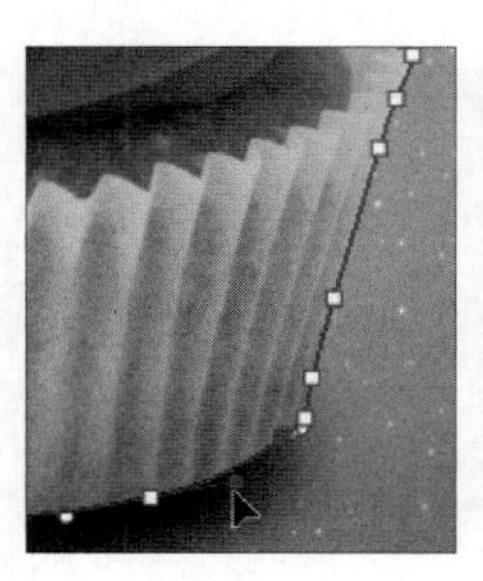
图7-117

图7-118

图7-119

图7-120

05 新建图层并将其命名为“投影”。选择椭圆选框工具，在图像窗口中拖曳鼠标绘制椭圆选区，如图7-121所示。选择“选择 > 修改 > 羽化”命令，或按Shift+F6快捷键，会弹出“羽化选区”对话框，选项的设置如图7-122所示，单击“确定”按钮，羽化选区。

06 将前景色设为咖啡色（75,34,0），按Alt+Delete快捷键用前景色填充选区。按Ctrl+D快捷键取消选区，效果如图7-123所示。在“图层”面板中，将“投影”图层拖曳到“蛋糕”图层的下方，效果如图7-124所示。

图7-121

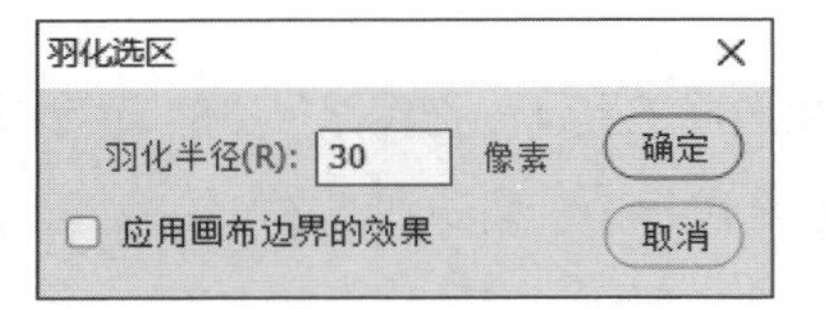

图7-122

图7-123

图7-124

07 按住Shift键的同时将“蛋糕”图层和“投影”图层同时选取。按Ctrl+E快捷键合并图层，如图7-125所示。在“图层”面板中，连续两次将“蛋糕”图层拖曳到下方的“创建新图层”按钮⊞上进行复制，会生成两个新的拷贝图层，如图7-126所示。分别选择拷贝图层，拖曳到适当的位置并调整其大小，图像效果如图7-127所示。食物宣传卡制作完成。

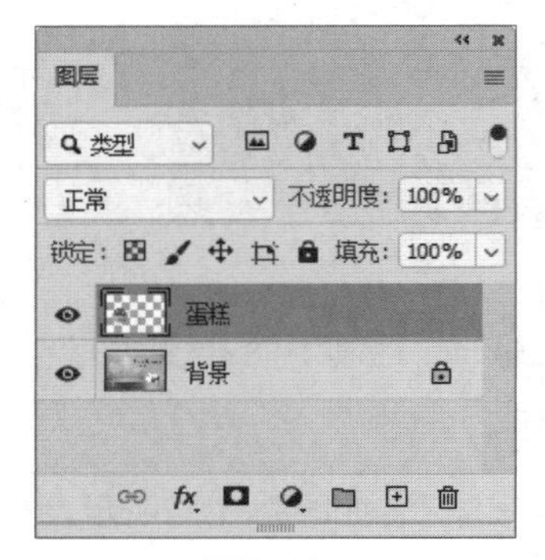

图7-125

图7-126

图7-127

7.2.10 “路径”面板

绘制一条路径。选择“窗口 > 路径”命令，会弹出“路径”面板，如图7-128所示。单击“路径”面板右上方的≡按钮，会弹出其面板菜单，如图7-129所示。在“路径”面板的底部有7个按钮，如图7-130所示。

图7-128

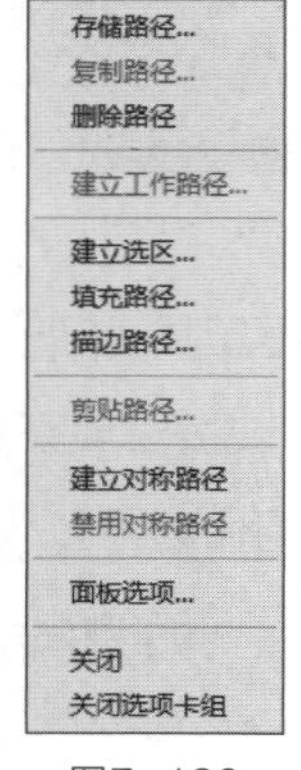

图7-129

图7-130

用前景色填充路径：单击此按钮，将对当前选中的路径进行填充。如果被填充的路径是由曲线段或多条直线段组成的开放路径，Photoshop将自动把路径的两个端点以直线连接，然后进行填充；如果是由一条直线段组成的开放路径，则不能进行填充。按住Alt键的同时单击此按钮，将弹出“填充路径”对话框。

用画笔描边路径：单击此按钮，将使用前景色和已在“描边路径”对话框中设置的工具或默认的铅笔工具对路径进行描边。按住Alt键的同时单击此按钮，将弹出“描边路径”对话框。

将路径作为选区载入：单击此按钮，将把当前路径所圈选的范围转换为选择区域。按住Alt键的同时单击此按钮，将弹出“建立选区”对话框。

从选区生成工作路径：单击此按钮，将把当前的选区转换成路径。按住Alt键的同时单击此按钮，将弹出“建立工作路径”对话框。

添加图层蒙版：用于为当前图层添加蒙版。

创建新路径：用于创建一个新的路径图层。按住Alt键的同时单击此按钮，将弹出“新建路径”对话框。

删除当前路径：用于删除当前路径图层。直接拖曳“路径”面板中的一个路径图层到此按钮上，可将其删除。

7.2.11 新建路径图层

单击“路径”面板右上方的按钮，会弹出其面板菜单，选择“新建路径”命令，会弹出“新建路径”对话框，如图7-131所示。

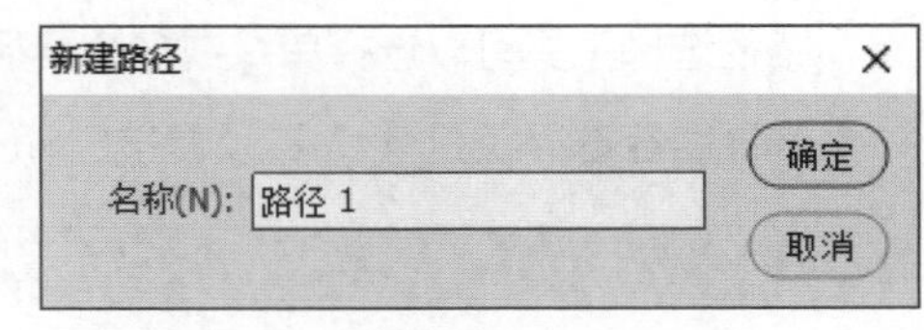

图7-131

名称：用于设置新路径的名称。

单击“路径”面板下方的“创建新路径”按钮，也可以创建一个新路径图层。按住Alt键的同时单击“创建新路径”按钮，将弹出“新建路径”对话框，设置完成后，单击“确定”按钮也可以创建路径图层。

7.2.12 复制、删除、重命名路径图层

1. 复制路径图层

单击“路径”面板右上方的按钮，会弹出其面板菜单，选择“复制路径”命令，会弹出“复制路径”对话框，如图7-132所示，在“名称”选项中设置复制出的路径图层名称，单击“确定”按钮，“路径”面板如图7-133所示。

将要复制的路径图层拖曳到“路径”面板下方的“创建新路径”按钮上，即可将所选的路径图层复制。

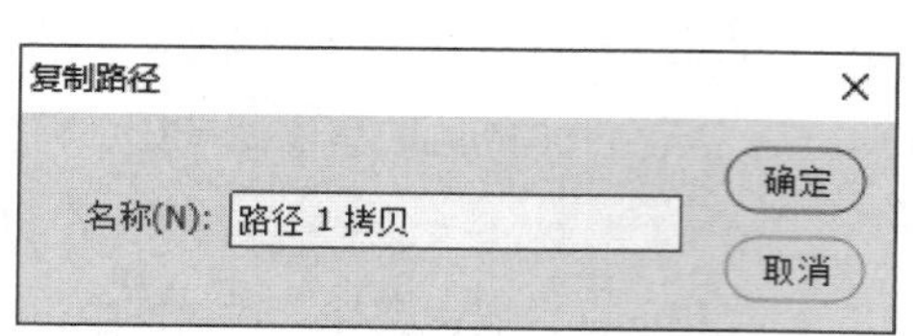

图7-132

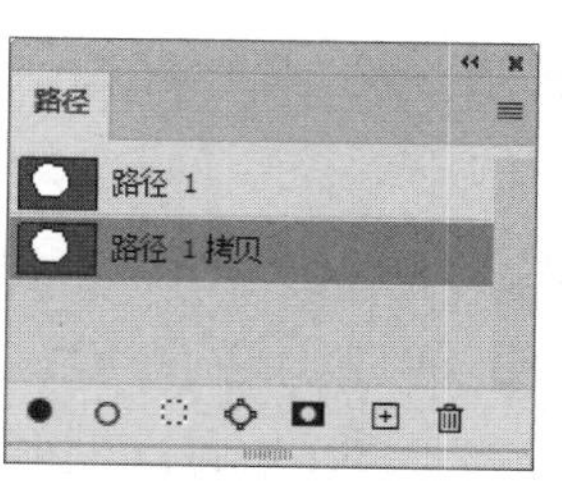

图7-133

2. 删除路径图层

单击“路径”面板右上方的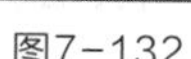按钮，会弹出其面板菜单，选择“删除路径”命令，即可将当前路径图层删除。也可以选择需要删除的路径图层，单击“路径”面板下方的“删除当前路径”按钮，将选择的路径图层删除。

3. 重命名路径图层

双击“路径”面板中的路径名，出现重命名路径文本框，如图7-134所示，更改名称后按Enter键确认即可，如图7-135所示。

图7-134

图7-135

7.2.13 路径选择工具

路径选择工具可以选择单个或多个路径，同时还可以用来组合、对齐和分布路径。

选择路径选择工具，或反复按Shift+A快捷键切换到该工具，其属性栏状态如图7-136所示。

图7-136

选择：用于设置所选路径所在的图层。**约束路径拖动：**勾选此复选框，可以只移动两个锚点间的路径，其他路径不受影响。

7.2.14 直接选择工具

直接选择工具可以移动路径中的锚点或线段，还可以调整控制手柄和控制点。

路径的原始效果如图7-137所示。选择直接选择工具，或反复按Shift+A快捷键切换到该工具，拖曳路径中的锚点可改变路径的弧度，如图7-138所示。

图7-137

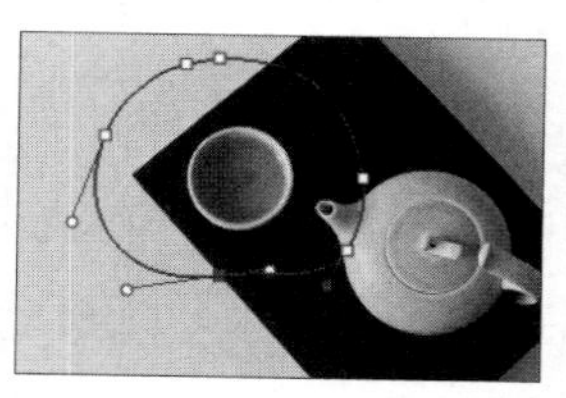
图7-138

7.2.15 填充路径

在图像中创建路径，如图7-139所示。单击“路径”面板右上方的≡按钮，在弹出的菜单中选择“填充路径”命令，会弹出“填充路径”对话框，如图7-140所示。设置完成后，单击“确定”按钮，效果如图7-141所示。

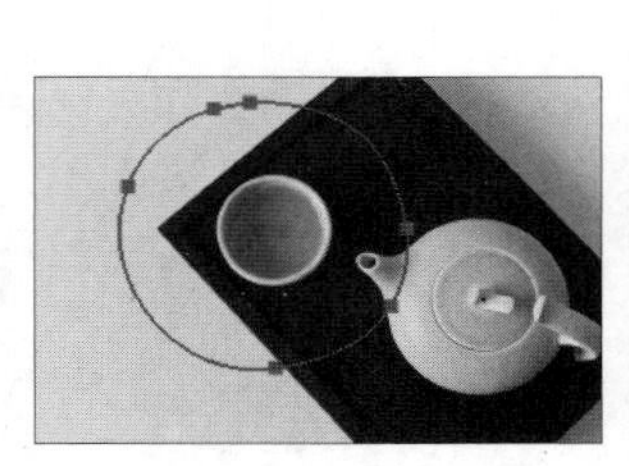

图7-139

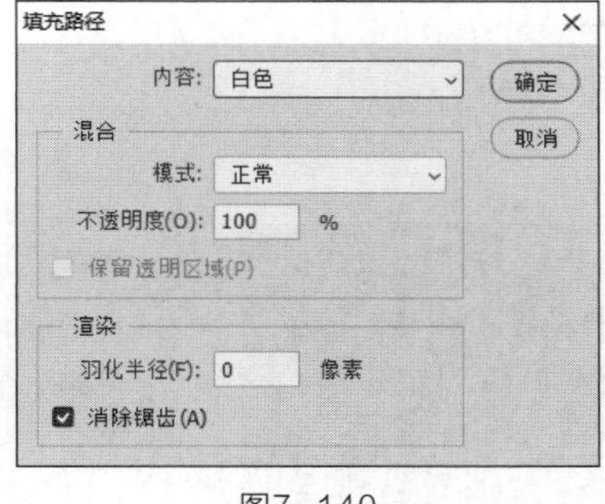

图7-140

图7-141

单击“路径”面板下方的“用前景色填充路径”按钮●，也可填充路径。按住Alt键的同时，单击“用前景色填充路径”按钮●，将弹出“填充路径”对话框，设置完成后，单击“确定”按钮，也可填充路径。

7.2.16 描边路径

在图像中创建路径，如图7-142所示。单击“路径”面板右上方的≡按钮，在弹出的菜单中选择“描边路径”命令，会弹出“描边路径”对话框。“工具”下拉列表中共有19种工具可供选择，若选择了画笔工具，在画笔工具属性栏中设置的画笔类型将直接影响此处的描边效果。“描边路径”对话框中的设置如图7-143所示，单击“确定”按钮，效果如图7-144所示。

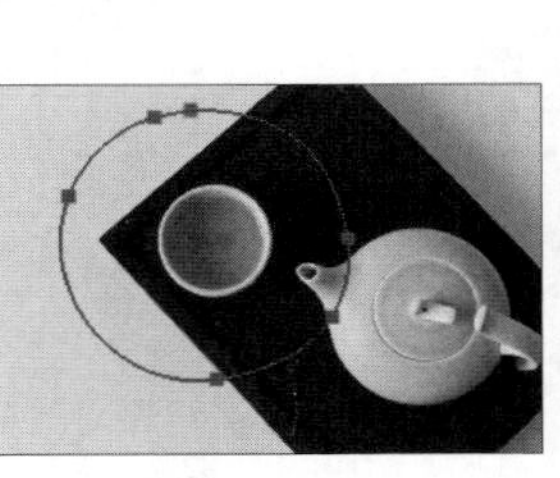

图7-142

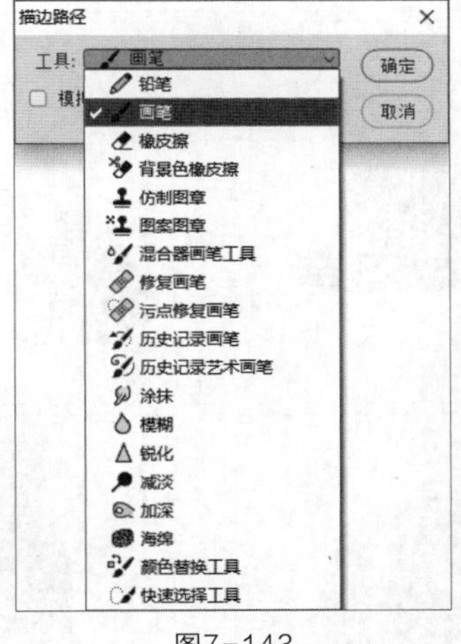

图7-143

图7-144

单击“路径”面板下方的“用画笔描边路径”按钮○，也可以为路径描边。按住Alt键的同时单击“用画笔描边路径”按钮○，将弹出“描边路径”对话框，设置完成后，单击“确定”按钮，也可以为路径描边。

7.3 创建3D图形

在Photoshop中可以将平面图层围绕各种形状预设创建3D模型。只有将图层变为3D图层，才能使用3D工具和命令。

打开一张图片，如图7-145所示。选择“3D > 从图层新建网格 > 网格预设”子菜单中的不同命令，如图7-146所示，可以创建不同的3D模型。

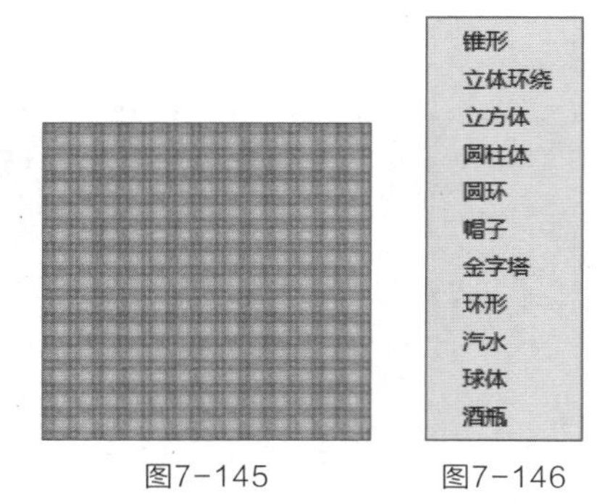

图7-145　图7-146

选择各命令创建出的3D模型如图7-147所示。

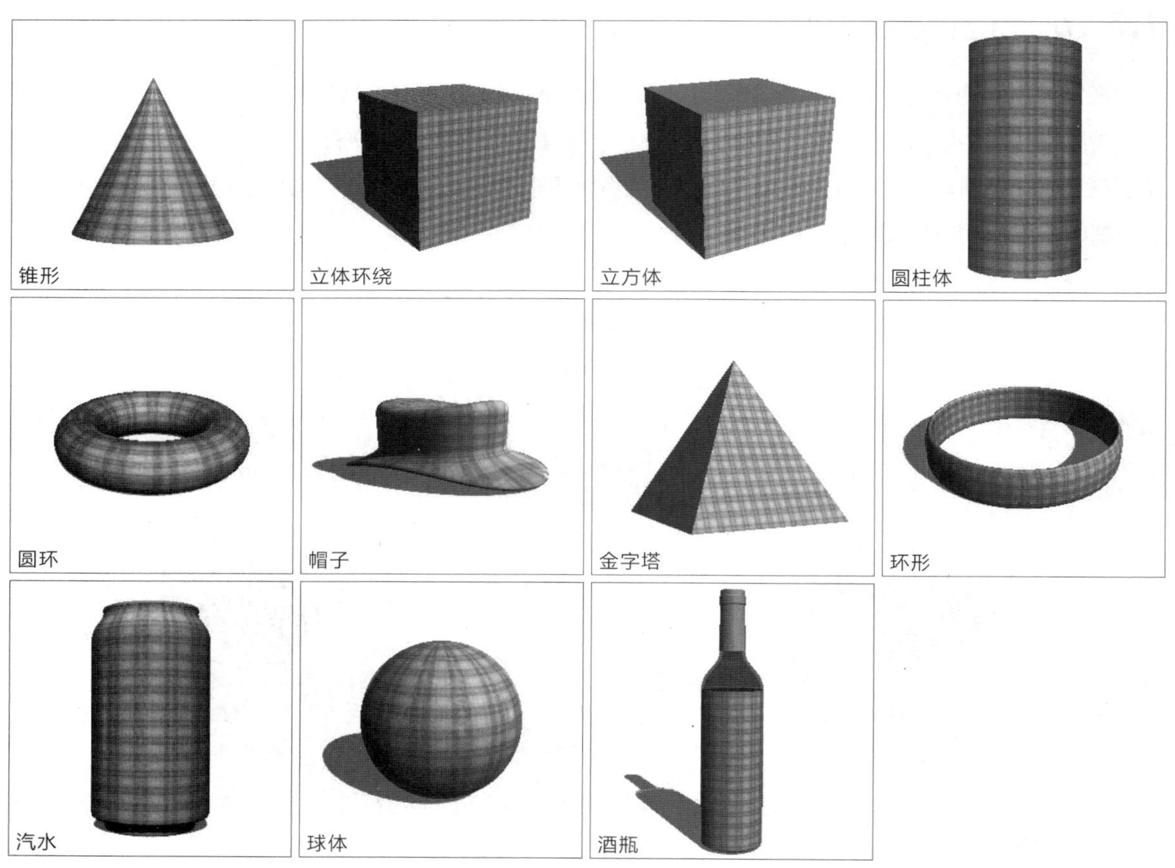

图7-147

7.4 使用3D工具

在Photoshop中使用3D对象工具可以旋转模型、缩放模型或调整模型位置。当操作3D模型时，相机视图保持固定。

打开一张包含3D模型的图片，如图7-148所示。选择移动工具，选中3D图层，在属性栏中单击“环绕移动3D相机”按钮，鼠标指针在图像窗口中变为形状，上下拖曳鼠标可使模型围绕其x轴旋转，如图7-149所示；两侧拖曳鼠标可使模型围绕其y轴旋转，效果如图7-150所示。按住Alt键的同时进行拖曳可使模型围绕其 z 轴旋转。

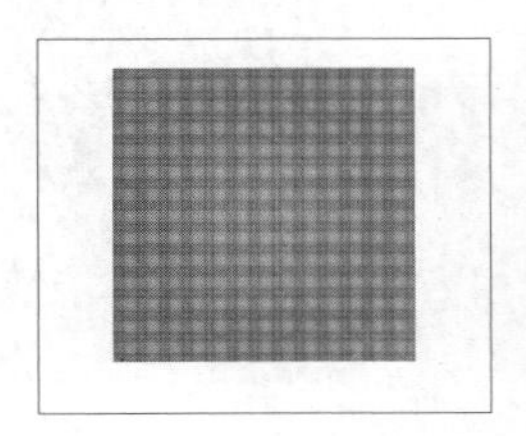
图7-148

图7-149

图7-150

在属性栏中单击“滚动3D相机”按钮，鼠标指针在图像窗口中变为形状，两侧拖曳可使模型绕其z轴旋转，效果如图7-151所示。

在属性栏中单击“平移3D相机”按钮，鼠标指针在图像窗口中变为形状，两侧拖曳可沿水平方向移动模型，如图7-152所示；上下拖曳可沿垂直方向移动模型，如图7-153所示。按住Alt键的同时进行拖曳可沿其 x/z 轴方向移动模型。

图7-151

图7-152

图7-153

在属性栏中单击“滑动3D相机”按钮，鼠标指针在图像窗口中变为形状，两侧拖曳可沿水平方向移动模型，如图7-154所示；上下拖曳可将模型移近或移远，如图7-155所示。按住Alt键的同时进行拖曳可沿其 x/y轴方向移动。

在属性栏中单击“变焦3D相机”按钮，鼠标指针在图像窗口中变为形状，上下拖曳可将模型放大或缩小，如图7-156所示。按住Alt键的同时进行拖曳可沿其 z轴方向缩放。

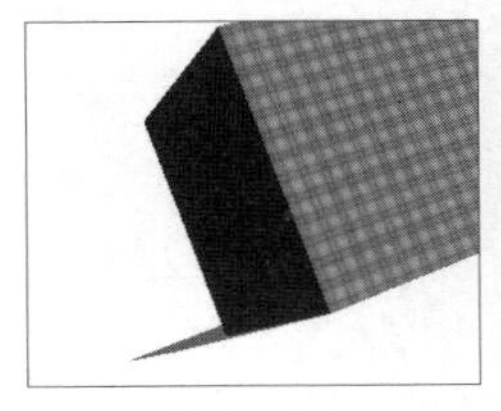
图7-154

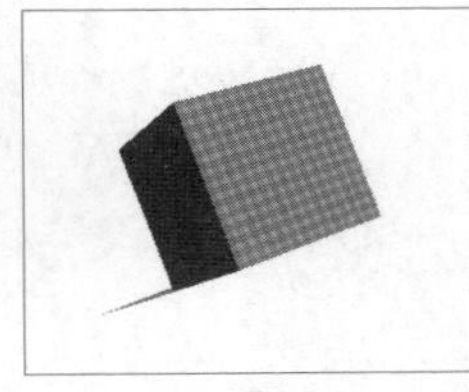
图7-155

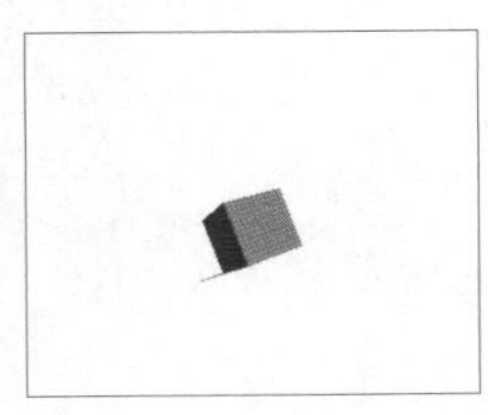
图7-156

课堂练习——制作中秋节海报

练习知识要点 使用钢笔工具、“路径”面板的“描边路径”命令和画笔工具绘制背景形状和装饰线条，使用“图层”面板的“添加图层样式”按钮添加内阴影和投影，最终效果如图7-157所示。

效果所在位置 Ch07\效果\制作中秋节海报.psd。

图7-157

课后习题——制作端午节海报

习题知识要点 使用快速选择工具抠出粽子，使用污点修复画笔工具和仿制图章工具修复斑点和牙签，使用“变换”命令变形粽子图形，使用“色彩范围”命令抠出云，使用钢笔工具抠出龙舟，使用椭圆选框工具抠出豆子，使用“调整图层”命令调整图像色调，最终效果如图7-158所示。

效果所在位置 Ch07\效果\制作端午节海报. psd。

图7-158

第 8 章

调整图像的色彩和色调

本章介绍

本章主要介绍调整图像色彩与色调的多种命令。通过学习本章内容，可以根据不同的需要应用多种调整命令对图像的色彩或色调进行细微的调整，还可以对图像进行特殊的颜色处理。

学习目标

- ●熟练掌握调整图像色彩与色调的方法。
- ●掌握特殊的颜色处理技巧。

技能目标

- ●掌握“详情页主图中偏色的图片”的修正方法。
- ●掌握“休闲生活类公众号封面首图”的制作方法。
- ●掌握“冬日雪景效果海报”的制作方法。

8.1 图像色彩与色调处理

调整图像的色彩与色调是Photoshop的强项，也是必须掌握的一项功能。在实际的设计制作中，经常使用这项功能。

8.1.1 课堂案例——修正详情页主图中偏色的图片

案例学习目标 学习使用图像调整命令调整偏色的图片。

案例知识要点 使用“色相/饱和度”命令调整照片的色调，最终效果如图8-1所示。

效果所在位置 Ch08\效果\修正详情页主图中偏色的图片.psd。

图8-1

01 按Ctrl+N快捷键，会弹出“新建文档”对话框，设置宽度为800像素，高度为800像素，分辨率为72像素/英寸，颜色模式为RGB颜色，背景颜色为白色，单击“创建”按钮，新建一个文件。

02 按Ctrl + O快捷键，打开本书学习资源中的“Ch08\素材\修正详情页主图中偏色的图片\01”文件，如图8-2所示。选择移动工具，将“01”图片拖曳到新建的图像窗口中适当的位置，“图层”面板中会生成新的图层，将其命名为“行李箱”，如图8-3所示。选择“图像 > 调整 > 色相/饱和度”命令，在弹出的对话框中进行设置，如图8-4所示。

图8-2

图8-3

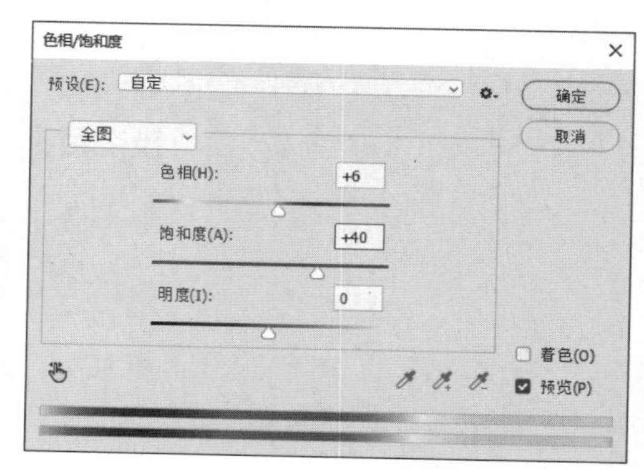

图8-4

03 单击“颜色”选项，在弹出的下拉列表中选择“红色”选项，具体设置如图8-5所示。单击“颜色”选项，在弹出的下拉列表中选择“黄色”选项，具体设置如图8-6所示。

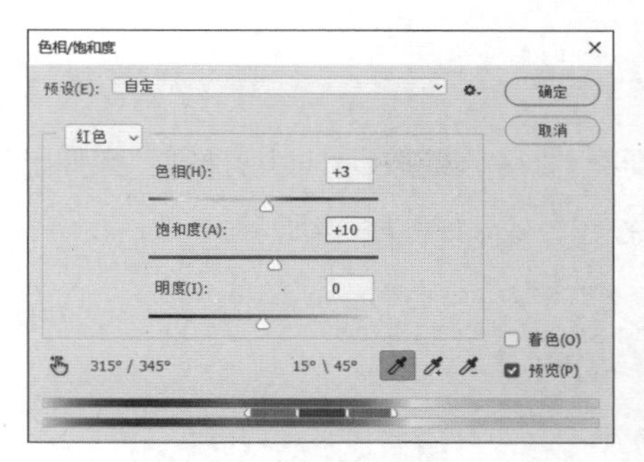

图8-5

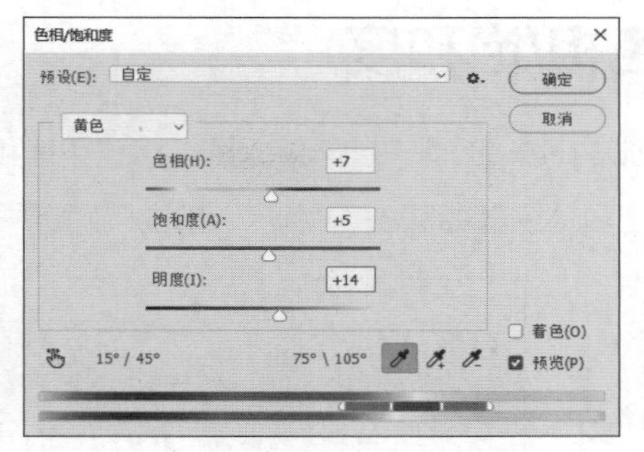

图8-6

04 单击“颜色”选项，在弹出的下拉列表中选择“青色”选项，具体设置如图8-7所示。单击“颜色”选项，在弹出的下拉列表中选择“蓝色”选项，具体设置如图8-8所示。

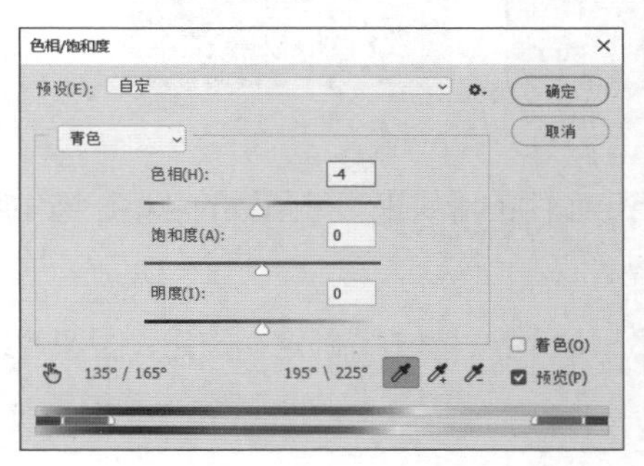

图8-7

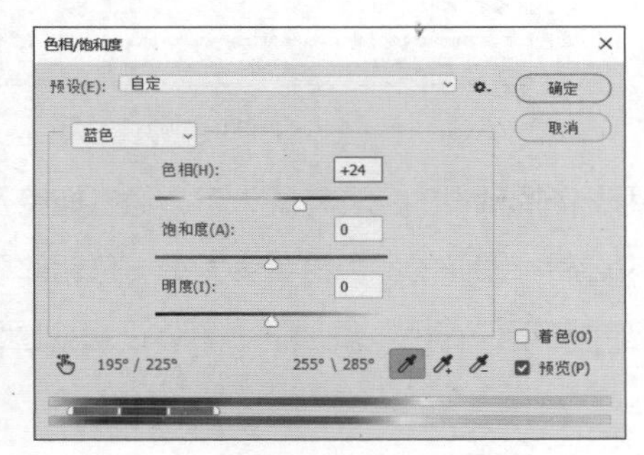

图8-8

05 单击“颜色”选项，在弹出的下拉列表中选择“洋红”选项，具体设置如图8-9所示，单击“确定”按钮，效果如图8-10所示。

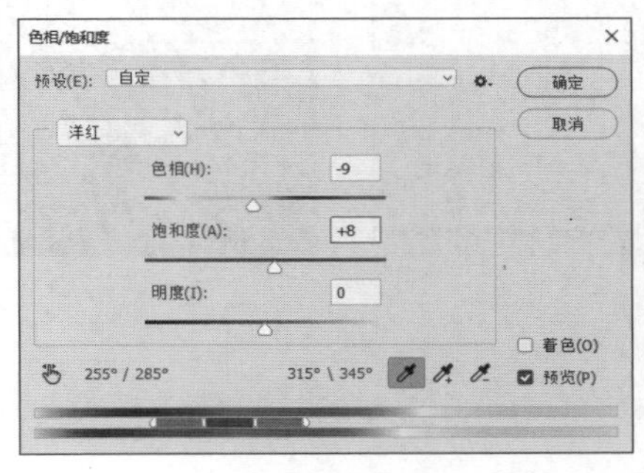

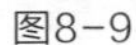

图8-9

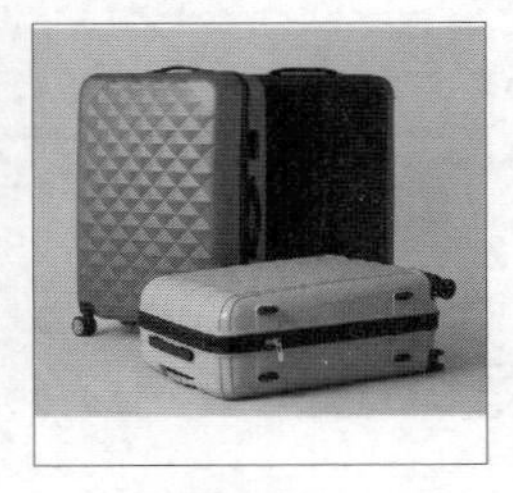

图8-10

06 按Ctrl+O快捷键，打开本书学习资源中的“Ch08\素材\修正详情页主图中偏色的图片\02”文件，如图8-11所示。选择移动工具 ，将“02”图片拖曳到新建的图像窗口中适当的位置，效果如图8-12所示，“图层”面板中会生成新的图层，将其命名为“文字”。详情页主图中偏色的图片修正完成。

图8-11

图8-12

8.1.2 色相/饱和度

打开一张图片。选择“图像 > 调整 > 色相/饱和度”命令，或按Ctrl+U快捷键，会弹出“色相/饱和度”对话框，具体设置如图8-13所示，单击“确定”按钮，效果如图8-14所示。

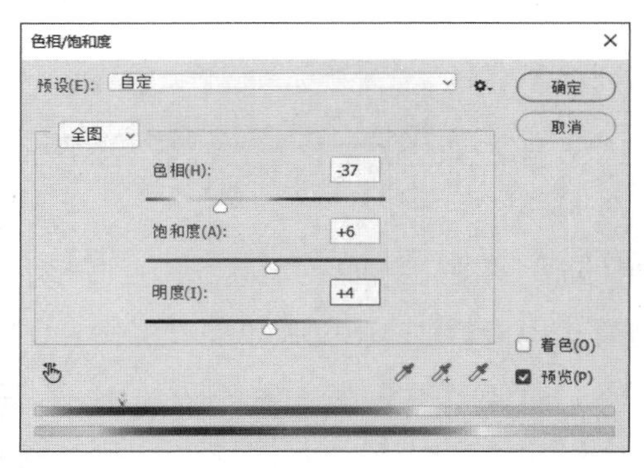

图8-13

图8-14

预设：用于选择预设的色彩样式，可以通过拖曳各选项中的滑块来调整图像的色相、饱和度和明度。

着色：勾选后，图像的颜色将会变为单一色调效果。

在对话框中勾选“着色”复选框，具体设置如图8-15所示，单击“确定”按钮，图像效果如图8-16所示。

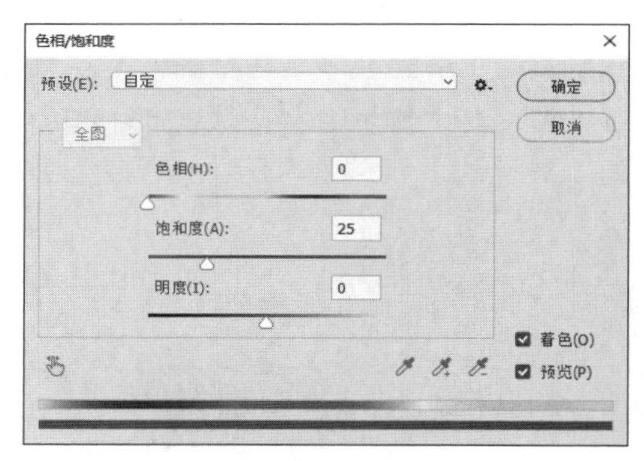

图8-15

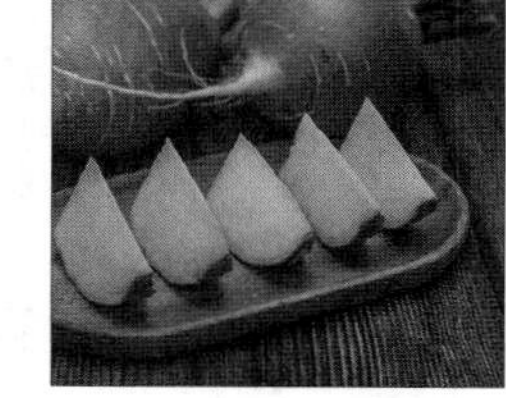

图8-16

8.1.3 亮度/对比度

“亮度/对比度”命令可以调整图像的亮度和对比度。

打开一张图片，如图8-17所示。选择“图像 > 调整 > 亮度/对比度”命令，会弹出“亮度/对比度”对话框，具体设置如图8-18所示，单击“确定”按钮，效果如图8-19所示。

图8-17

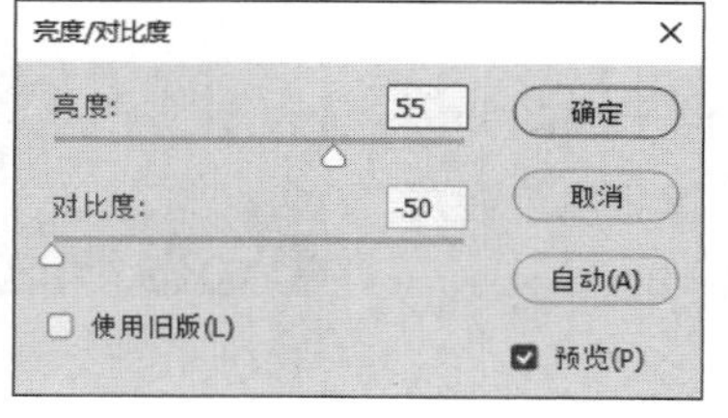

图8-18

图8-19

8.1.4 色彩平衡

选择“图像 > 调整 > 色彩平衡”命令，或按Ctrl+B快捷键，会弹出“色彩平衡”对话框，如图8-20所示。

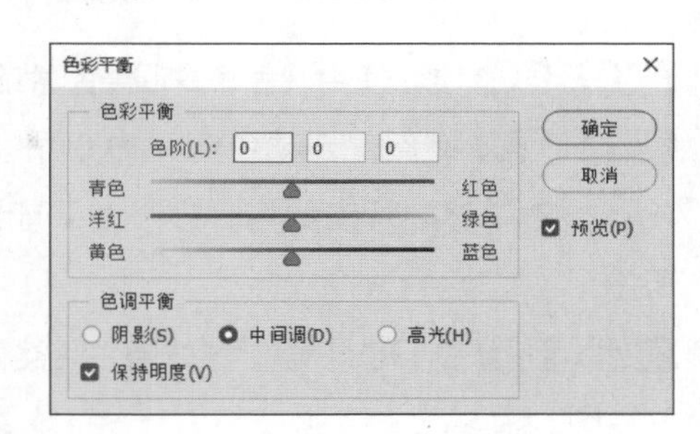

图8-20

色彩平衡： 用于添加过渡色来平衡色彩效果，拖曳滑块可以调整图像的色彩，也可以在“色阶”选项的数值框中直接输入数值调整图像的色彩。

色调平衡： 用于选取图像的调整区域，包括阴影、中间调和高光。

保持明度： 勾选后，用于保持原图像的明度。

设置不同的色彩平衡参数值后，图像效果如图8-21所示。

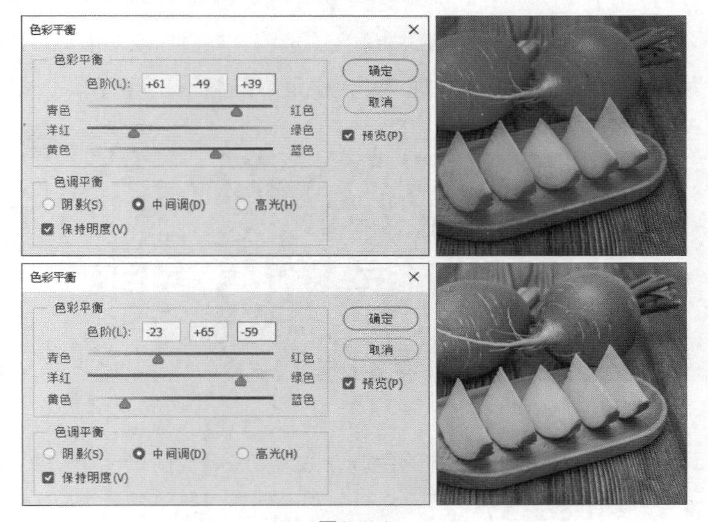

图8-21

8.1.5 反相

选择“图像 > 调整 > 反相”命令，或按Ctrl+I快捷键，可以将图像的像素反转为补色，使其出现底片效果。不同色彩模式的图像反相后的效果如图8-22所示。

图8-22

提示 反相效果是对图像的每一个色彩通道进行反相后的合成效果，不同色彩模式的图像反相后的效果是不同的。

8.1.6 课堂案例——制作休闲生活类公众号封面首图

案例学习目标 学习使用调色命令调整图片的颜色。

案例知识要点 使用“自动色调”命令和“色调均化”命令调整图片的颜色，最终效果如图8-23所示。

效果所在位置 Ch08\效果\制作休闲生活类公众号封面首图.psd。

图8-23

01 按Ctrl+N快捷键，会弹出“新建文档”对话框，设置宽度为1175像素，高度为500像素，分辨率为72像素/英寸，颜色模式为RGB，背景颜色为白色，单击“创建”按钮，新建一个文件。

02 按Ctrl+O快捷键，打开本书学习资源中的“Ch08\素材\制作休闲生活类公众号封面首图\01”文件。选择移动工具，将其拖曳到新建的图像窗口中适当的位置，如图8-24所示，“图层”面板中会生成新的图层，将其命名为“图片”。按Ctrl+J快捷键复制图层，如图8-25所示。

图8-24

图8-25

03 选择“图像 > 自动色调”命令，调整图像的色调，效果如图8-26所示。选择“图像 > 调整 > 色调均化”命令，调整图像，效果如图8-27所示。

图8-26

图8-27

04 按Ctrl + O快捷键，打开本书学习资源中的“Ch08\素材\制作休闲生活类公众号封面首图\02”文件。选择移动工具，将“02”图像拖曳到新建的图像窗口中适当的位置，效果如图8-28所示，“图层”面板中会生成新的图层，将其命名为“文字”。休闲生活类公众号封面首图制作完成。

图8-28

8.1.7 自动对比度

选择“图像 > 自动对比度”命令，或按Alt+Shift+Ctrl+L快捷键，可以对图像的对比度进行自动调整。

8.1.8 自动色调

选择“图像 > 自动色调”命令，或按Shift+Ctrl+L快捷键，可以对图像的色调进行自动调整。

8.1.9 自动颜色

选择“图像 > 自动颜色”命令，或按Shift+Ctrl+B快捷键，可对图像的色彩进行自动调整。

8.1.10 色调均化

“色调均化”命令用于调整图像像素的过黑部分，使图像变得明亮，并将图像中其他的像素平均分配在亮度色谱中。

打开一张图片。选择“图像 > 调整 > 色调均化”命令，在不同的色彩模式下图像将产生不同的效果，如图8-29所示。

原始图像

RGB色彩模式色调均化的效果

CMYK色彩模式色调均化的效果

Lab色彩模式色调均化的效果

图8-29

8.1.11 色阶

打开一张图片，如图8-30所示。选择“图像 > 调整 > 色阶”命令，或按Ctrl+L快捷键，会弹出“色阶”对话框，如图8-31所示。对话框中间是一个直方图，其横坐标表示亮度值（数值范围为0~255），纵坐标为图像的像素数。

通道：可以选择不同的颜色通道来调整图像。如果想选择两个以上的颜色通道，要先在“通道”面板中选择所需要的通道，再调出“色阶”对话框。

输入色阶：可以通过输入数值或拖曳滑块来调整图像。左侧的数值框和黑色滑块用于调整暗调，图像中低于该亮度值的所有像素将变为黑色；中间的数值框和灰色滑块用于调整中间调，其数值范围为0.01~9.99；右侧的数值框和白色滑块用于调整亮调，图像中高于该亮度值的所有像素将变为白色。

调整“输入色阶”选项的3个滑块后，图像将产生不同的色彩效果，如图8-32所示。

图8-30

图8-31

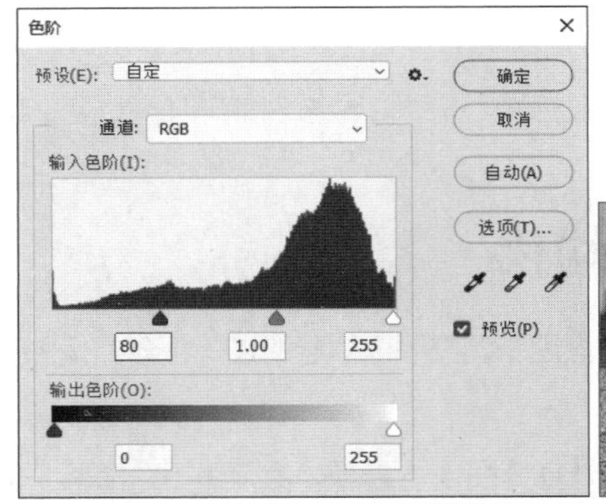

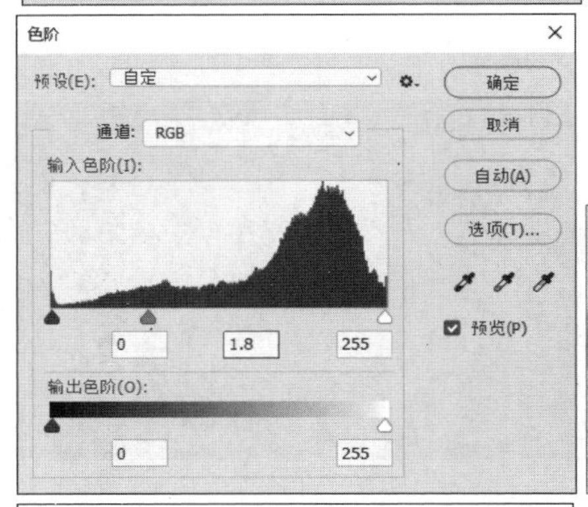

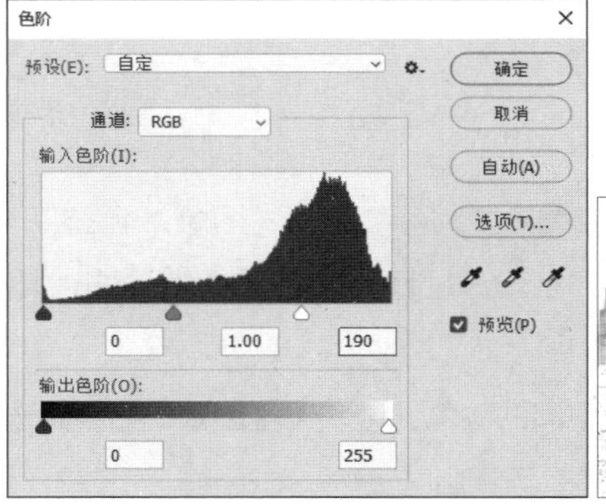

图8-32

输出色阶： 可以通过输入数值或拖曳滑块来控制图像的亮度范围。左侧的数值框和黑色滑块用于调整图像中的暗调；右侧数值框和白色滑块用于调整图像中的亮调。

调整“输出色阶”选项的2个滑块后，图像将产生不同色彩效果，如图8-33所示。

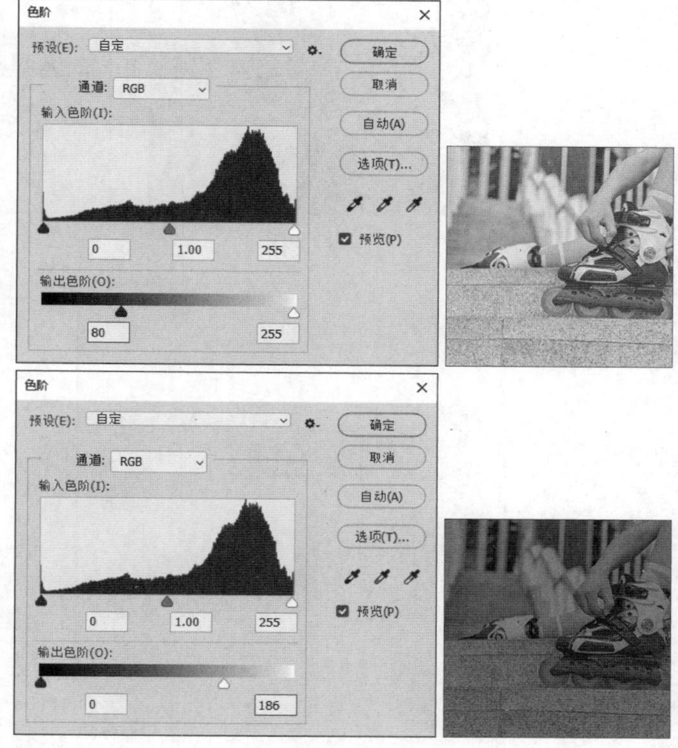

图8-33

自动(A)：可以自动调整图像。

选项(T)...：单击此按钮会弹出“自动颜色校正选项”对话框，可以对图像进行加亮或调暗操作。

取消：按住Alt键会转换为 复位 按钮，单击可以将调整过的色阶复位还原。

吸管工具：分别为“设置黑场”吸管工具、“设置灰场”吸管工具和“设置白场”吸管工具。选中“设置黑场”吸管工具，在图像中单击，图像中暗于单击点的所有像素都会变为黑色；选中“设置灰场”吸管工具，在图像中单击，可进行颜色校正；选中“设置白场”吸管工具，在图像中单击，图像中亮于单击点的所有像素都会变为白色。双击任意吸管工具，在弹出的“拾色器”对话框中可以设置吸管颜色。

8.1.12 渐变映射

打开一张图片，如图8-34所示。选择“图像 > 调整 > 渐变映射”命令，会弹出“渐变映射”对话框，如图8-35所示。单击“点按可编辑渐变”按钮，在弹出的“渐变编辑器”对话框中设置渐变色，如图8-36所示，单击“确定”按钮，图像效果如图8-37所示。

图8-34

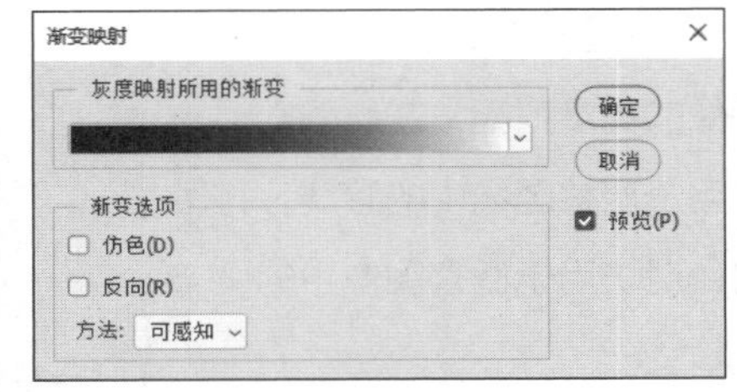

图8-35

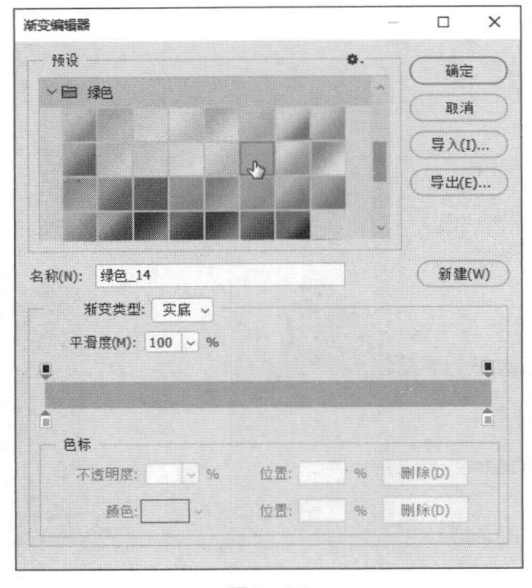

图8-36

图8-37

灰度映射所用的渐变：用于选择和设置渐变。**仿色：**勾选后，用于使渐变效果更加平滑。**反向：**勾选后，用于反转渐变的填充方向。

8.1.13 阴影/高光

打开一张图片。选择“图像 > 调整 > 阴影/高光”命令，会弹出“阴影/高光”对话框，具体设置如图8-38所示，单击“确定”按钮，效果如图8-39所示。

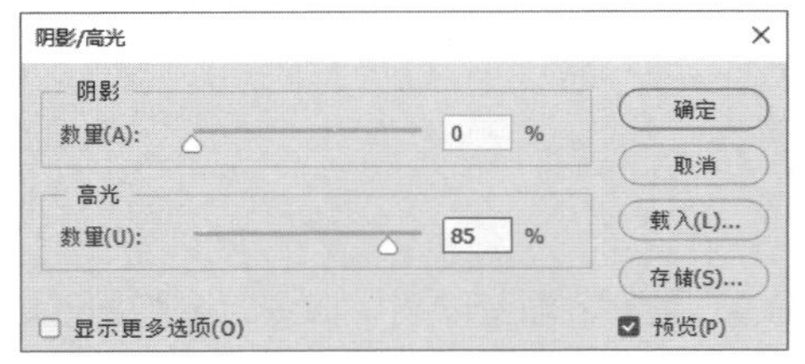

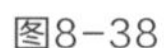

图8-38

图8-39

8.1.14 可选颜色

打开一张图片，如图8-40所示。选择“图像 > 调整 > 可选颜色”命令，会弹出“可选颜色”对话框，具体设置如图8-41所示，单击“确定”按钮，效果如图8-42所示。

图8-40

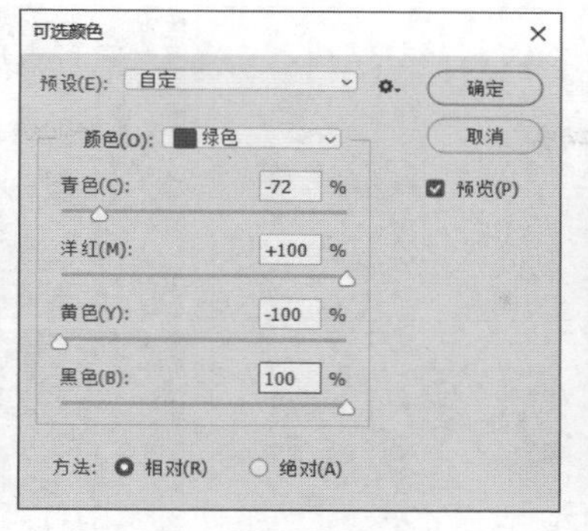

图8-41

图8-42

颜色：可以选择图像中的色彩，通过拖曳滑块或输入数值调整青色、洋红、黄色、黑色的百分比。**方法：**可以选择调整方法，包括“相对”和“绝对”。

8.1.15 曝光度

打开一张图片。选择“图像 > 调整 > 曝光度”命令，会弹出“曝光度”对话框，具体设置如图8-43所示，单击“确定”按钮，效果如图8-44所示。

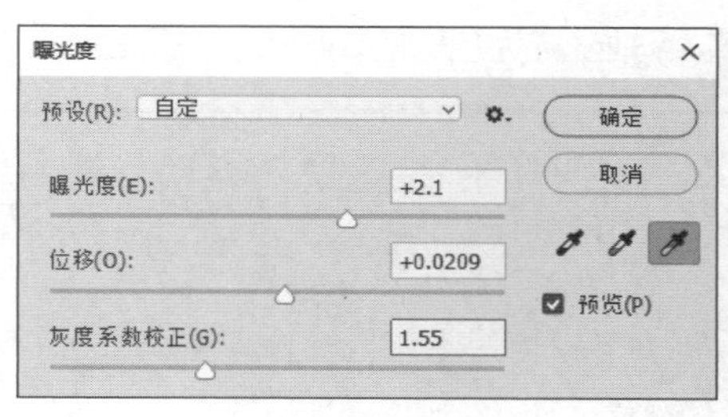

图8-43

图8-44

曝光度：可以调整色彩范围的高光端，对极限阴影的影响很轻微。**位移：**可以调整阴影和中间调，对高光的影响很轻微。**灰度系数校正：**可以使用乘方函数调整图像的灰度系数。

8.1.16 照片滤镜

“照片滤镜”命令用于模仿传统相机的滤镜效果处理图像，通过调整图片颜色可以获得各种丰富的效果。

图8-45

打开一张图片。选择“图像 > 调整 > 照片滤镜”命令，会弹出“照片滤镜”对话框，如图8-45所示。

滤镜：用于选择颜色调整的过滤模式。**颜色：**单击右侧的图标，会弹出“拾色器”对话框，可以设置颜色值，对图像进行过滤。**密度：**可以设置过滤颜色的百分比。**保留明度：**勾选此复选框，图片的白色部分颜色保持不变；取消勾选此复选框，则图片的全部颜色都随之改变，效果如图8-46所示。

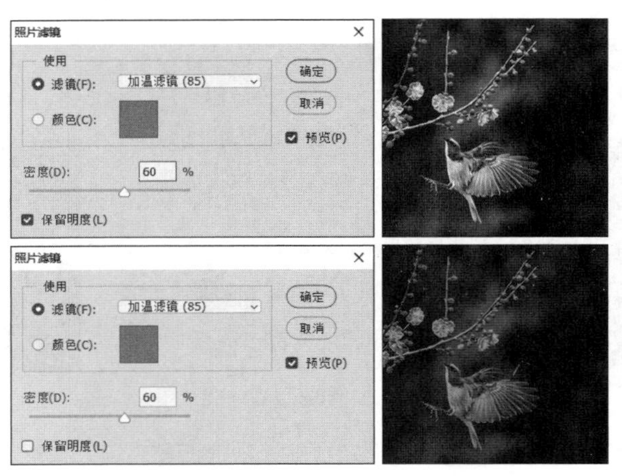

图8-46

8.1.17 曲线

“曲线”命令可以通过调整图像色彩曲线上的任意一个点来改变图像的色彩范围。

打开一张图片，如图8-47所示。选择“图像 > 调整 > 曲线”命令，或按Ctrl+M快捷键，会弹出“曲线”对话框，如图8-48所示。在图像中单击，如图8-49所示，对话框的图表上会出现一个方框，表示在图像中单击处的色彩，*x*轴坐标为色彩的输入值，*y*轴坐标为色彩的输出值，如图8-50所示。

图8-47

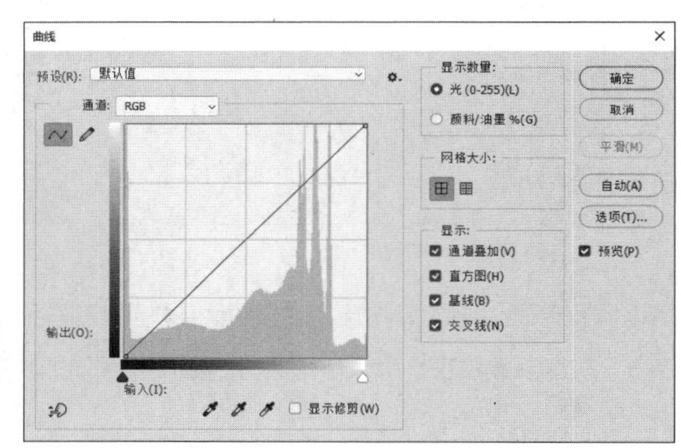

图8-48

图8-49

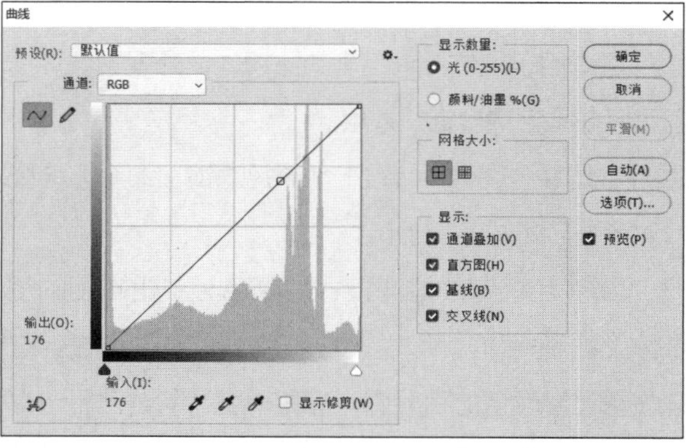

图8-50

通道：可以选择不同的颜色通道。**：**分别通过编辑点和自由绘制的方式来编辑曲线。**输入/输出：**分别显示调整前和调整后的亮度值。**显示数量：**可以选择图表的显示方式。**网格大小：**可以选择图表中网格的显示大小。**显示：**可以选择图表的显示内容。自动(A)**：**可以自动调整图像的亮度。图8-51所示为调整为不同曲线后的图像效果。

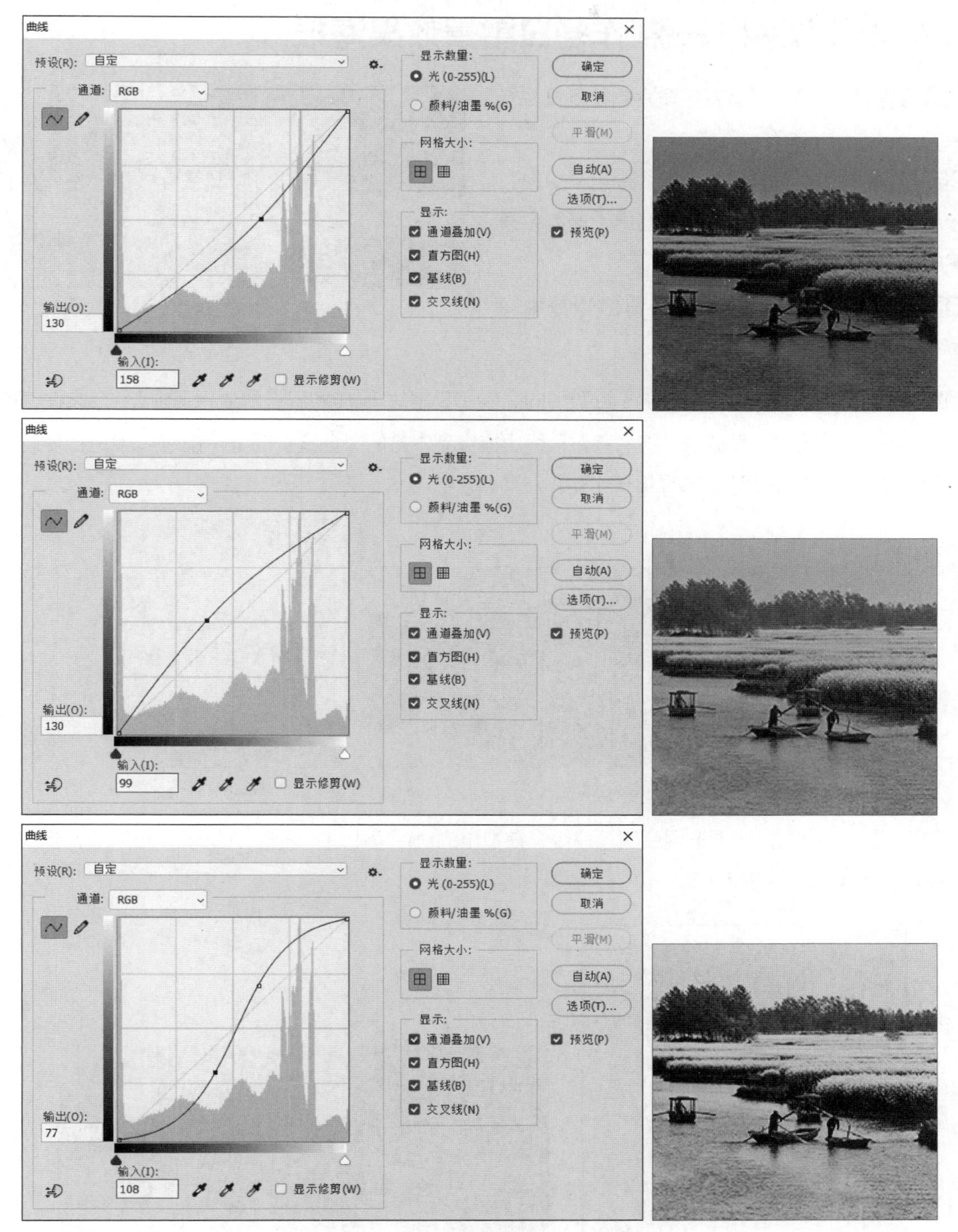

图8-51

8.2 特殊颜色处理

特殊颜色处理命令可以使图像产生独特的颜色变化。

8.2.1 课堂案例——制作冬日雪景效果海报

案例学习目标 学习使用“调整”命令调整冬日雪景效果。

案例知识要点 使用“通道混合器”命令、“黑白”命令和“色相/饱和度”命令调整图像，最终效果如图8-52所示。

效果所在位置 Ch08\效果\制作冬日雪景效果海报.psd。

图8-52

01 按Ctrl + O快捷键，打开本书学习资源中的“Ch08\素材\制作冬日雪景效果海报\01”文件，如图8-53所示。在“图层”面板中，将“背景”图层拖曳到下方的“创建新图层”按钮 上进行复制，会生成新的图层“背景 拷贝”，如图8-54所示。

图8-53

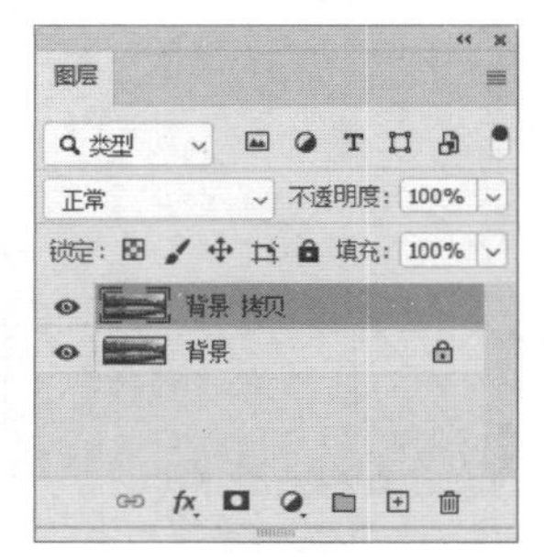

图8-54

02 选择“图像 > 调整 > 通道混合器”命令，在弹出的对话框中进行设置，如图8-55所示，单击“确定”按钮，效果如图8-56所示。

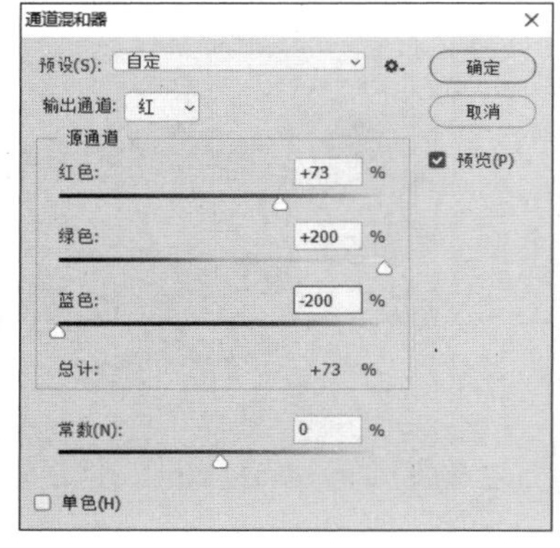

图8-55

图8-56

03 按Ctrl+J快捷键复制“背景 拷贝”图层，会生成新的图层，将其命名为“黑白”。选择“图像 > 调整 > 黑白”命令，在弹出的对话框中进行设置，如图8-57所示，单击“确定”按钮，效果如图8-58所示。

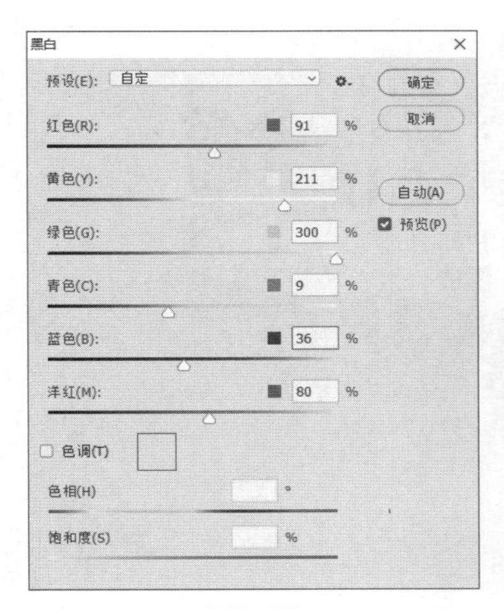

图8-57

图8-58

04 在“图层”面板上方，将“黑白”图层的混合模式选项设为“滤色”，如图8-59所示，图像效果如图8-60所示。

图8-59

图8-60

05 按住Ctrl键的同时选择“黑白”图层和“背景 拷贝”图层。按Ctrl+E快捷键合并图层，并将其命名为“效果”。选择“图像 > 调整 > 色相/饱和度”命令，在弹出的对话框中进行设置，如图8-61所示，单击“确定”按钮，效果如图8-62所示。

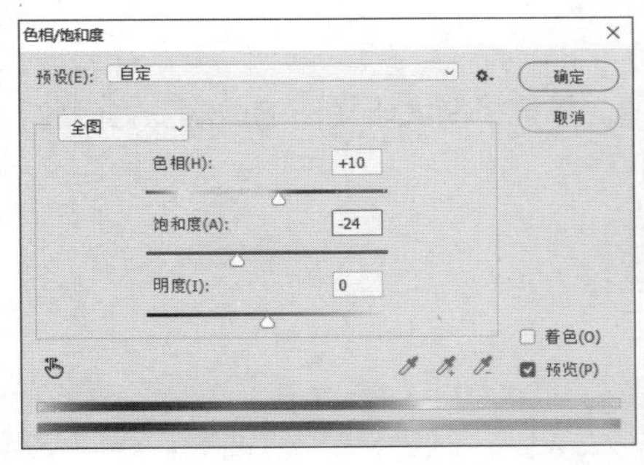

图8-61

图8-62

06 按Ctrl＋O快捷键，打开本书学习资源中的“Ch08\素材\制作冬日雪景效果海报\02”文件。选择移动工具，将“02”图像拖曳到“01”图像窗口中适当的位置，效果如图8-63所示，“图层”面板中会生成新的图层，将其命名为“文字”。冬日雪景效果海报制作完成。

图8-63

8.2.2 去色

选择“图像 > 调整 > 去色”命令，或按Shift+Ctrl+U快捷键，可以去掉图像中的色彩，使图像变为灰度图，但图像的色彩模式并不改变。

8.2.3 阈值

打开一张图片，如图8-64所示。选择“图像 > 调整 > 阈值”命令，会弹出“阈值”对话框，具体设置如图8-65所示，单击“确定”按钮，效果如图8-66所示。

图8-64

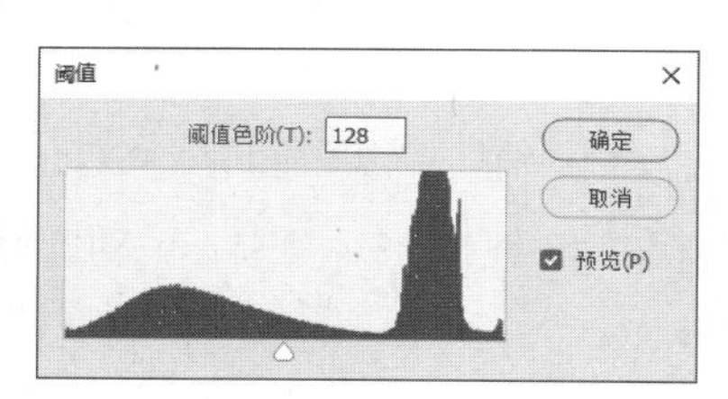

图8-65

图8-66

阈值色阶： 可以通过拖曳滑块或输入数值改变图像的阈值。系统将使大于阈值的像素变为白色，小于阈值的像素变为黑色，使图像呈现高度反差效果。

8.2.4 色调分离

打开一张图片。选择“图像 > 调整 > 色调分离”命令，会弹出“色调分离”对话框，具体设置如图8-67所示，单击“确定”按钮，效果如图8-68所示。

色阶：可以指定色阶数，系统将以256阶的亮度对图像中的像素亮度进行分配。色阶数值越高，图像产生的变化越小。

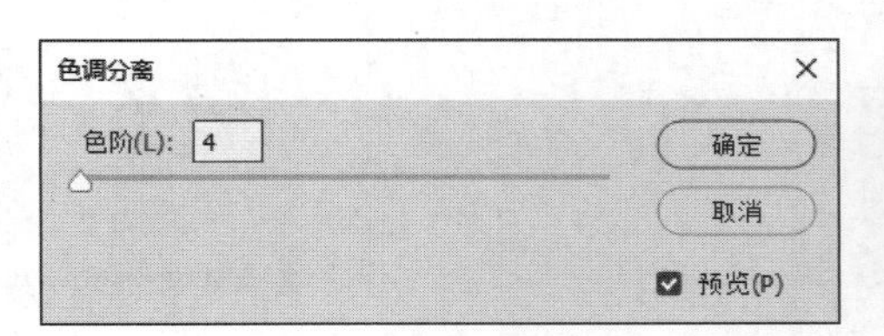

图8-67

图8-68

8.2.5 替换颜色

打开一张图片。选择“图像 > 调整 > 替换颜色”命令，会弹出“替换颜色”对话框。在图像中单击吸取要替换的颜色，再调整色相、饱和度和明度，设置“结果”选项为橙色，其他选项的设置如图8-69所示，单击“确定”按钮，效果如图8-70所示。

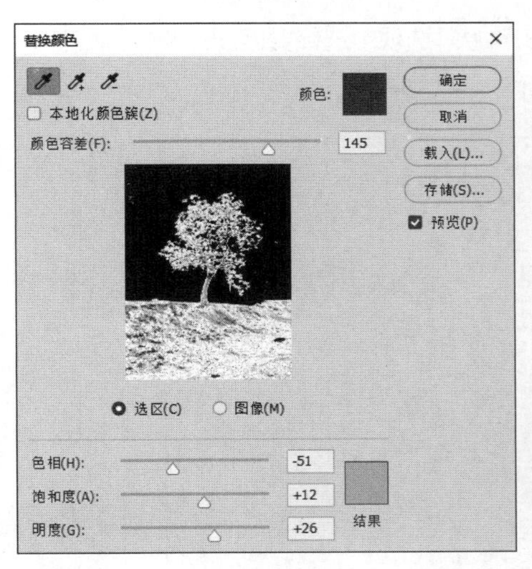

图8-69

图8-70

8.2.6 通道混合器

打开一张图片，如图8-71所示。选择“图像 > 调整 > 通道混合器”命令，会弹出“通道混合器”对话框，具体设置如图8-72所示，单击“确定”按钮，效果如图8-73所示。

输出通道：可以选择要调整的通道。**源通道：**可以设置输出通道中源通道所占的百分比。**常数：**可以调整输出通道的灰度值。**单色：**勾选后，可以将彩色图像转换为黑白图像。

提示 所选图像的色彩模式不同，则“通道混合器”对话框中的内容也不同。

图8-71

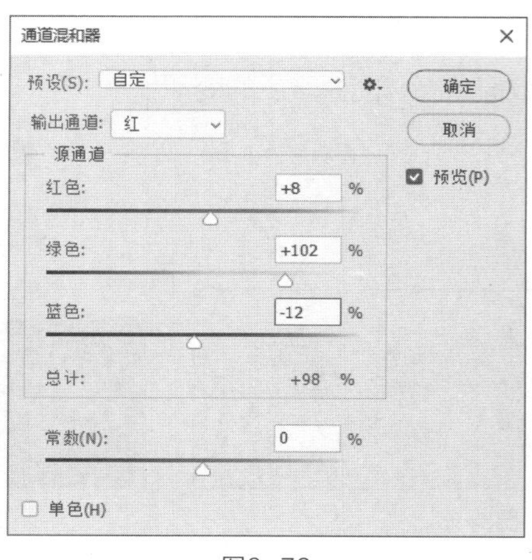

图8-72

图8-73

8.2.7 匹配颜色

“匹配颜色”命令用于对色调不同的图片进行调整，将其统一成一个协调的色调。

打开两张不同色调的图片，如图8-74和图8-75所示。选择需要调整的图片，选择“图像 > 调整 > 匹配颜色”命令，会弹出“匹配颜色”对话框，在“源”选项中选择要匹配的文件的名称，再设置其他各选项，如图8-76所示，单击“确定”按钮，效果如图8-77所示。

图8-74

图8-75

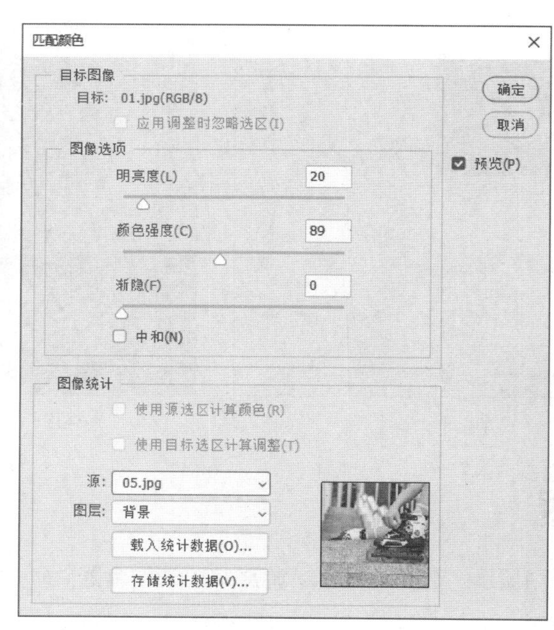

图8-76

图8-77

目标：显示所选择的要调整的文件的名称。**应用调整时忽略选区：**如果当前调整的图中有选区，勾选此复选框，可以忽略图中的选区，调整整张图的颜色；不勾选此复选框，则只调整图像中选区内的颜色，效果如图8-78和图8-79所示。

图像选项： 可以通过拖曳滑块或输入数值来调整图像的明亮度、颜色强度和渐隐。**中和：** 勾选后，可以中和色调。**图像统计：** 可以设置图像的颜色来源。

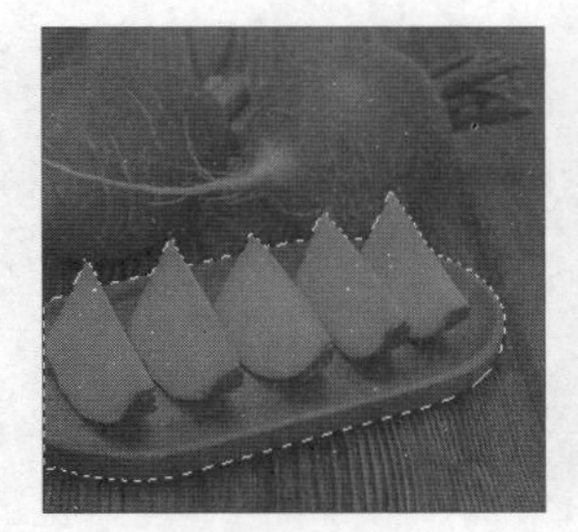

图8-78

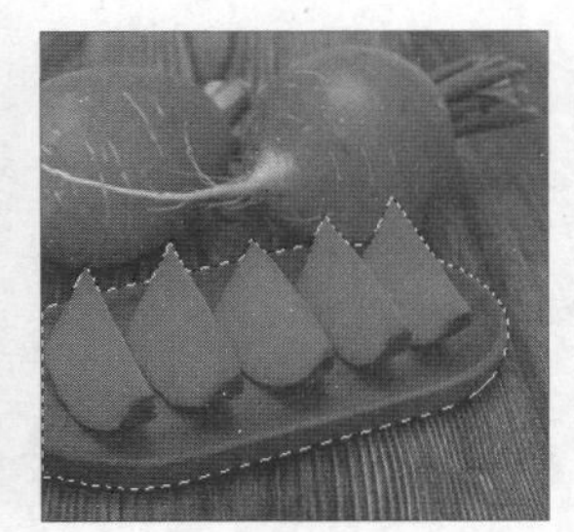

图8-79

课堂练习——制作小寒节气宣传海报

练习知识要点 使用“色调分离”命令和“阈值”命令调整图像，最终效果如图8-80所示。

效果所在位置 Ch08\效果\制作小寒节气宣传海报.psd。

图8-80

课后习题——制作传统美食公众号封面次图

习题知识要点 使用“照片滤镜”命令和“阴影/高光”命令调整美食照片，使用横排文字工具添加文字，最终效果如图8-81所示。

效果所在位置 Ch08\效果\制作传统美食公众号封面次图.psd。

图8-81

第 9 章

应用图层

本章介绍

本章主要介绍图层的应用技巧，讲解图层混合模式、图层样式、填充和调整图层、图层复合、盖印图层与智能对象图层。通过学习本章内容，可以掌握图层的高级应用技巧，制作出丰富的图像效果。

学习目标

- 掌握图层混合模式和图层样式的使用方法。
- 掌握填充和调整图层的应用技巧。
- 了解图层复合、盖印图层和智能对象图层。

技能目标

- 掌握“传统美食网店详情页主图”的制作方法。

9.1 图层的混合模式

图层的混合模式在图像处理及效果制作中被广泛应用，特别是在多个图像合成方面更有其独特的作用及灵活性。

图层的混合模式用于通过图层间的混合制作特殊的合成效果。

在“图层”面板中，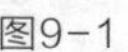选项用于设置图层的混合模式，它包含有27种模式。打开一张图片，如图9-1所示，“图层”面板如图9-2所示。

图9-1

图9-2

在对“月亮”图层应用不同的混合模式后，图像效果如图9-3所示。

图9-3

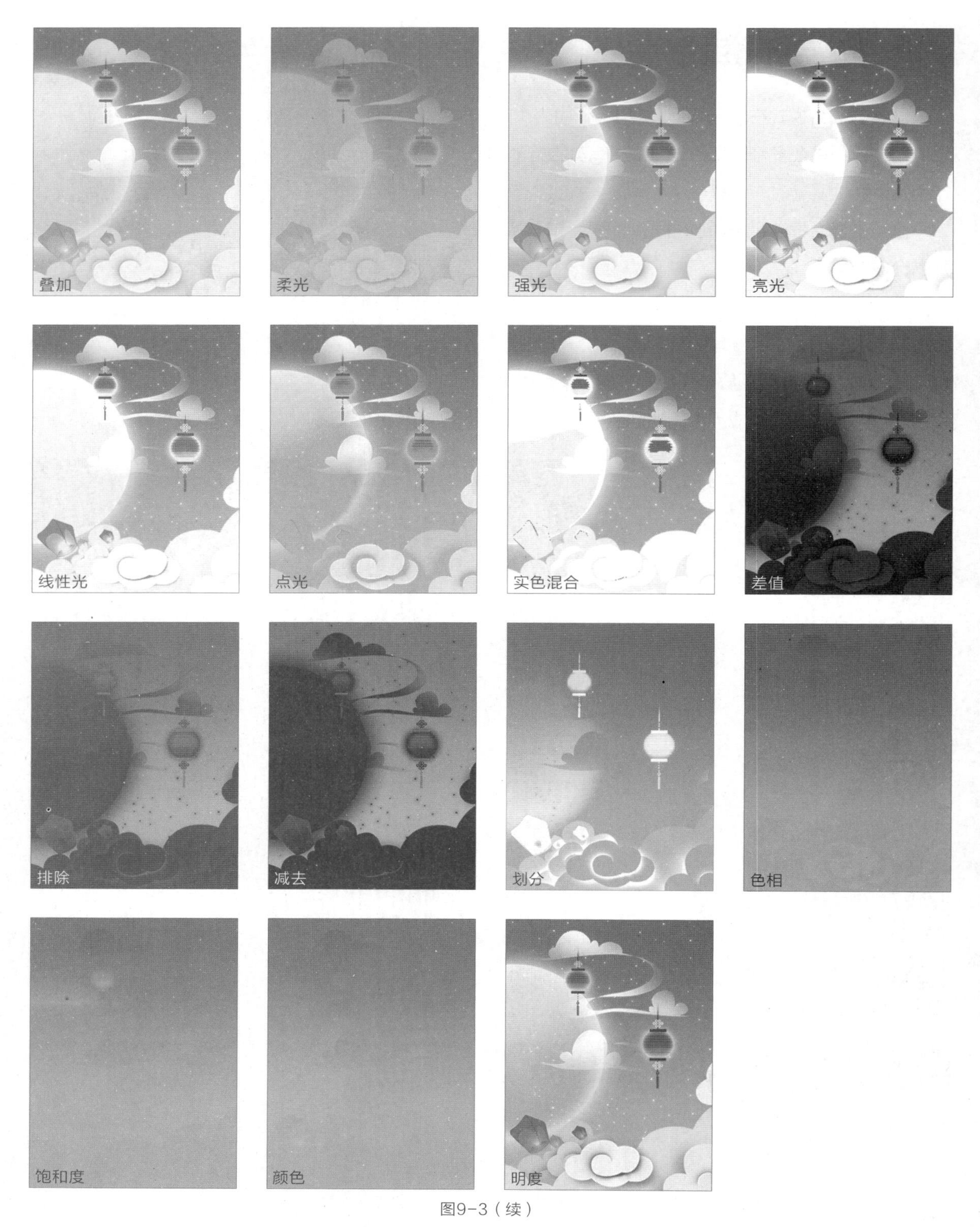

图9-3（续）

9.2 图层样式

图层样式用于为图层中的图像添加斜面和浮雕、发光、叠加和投影等效果，制作具有丰富质感的图像。

9.2.1 “样式”面板

“样式”面板用于存储各种图层特效，并将其快速地套用在要编辑的对象中，可节省操作步骤和操作时间。

打开一张图像，如图9-4所示。选择要添加样式的图层。选择“窗口 > 样式”命令，会弹出“样式”面板，单击右上方的☰按钮，在弹出的菜单中选择“旧版样式及其他”命令，在面板中添加“旧版样式及其他”，如图9-5所示，选择“凹凸”样式，如图9-6所示，图形被添加样式，效果如图9-7所示。

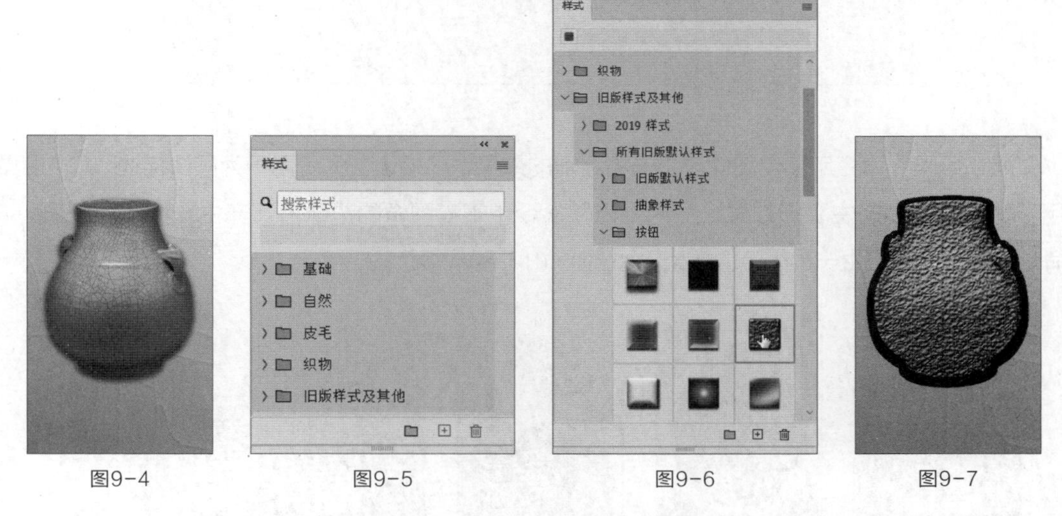

图9-4　图9-5　图9-6　图9-7

样式添加完成后，“图层”面板如图9-8所示。如果要删除其中某个样式，将其直接拖曳到面板下方的“删除图层”按钮🗑上，如图9-9所示，删除后的效果如图9-10所示。

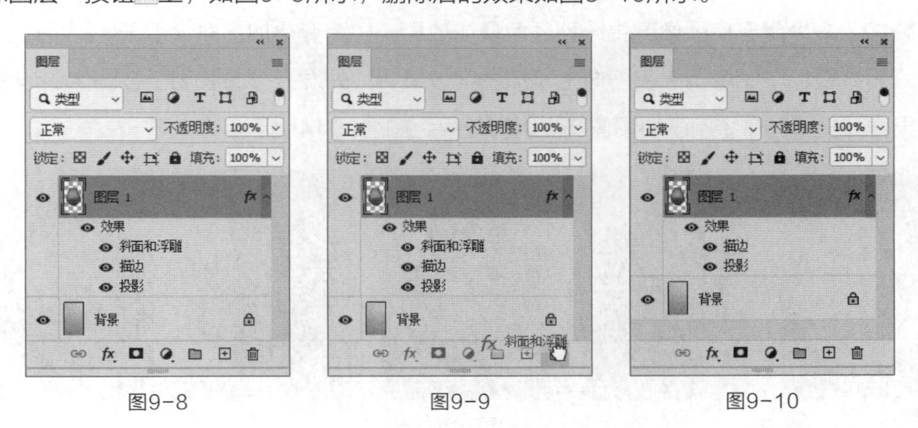

图9-8　图9-9　图9-10

9.2.2 图层样式

Photoshop提供了多种图层样式，读者可以为图像添加一种样式，还可以同时为图像添加多种样式。

单击“图层”面板右上方的☰按钮，会弹出面板菜单，选择“混合选项”命令，会弹出对话框，如图9-11所示。单击对话框左侧的任意选项，将切换到相应的效果对话框。还可以单击“图层”面板下方的“添加图层样式”按钮fx，会弹出其菜单，如图9-12所示。

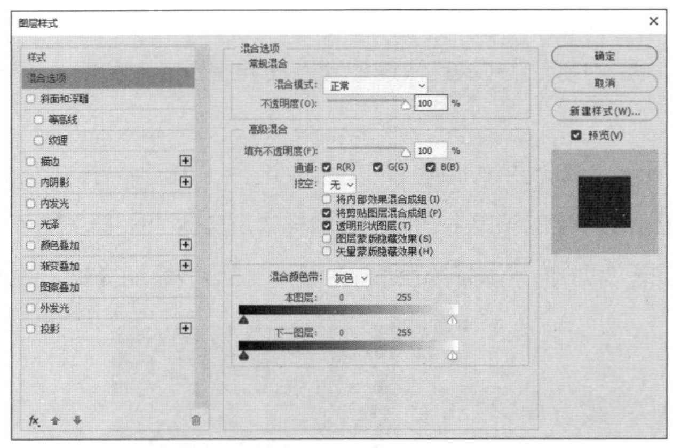

图9-11

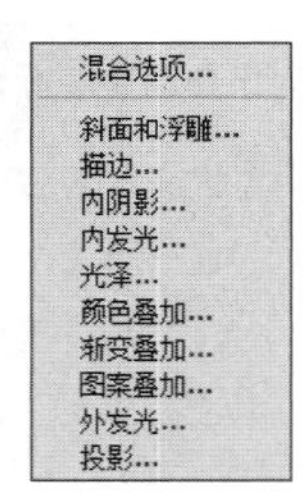

图9-12

“斜面和浮雕”命令用于使图像产生一种浮雕的效果，“描边”命令用于为图像描边，“内阴影”命令用于使图像内部产生阴影效果，“内发光”命令用于在图像的边缘内部产生一种辉光效果，“光泽”命令用于使图像产生一种光泽的效果，如图9-13所示。

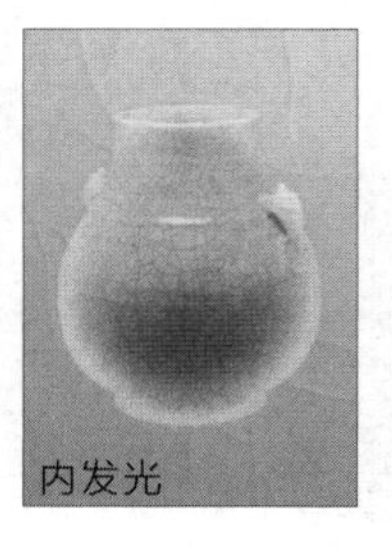

图9-13

“颜色叠加”命令用于使图像产生一种颜色叠加效果，“渐变叠加”命令用于使图像产生一种渐变叠加效果，“图案叠加”命令用于在图像上添加图案效果，“外发光”命令用于在图像的边缘外部产生一种辉光效果，“投影”命令用于使图像产生阴影效果，如图9-14所示。

图9-14

9.3 新建填充和调整图层

填充图层可以为图层添加纯色、渐变和图案填充，调整图层是将调整色彩和色调命令应用于图层，这两种调整都可以在不改变原图层像素的前提下创建特殊的图像效果。

9.3.1 课堂案例——制作传统美食网店详情页主图

案例学习目标 学习使用调整图层命令制作照片模板。

案例知识要点 使用“置入嵌入对象”命令置入图片，使用调整图层命令调整图像颜色，使用横排文字工具添加文字，使用图层样式为图像添加效果，使用矩形工具绘制基本形状，最终效果如图9-15所示。

效果所在位置 Ch09\效果\制作传统美食网店详情页主图.psd。

图9-15

1. 制作背景底图

01 按Ctrl+N快捷键，会弹出“新建文档”对话框，设置宽度为800像素，高度为800像素，分辨率为72像素/英寸，背景颜色为白色，如图9-16所示，单击“创建”按钮，新建一个文件。

02 选择“文件 > 置入嵌入对象”命令，会弹出“置入嵌入的对象”对话框，选择本书学习资源中的“Ch09\制作传统美食网店详情页主图\素材\01”文件。单击“置入”按钮，置入图片，将其拖曳到适当的位置，按Enter键确认操作，效果如图9-17所示，“图层”面板中会生成新的图层，将其命名为“背景”。

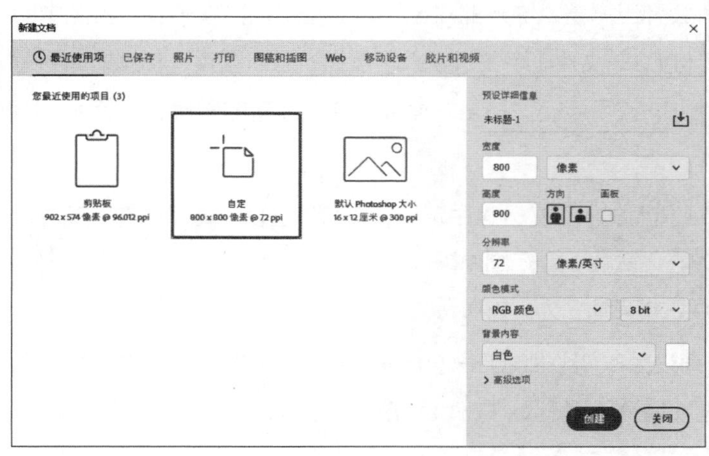

图9-16

图9-17

03 单击“图层”面板下方的“创建新的填充或调整图层”按钮，在弹出的菜单中选择“色彩平衡”命令，“图层”面板中会生成“色彩平衡1”图层，同时弹出“属性”面板，具体设置如图9-18所示，按Enter键确认操作，效果如图9-19所示。

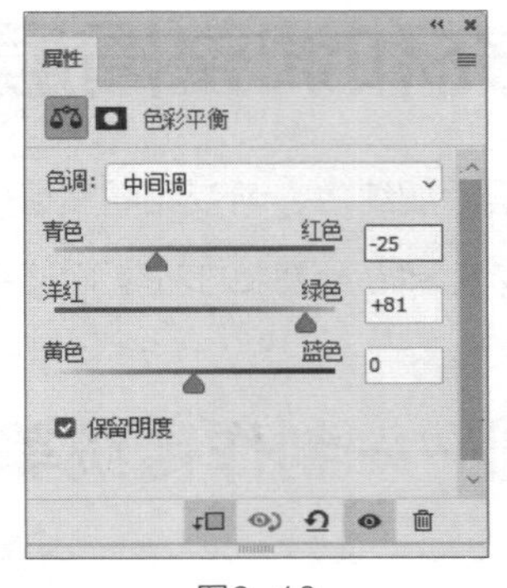

图9-18

图9-19

2. 添加宣传主体

01 选择“文件 > 置入嵌入对象”命令，会弹出“置入嵌入的对象”对话框，选择本书学习资源中的“Ch09\制作传统美食网店详情页主图\素材\02”文件。单击“置入”按钮，置入图片，将其拖曳到适当的位置，按Enter键确认操作，效果如图9-20所示，“图层”面板中会生成新的图层，将其命名为“粽叶”。

02 按Ctrl+J快捷键复制图层，在“图层”面板中会生成“粽叶 拷贝”图层。按Ctrl+T快捷键，在图像周围会出现变换框，在属性栏中将“旋转角度”选项设为-15°，按Enter键确认操作，效果如图9-21所示。

图9-20

图9-21

03 选择“文件 > 置入嵌入对象”命令，会弹出“置入嵌入的对象”对话框，选择本书学习资源中的“Ch09\制作传统美食网店详情页主图\素材\03”文件。单击“置入”按钮，置入图片，将其拖曳到适当的位置，按Enter键确认操作，效果如图9-22所示，“图层”面板中会生成新的图层，将其命名为“粽子”。

04 选择椭圆工具，在属性栏的“选择工具模式”下拉列表中选择“形状”选项，将“填充”颜色设为深灰色（0,16,14），“描边”颜色设为“无颜色”。在图像窗口中绘制一个椭圆形，效果如图9-23所示，“图层”面板中会生成新的形状图层，将其命名为“投影”。

05 在“图层”面板中将“不透明度”选项设为80%，如图9-24所示，按Enter键确认操作。在“属性”面板中，单击“蒙版”按钮，具体设置如图9-25所示，按Enter键确认操作。

图9-22

图9-23

图9-24

图9-25

06 在“图层”面板中，将“粽子”图层拖曳到“投影”图层的上方，如图9-26所示，效果如图9-27所示。按住Shift键的同时单击倒数第二个“背景”图层，将需要的图层同时选取，按Ctrl+G快捷键群组图层，并将其命名为“商品”，如图9-28所示。

图9-26

图9-27

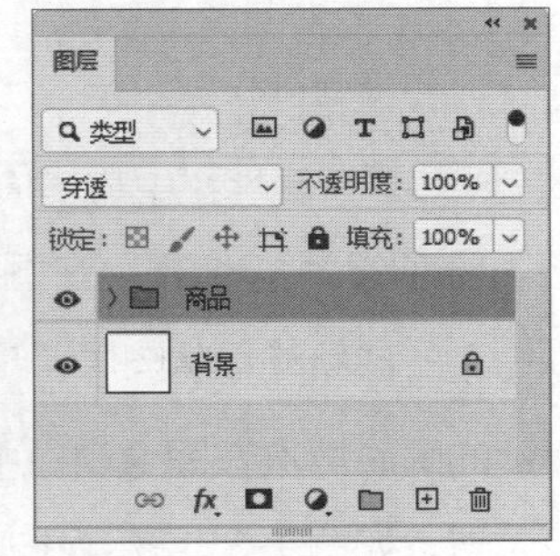

图9-28

3. 制作宣传文字

01 选择横排文字工具T，在图像窗口中输入需要的文字并选取文字。选择“窗口 > 字符”命令，会弹出“字符”面板，在“字符”面板中，将“颜色”选项设为墨绿色（2,64,56），其他选项的设置如图9-29所示，按Enter键确认操作，效果如图9-30所示，“图层”面板中会生成新的文字图层。

02 单击“图层”面板下方的“添加图层样式”按钮fx，在弹出的菜单中选择“描边”命令，会弹出对话框，将描边颜色设为白色，其他选项的设置如图9-31所示。

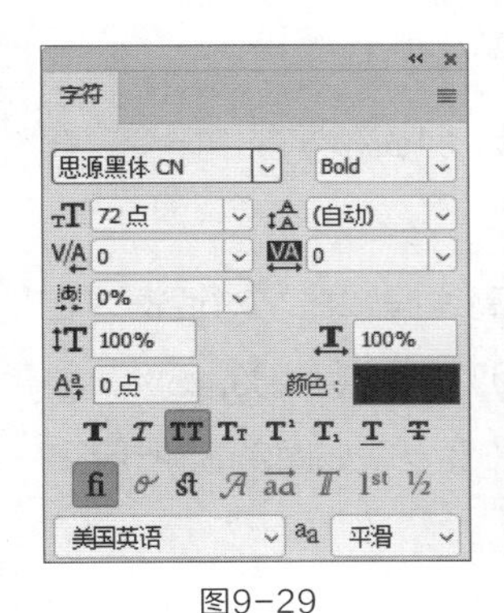

图9-29

图9-30

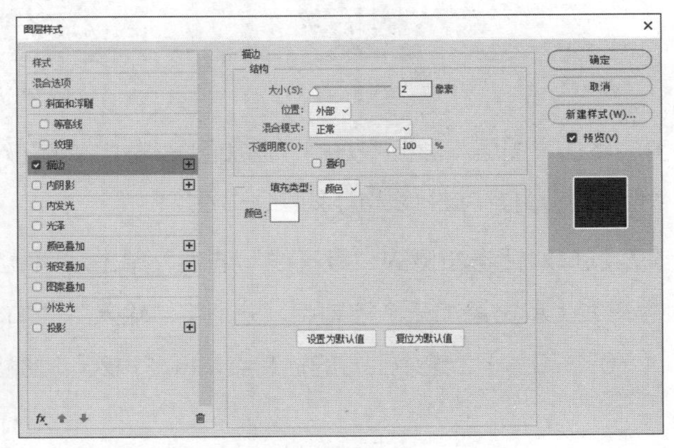

图9-31

03 选择对话框左侧的“渐变叠加”选项，单击“点按可编辑渐变”按钮，会弹出“渐变编辑器”对话框，在“色标”选项组中分别设置0%、100%两个位置点的“颜色”的RGB值为（2,64,56）、（34,169,139），如图9-32所示，单击“确定”按钮。返回到“图层样式”对话框，选项的设置如图9-33所示，单击“确定”按钮，为文字添加效果。

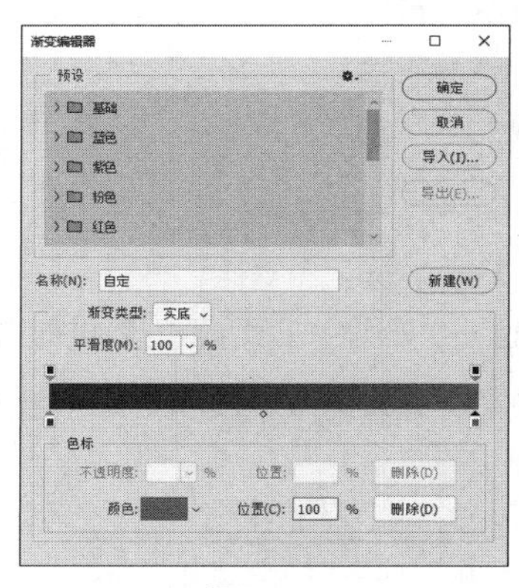
图9-32

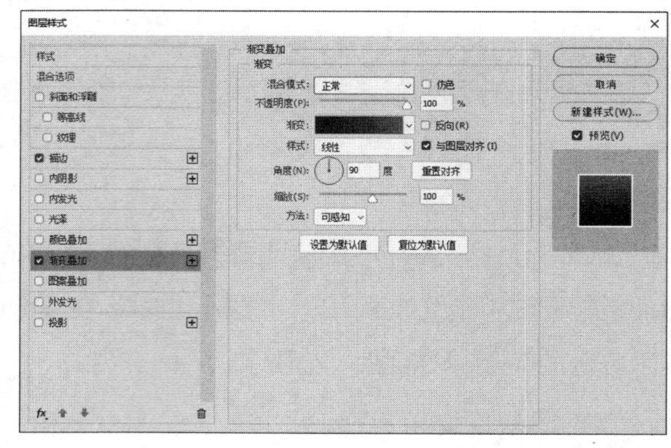
图9-33

04 选择矩形工具，在属性栏中将“填充”颜色设为深绿色（19,101,66），“描边”颜色设为“无颜色”，“半径”选项设为12像素。在图像窗口中适当的位置绘制一个圆角矩形，效果如图9-34所示，“图层”面板中会生成新的形状图层“矩形1”。

05 按住Shift键的同时再次在图像窗口中适当的位置拖曳鼠标，绘制一个圆角矩形。在“属性”面板中设置其大小及位置，如图9-35所示，按Enter键确认操作，效果如图9-36所示。

图9-34

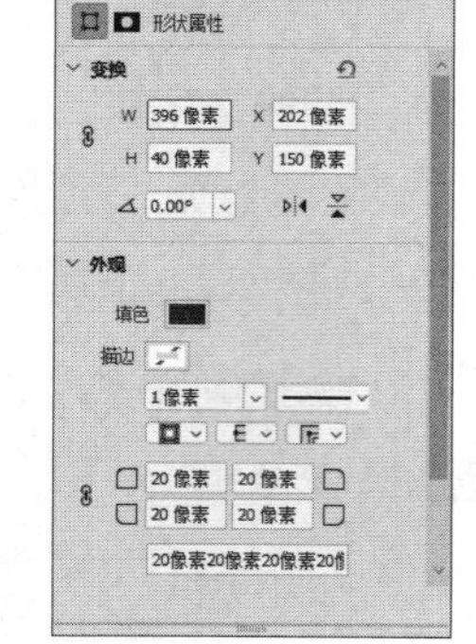
图9-35

图9-36

06 单击“图层”面板下方的“添加图层样式”按钮，在弹出的菜单中选择“斜面和浮雕”命令，在弹出的对话框中进行设置，如图9-37所示。

07 选择对话框左侧的“等高线”选项，单击“等高线”按钮，会弹出“等高线编辑器”对话框，在等高线上单击添加三个控制点，分别将“输入”“输出”选项设为（37%,29%）、（59%,45%）、（70%,70%）；选中上方的控制点，将“输入”“输出”选项设为（75%,100%），如图9-38所示。

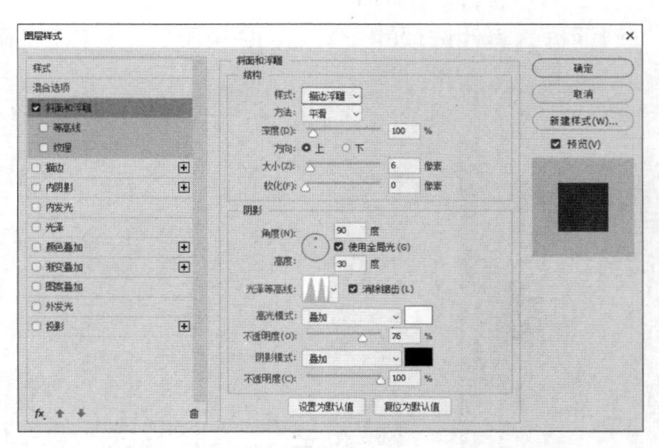

图9-37

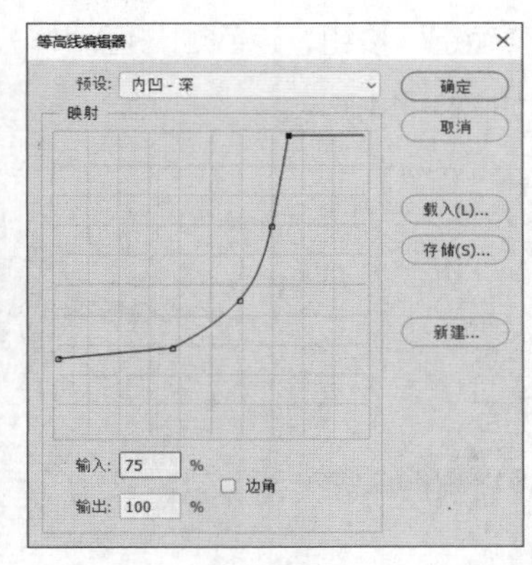

图9-38

08 单击“确定”按钮，返回到“图层样式”对话框，其他选项的设置如图9-39所示。选择对话框左侧的“描边”选项，将描边颜色设为中黄色（237,213,182），其他选项的设置如图9-40所示。

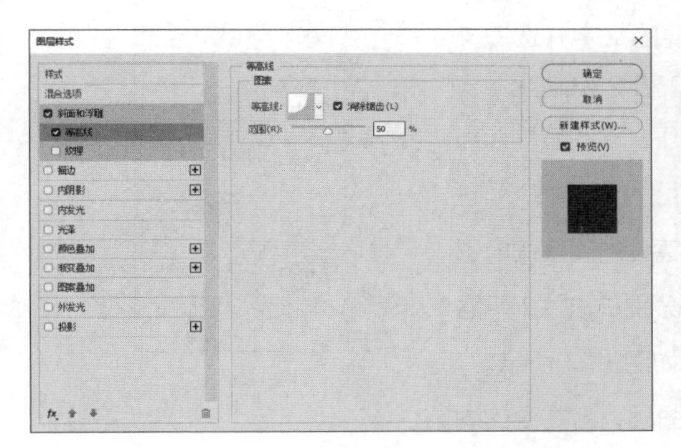

图9-39

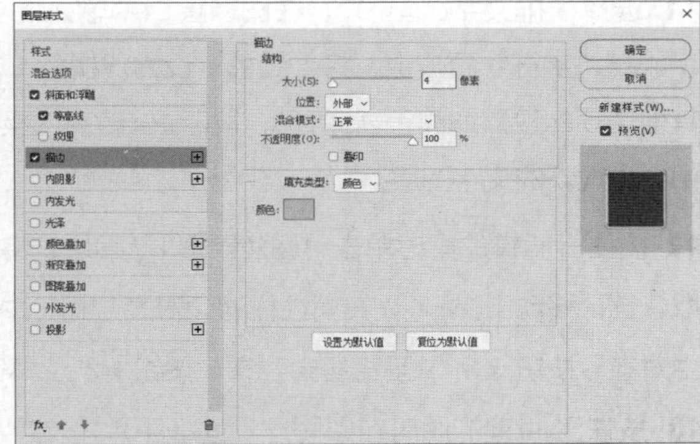

图9-40

09 选择对话框左侧的“内阴影”选项，将阴影颜色设为黑色，其他选项的设置如图9-41所示。选择对话框左侧的“渐变叠加”选项，单击“点按可编辑渐变”按钮，会弹出“渐变编辑器”对话框，在“色标”选项组中分别设置0%、100%两个位置点的“颜色”的RGB值为（2,64,56）、（34,169,139），如图9-42所示。

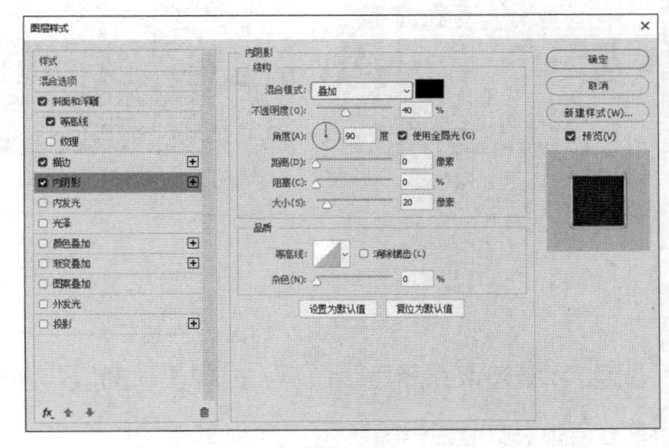

图9-41

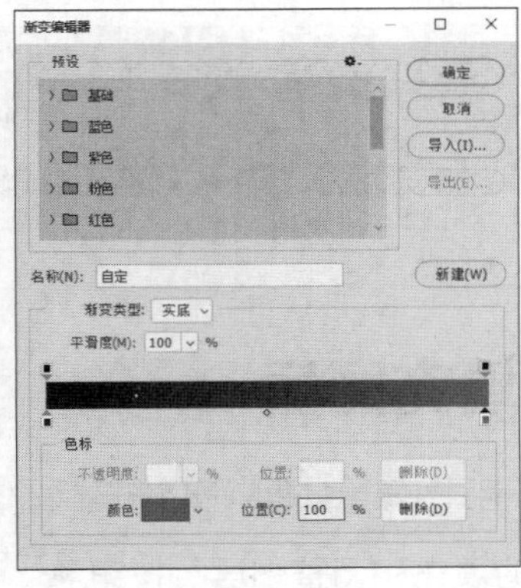

图9-42

10 单击“确定”按钮，返回到“图层样式”对话框，其他选项的设置如图9-43所示，单击“确定”按钮，效果如图9-44所示。

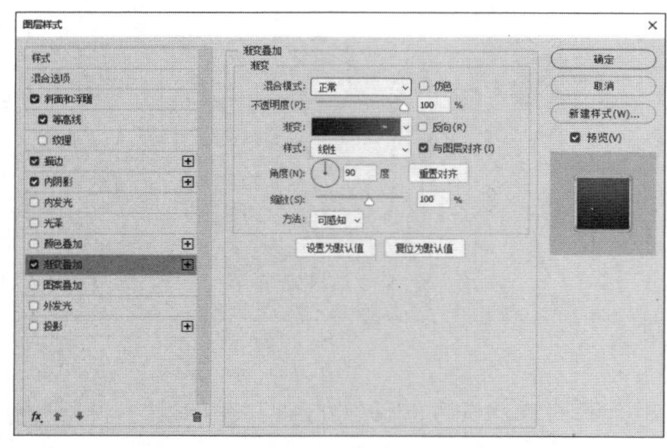

图9-43

图9-44

11 选择横排文字工具，在图像窗口中输入需要的文字并选取文字。在“字符”面板中，将“颜色”设为浅橘色（255,232,208），其他选项的设置如图9-45所示，按Enter键确认操作，“图层”面板中会生成新的文字图层。

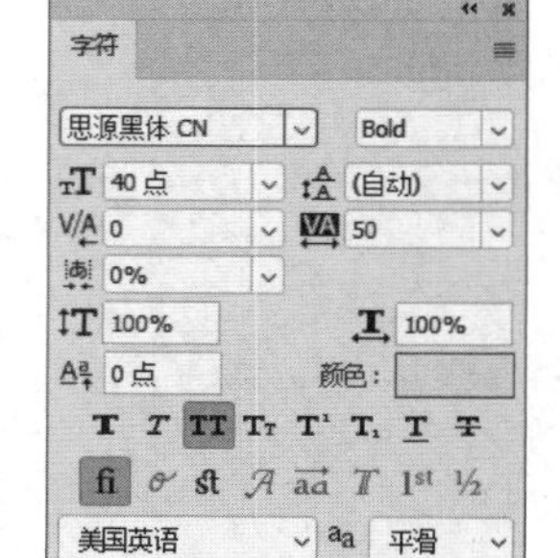

图9-45

12 按住Shift键的同时单击“圆角矩形1”图层，将需要的图层同时选取，选择移动工具，在属性栏的“对齐方式”中分别单击“水平居中对齐”按钮和“垂直居中对齐”按钮，效果如图9-46所示。

13 按住Shift键的同时在“图层”面板中单击文字图层，将需要的图层同时选取。按Ctrl+G快捷键群组图层，并将其命名为“卖点”，如图9-47所示。用相同的方法绘制图形并添加文字，效果如图9-48所示。传统美食网店详情页主图制作完成。

图9-46

图9-47

图9-48

9.3.2 填充图层

打开一张图像，如图9-4所示。选择“图层 > 新建填充图层”命令，或单击“图层”面板下方的“创建新的填充和调整图层”按钮，会弹出菜单，如图9-49所示，选择其中的一个命令，会弹出“新建图层”对话框。这里以选择“渐变”命令为例，弹出的“新建图层”如图9-50所示，单击“确定”按钮，会弹出“渐变填充”对话框，如图9-51所示，单击“确定”按钮，“图层”面板和图像的效果如图9-52和图9-53所示。

图9-49

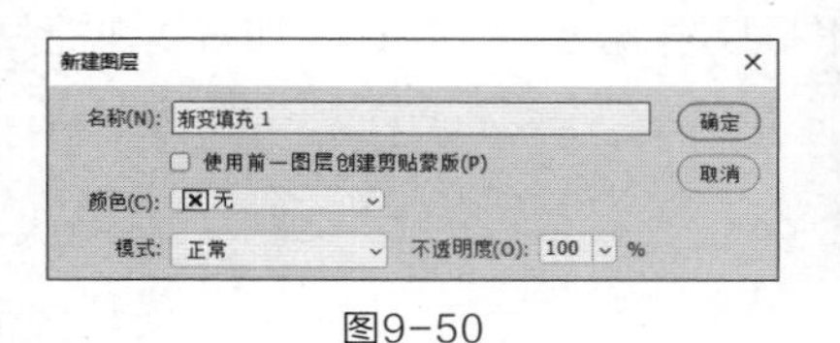

图9-50

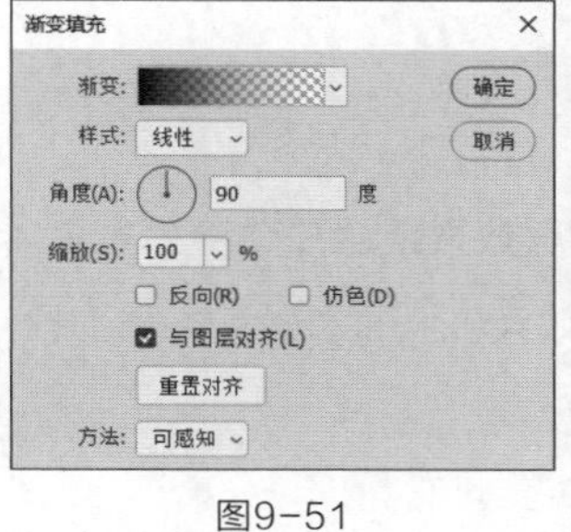

图9-51

图9-52

图9-53

9.3.3 调整图层

打开一张图像，如图9-4所示。选择“图层 > 新建调整图层”命令，单击“图层”面板下方的“创建新的填充或调整图层”按钮，会弹出菜单，其中包括多个调整图层命令，如图9-54所示，选择不同的调整图层命令，将弹出“新建图层”对话框，如图9-55所示，单击“确定”按钮，将弹出相应的“属性”面板。以选择“色相/饱和度”命令为例，弹出的“属性”面板如图9-56所示，按Enter键确认操作，“图层”面板和图像效果如图9-57和图9-58所示。

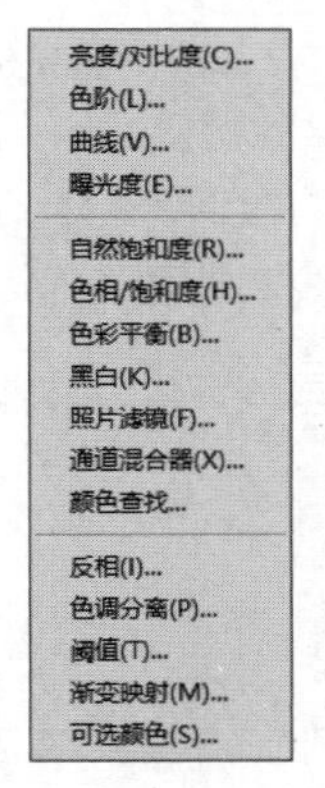

图9-54

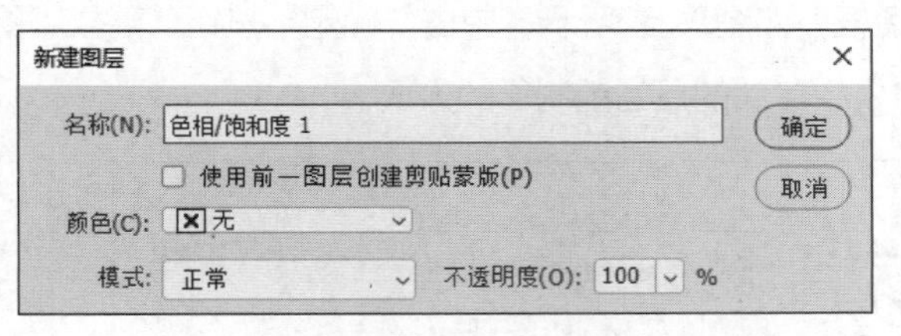

图9-55

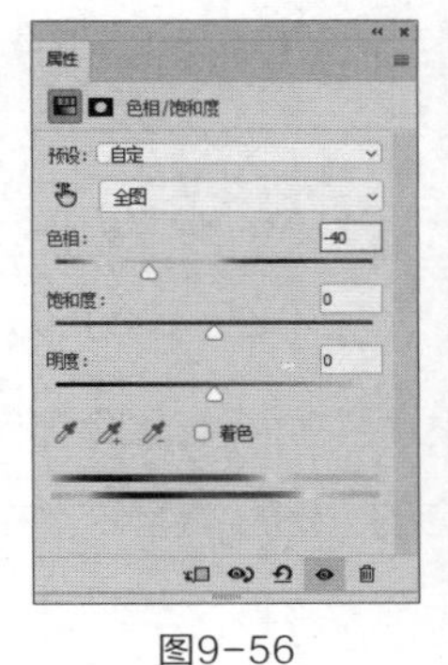

图9-56

图9-57

图9-58

9.4 图层复合、盖印图层与智能对象图层

应用图层复合、盖印图层与智能对象图层，可以提高制作图像的效率，快速地得到需要的效果。

9.4.1 图层复合

图层复合可将同一文件中的不同图层效果组合并另存为多个“图层效果组合”，可以更加方便快捷地展示和比较不同图层组合设计的视觉效果。

1. “图层复合”面板

打开一张图片，效果如图9-59所示，“图层”面板如图9-60所示。选择“窗口 > 图层复合”命令，会弹出“图层复合”面板，如图9-61所示。

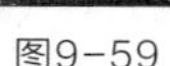

图9-59

图9-60

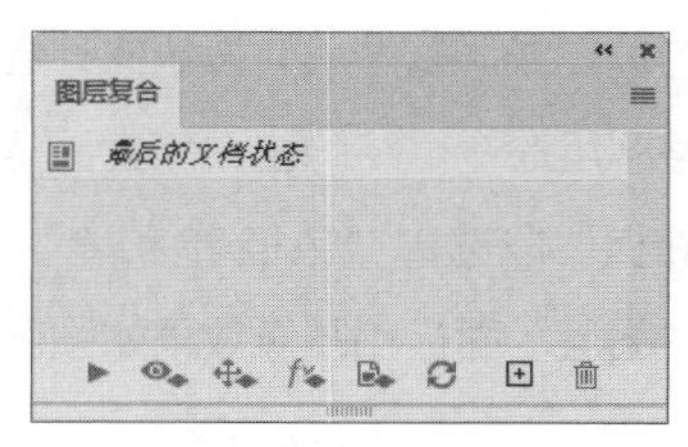

图9-61

2. 创建图层复合

单击“图层复合”面板右上方的≡按钮，在弹出的菜单中选择“新建图层复合”命令，会弹出“新建图层复合”对话框，如图9-62所示，单击“确定”按钮，建立“图层复合1”，如图9-63所示，所建立的“图层复合1”中存储的是当前制作的效果。

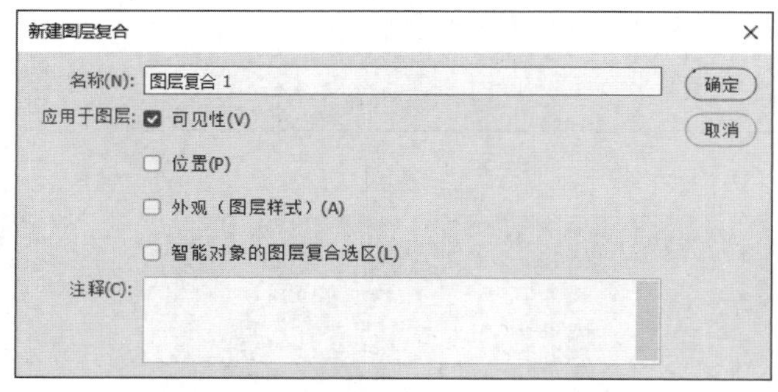

图9-62

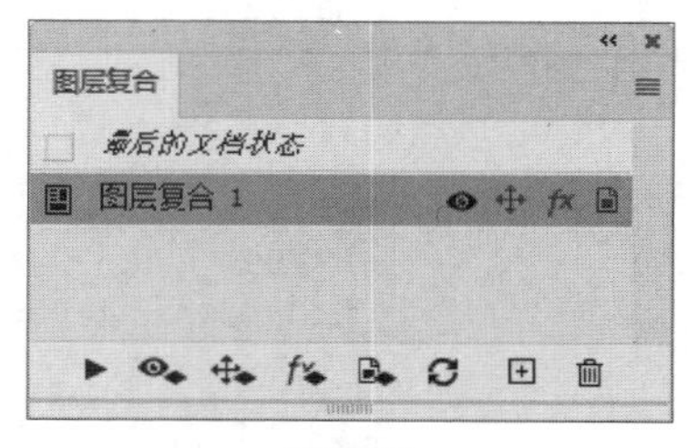

图9-63

在图片中右方位置添加一个柿子，效果如图9-64所示，“图层”面板如图9-65所示。选择“新建图层复合”命令，建立“图层复合2”，如图9-66所示，所建立的“图层复合2”中存储的是编辑后的效果。

图9-64

图9-65

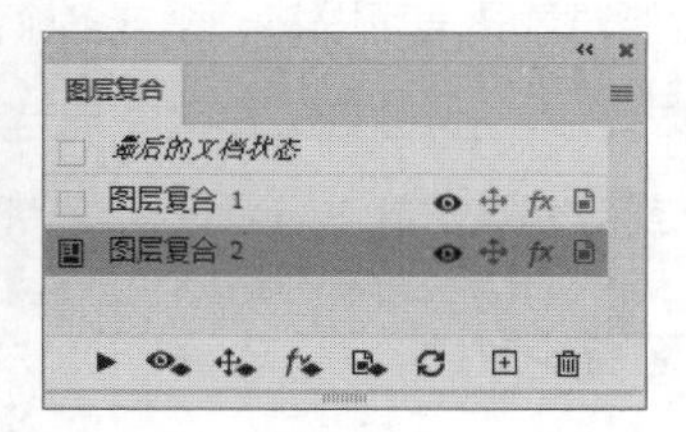

图9-66

3. 查看图层复合

在“图层复合”面板中，单击“图层复合1”左侧的方框，显示图标，如图9-67所示，可以观察“图层复合1”中的图像，效果如图9-68所示。单击“图层复合2”左侧的方框，显示图标，如图9-69所示，可以观察“图层复合2”中的图像，效果如图9-70所示。

单击“应用选中的下一图层复合”按钮▶，可以快速地对图像编辑效果进行比较。

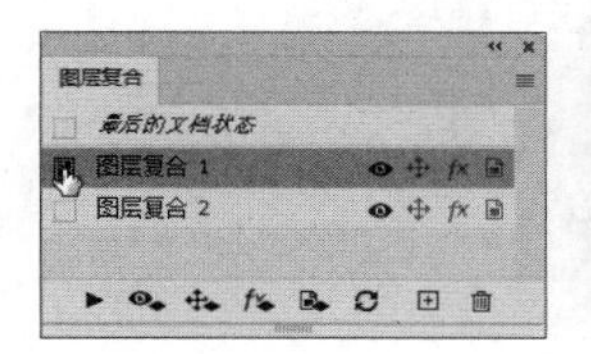

图9-67

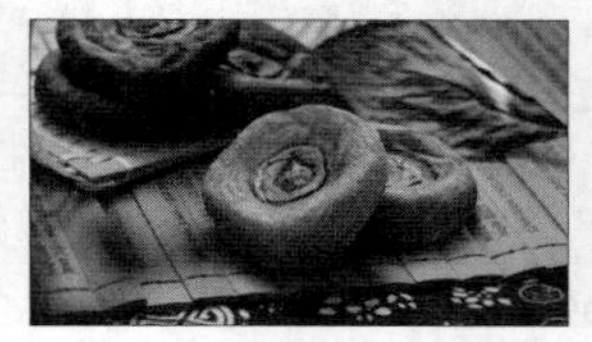

图9-68

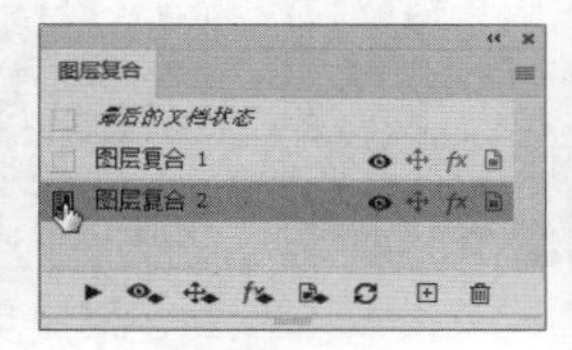

图9-69

图9-70

9.4.2 盖印图层

盖印图层是将图像窗口中所有当前显示出来的图像合并到一个新的图层中。

在“图层”面板中选中一个可见图层，如图9-71所示。按Alt+Shift+Ctrl+E快捷键，会将每个图层中的图像复制并合并到一个新的图层中，如图9-72所示。

图9-71

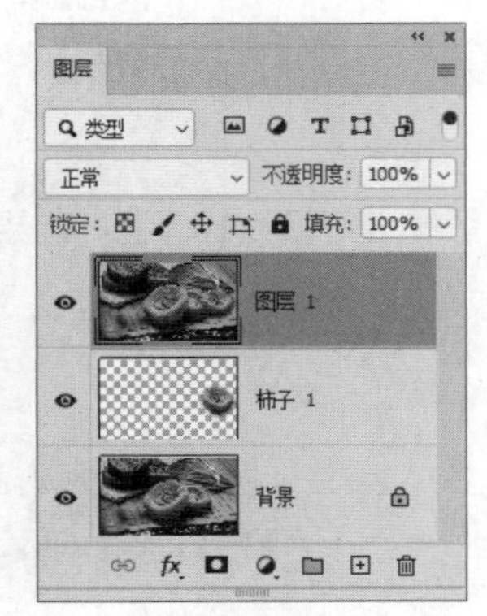

图9-72

提示 在执行此操作时，必须选择一个可见的图层，否则将无法实现此操作。

9.4.3 智能对象图层

智能对象图层可以将一个或多个图层，甚至一个矢量图形文件包含在Photoshop的文件中。以智能对象形式嵌入的位图或矢量文件与当前Photoshop文件能够保持相对的独立性。当对Photoshop文件进行修改或对智能对象进行变形、旋转时，不会影响嵌入的位图或矢量文件。

1. 创建智能对象

选择“文件 > 置入嵌入对象”命令，可以为当前的图像文件置入一个矢量文件或位图文件。

打开一个文件，如图9-73所示，“图层”面板如图9-74所示。选择“图层 > 智能对象 > 转换为智能对象”命令，可以将选中的图层转换为智能对象图层，如图9-75所示。

图9-73

图9-74

图9-75

在Illustrator软件中拷贝矢量对象，再回到Photoshop软件中将拷贝的对象粘贴，也可以创建智能对象图层。

2. 编辑智能对象

双击“柿子 2”图层的缩览图，会弹出对话框，如图9-76所示，单击“确定”按钮，Photoshop将打开一个新文件，即智能对象“柿子 2”，如图9-77所示。此智能对象文件包含一个普通图层，如图9-78所示。

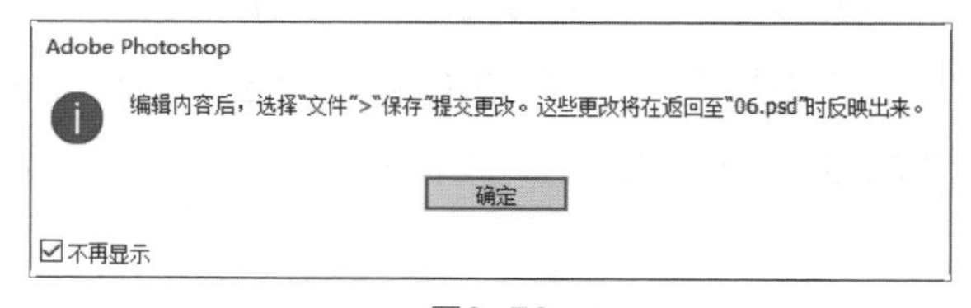

图9-76

在智能对象文件中对图像进行修改并保存，效果如图9-79所示。保存后，修改操作将影响嵌入此智能对象文件的图像的最终效果，如图9-80所示。

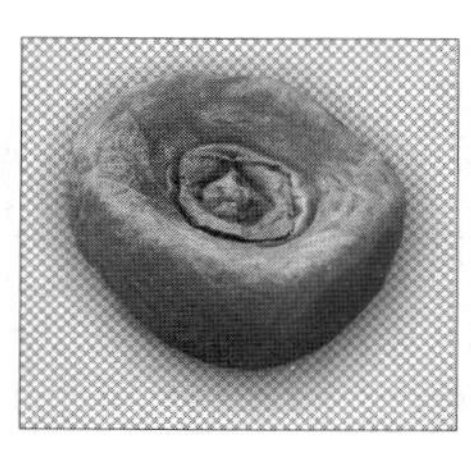
图9-77

图9-78

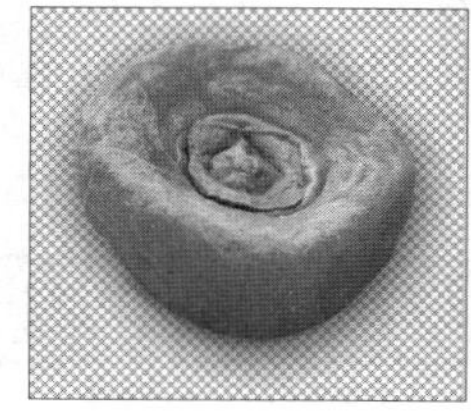

图9-79

图9-80

课堂练习——制作生活摄影公众号首页次图

练习知识要点 使用移动工具添加图片素材，使用调整图层命令和图层蒙版调整图像色调，最终效果如图9-81所示。

效果所在位置 Ch09\效果\制作生活摄影公众号首页次图.psd。

图9-81

课后习题——制作元宵节节日宣传海报

习题知识要点 使用“置入嵌入对象”命令置入图片，使用横排文字工具添加文字，使用图层样式为图像添加效果，使用矩形工具绘制基本形状，使用剪贴蒙版调整图片显示区域，最终效果如图9-82所示。

效果所在位置 Ch09\效果\制作元宵节节日宣传海报.psd。

图9-82

第10章

应用文字

本章介绍

本章主要介绍Photoshop中文字的应用技巧。通过学习本章内容，要了解并掌握文字的功能及特点，熟练地掌握点文字、段落文字的输入方法，以及变形文字和路径文字的制作技巧。

学习目标

- 熟练掌握文字的输入和编辑的技巧。
- 掌握创建变形文字与路径文字的技巧。

技能目标

- 掌握“服装饰品App首页Banner”的制作方法。
- 掌握“餐厅招牌面宣传单”的制作方法。

10.1 文字的输入与编辑

应用文字工具输入文字，并使用“字符”面板和“段落”面板对文字进行编辑和调整。

10.1.1 课堂案例——制作服装饰品App首页Banner

案例学习目标 学习使用文字工具和“字符”面板等制作服装饰品App首页Banner。

案例知识要点 使用横排文字工具添加文字信息，使用椭圆工具、直线工具和矩形工具添加装饰图形，使用置入命令置入图像，最终效果如图10-1所示。

效果所在位置 Ch10\效果\制作服装饰品App首页Banner.psd。

图10-1

01 按Ctrl＋O快捷键，打开本书学习资源中的“Ch10\素材\制作服装饰品App首页Banner\01”文件，如图10-2所示。

02 选择矩形工具，在属性栏的“选择工具模式”下拉列表中选择“形状”选项，将“填充”颜色设为白色，“描边”颜色设为“无颜色”。在图像窗口中适当的位置绘制矩形，如图10-3所示，“图层”面板中会生成新的形状图层“矩形1”。

图10-2

图10-3

03 选择横排文字工具，在适当的位置输入需要的文字并选取文字。选择“窗口 > 字符”命令，会弹出“字符”面板，将“颜色”选项设为深蓝色（3,94,151），其他选项的设置如图10-4所示，按Enter键确认操作。用相同的方法再次输入文字并选取文字，在“字符”面板中的设置如图10-5所示，效果如图10-6所示，“图层”面板中会生成两个新的文字图层。

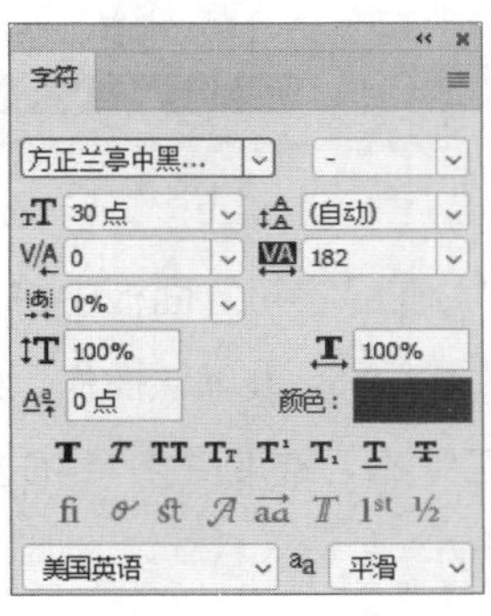

图10-4

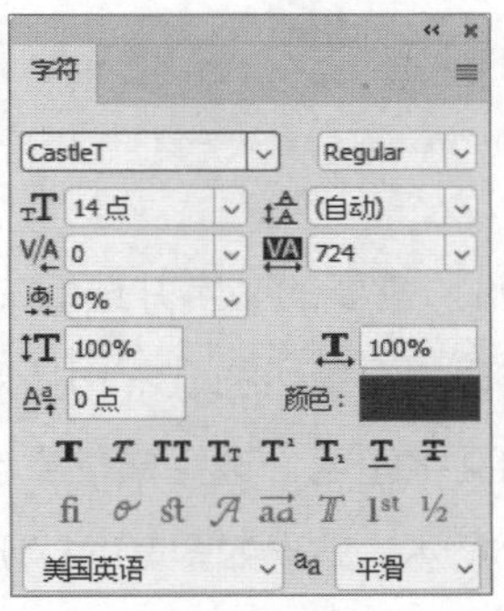

图10-5

图10-6

04 选择椭圆工具◎，在属性栏中将“填充”颜色设为深蓝色（3,94,151），“描边”颜色设为“无颜色”。按住Shift键的同时在图像窗口中拖曳鼠标绘制圆形，效果如图10-7所示，“图层”面板中会生成新的形状图层“椭圆1”。

05 选择横排文字工具T，在适当的位置输入需要的文字并选取文字。在“字符”面板中将“颜色”选项设为白色（255,255,255），其他选项的设置如图10-8所示，按Enter键确认操作。用相同的方法再次输入文字并选取文字，在“字符”面板中的设置如图10-9所示，效果如图10-10所示，“图层”面板中会生成两个新的文字图层。

图10-7

图10-8

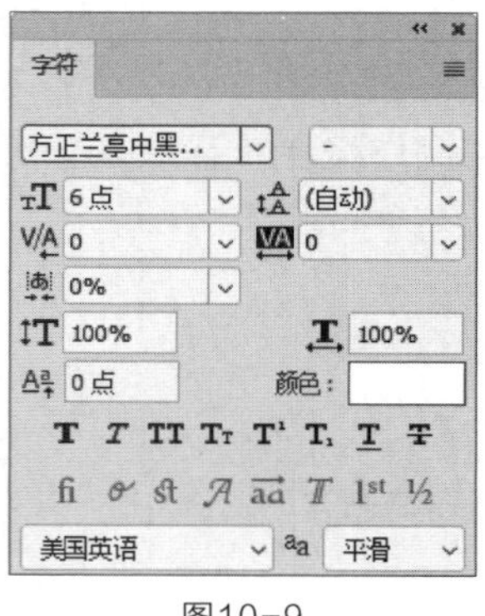

图10-9

图10-10

06 选择直线工具/，在属性栏中将“填充”颜色设为“无颜色”，“描边”颜色设为深蓝色（3,94,151），“粗细”选项设为1像素。在图像窗口中拖曳鼠标绘制直线，效果如图10-11所示，“图层”面板中会生成新的形状图层，将其命名为“直线”。

07 选择路径选择工具▶，选取直线。按住Alt+Shift组合键的同时水平向右拖曳，复制直线，效果如图10-12所示。

08 选择矩形工具□，在图像窗口中拖曳鼠标绘制矩形。在属性栏中将“填充”颜色设为深蓝色（3,94,151），“描边”颜色设为“无颜色”，效果如图10-13所示，“图层”面板中会生成新的形状图层“矩形2”。

图10-11

图10-12

图10-13

09 选择横排文字工具T，在适当的位置输入需要的文字并选取文字。在“字符”面板中将“颜色”选项设为白色（255,255,255），其他选项的设置如图10-14所示，按Enter键确认操作，效果如图10-15所示，“图层”面板中会生成新的文字图层。选择横排文字工具T，选取文字“48小时内88折”，在“字符”面板中的设置如图10-16所示，效果如图10-17所示。

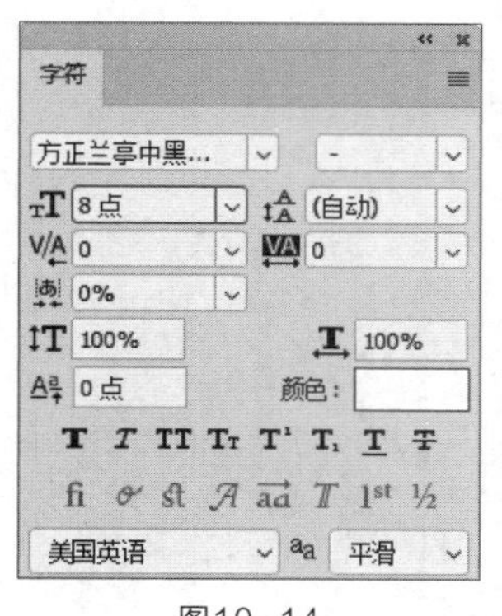

图10-14

图10-15

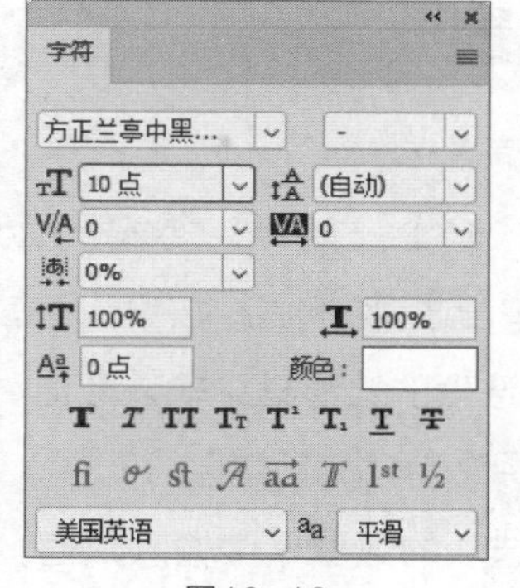

图10-16

图10-17

10 选择“文件 > 置入嵌入图片”命令，会弹出“置入嵌入的图片”对话框。分别选择本书学习资源中的“Ch10\素材\制作服装饰品App首页Banner\02、03”文件，单击“置入”按钮，分别将02和03图像置入到图像窗口中，并拖曳到适当的位置，按Enter键确认操作，效果如图10-18所示，“图层”面板中会生成两个新的图层，将其分别命名为“人物1”“人物2”。服装饰品App首页Banner制作完成。

图10-18

10.1.2 输入水平、垂直文字

选择横排文字工具，或反复按Shift+T快捷键切换到该工具，其属性栏状态如图10-19所示。

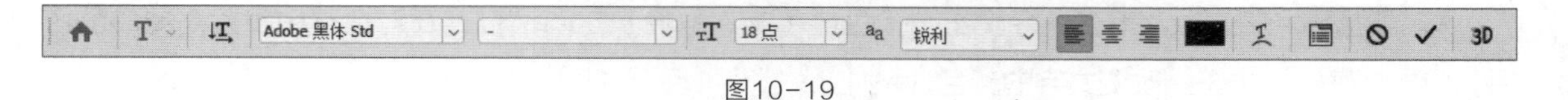

图10-19

：用于切换文字输入的方向。：用于设置文字的字体及属性。：用于设置文字的大小。：用于设置消除文字锯齿的方式，包括无、锐利、犀利、浑厚和平滑等。：用于设置文字的段落格式，分别是左对齐、居中对齐和右对齐。：用于设置文字的颜色。：用于对文字进行变形操作。：用于打开“段落”面板和“字符”面板。：用于取消对文字的操作。：用于确定对文字的操作。：用于从文本图层创建3D对象。

选择直排文字工具，可以在图像中建立纵向文本，其工具属性栏和横排文字工具属性栏的功能基本相同，这里不再赘述。

10.1.3 创建文字形状选区

横排文字蒙版工具：可以在图像中建立横向文本的选区，其工具属性栏和横排文字工具属性栏的功能基本相同，这里不再赘述。

直排文字蒙版工具：可以在图像中建立纵向文本的选区，其工具属性栏和横排文字工具属性栏的功能基本相同，这里不再赘述。

10.1.4 字符设置

“字符”面板用于编辑文本字符。

选择“窗口 > 字符”命令，会弹出“字符”面板，如图10-20所示。

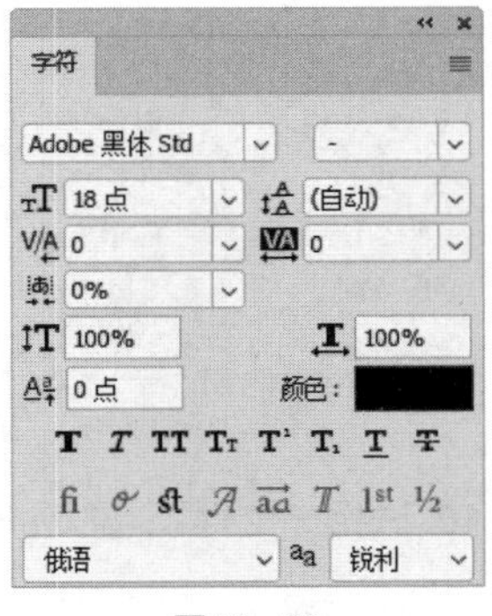

图10-20

Adobe 黑体 Std：单击选项右侧的按钮，可在其下拉列表中选择字体。

18 点：在选项的数值框中输入数值，或单击选项右侧的按钮，在其下拉列表中选择文字大小的数值。

(自动)：在选项的数值框中输入数值，或单击选项右侧的按钮，在其下拉列表中选择需要的行距数值，可以调整文本段落的行距。

V/A 0：在两个字符间插入鼠标指针，在选项的数值框中输入数值，或单击选项右侧的按钮，在其下拉列表中选择需要的字距数值。输入正值时，字符的间距加大；输入负值时，字符的间距缩小。

VA 0：在选项的数值框中输入数值，或单击选项右侧的按钮，在其下拉列表中选择字距数值，可以调整文本段落的字距。输入正值时，字距加大；输入负值时，字距缩小。

0%：在选项的下拉列表中选择百分比数值，可以对所选字符的比例间距进行细微的调整。

100%：在选项的数值框中输入数值，可以调整字符的高度。

100%：在选项的数值框中输入数值，可以调整字符的宽度。

0 点：选中字符，在选项的数值框中输入数值，可以上下移动字符。输入正值时，使横排字符上移，使直排的字符右移；输入负值时，使水平字符下移，使直排的字符左移。

颜色：在图标上单击，会弹出“拾色器（文本颜色）”对话框，在对话框中设置需要的颜色后，单击“确定”按钮，改变文字的颜色。

T T TT Tr T' T, T T：从左到右依次为“仿粗体”按钮、“仿斜体”按钮、“全部大写字母”按钮、“小型大写字母”按钮、“上标”按钮、“下标”按钮、“下划线”按钮和“删除线”按钮。

俄语：单击选项右侧的按钮，在其下拉列表中选择需要的语言，主要用于拼写检查和连字的设置。

锐利：用于设置消除文字锯齿的方式，包括无、锐利、犀利、浑厚和平滑等。

10.1.5 输入段落文字

建立段落文字图层就是以段落文字框的方式建立文字图层。

选择横排文字工具，将鼠标指针移动到图像窗口中，鼠标指针变为形状。拖曳鼠标，在图像窗口中创建一个段落定界框，如图10-21所示。直接输入需要的文字，效果如图10-22所示。段落定界框具有自动换行的功能，如果输入的文字较多，则当文字遇到定界框时，会自动换到下一行。

如果输入的文字需要分段落，可以按Enter键进行操作。此外，还可以对定界框进行旋转、拉伸等操作。

图10-21

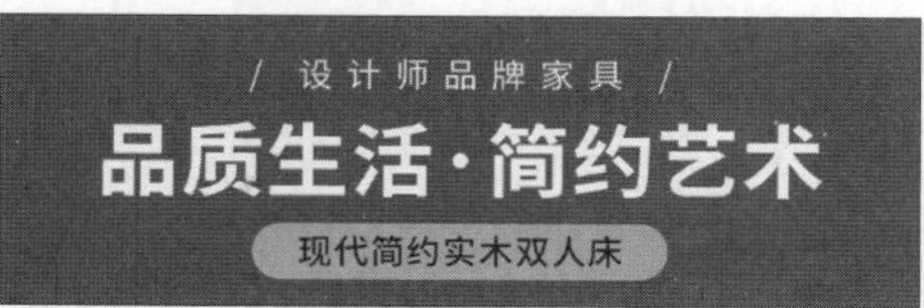

图10-22

10.1.6 段落设置

“段落”面板用于编辑文本段落。

选择“窗口 > 段落”命令，会弹出“段落”面板，如图10-23所示。

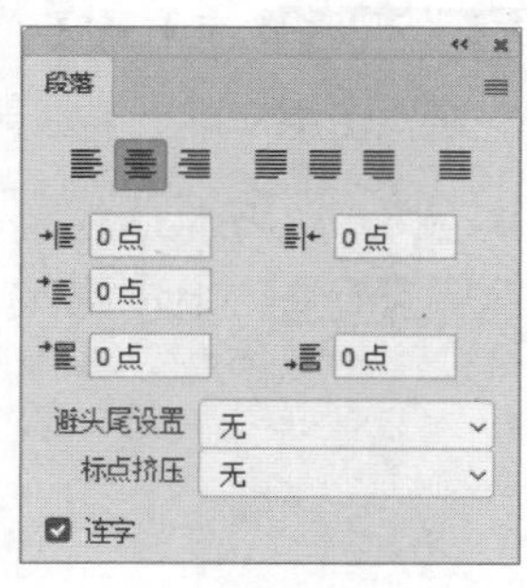

图10-23

按钮：用于调整段落中所有行的对齐方式，包括左对齐、居中对齐、右对齐。

按钮：用于调整段落的对齐方式，除最后一行外的所有行两端对齐，最后一行左对齐、居中对齐、右对齐。

按钮：用于设置整个段落中所有行两端对齐。

0点：在选项中输入数值可以设置段落左端的缩进量。

0点：在选项中输入数值可以设置段落右端的缩进量。

0点：在选项中输入数值可以设置段落第一行左端的缩进量。

0点：在选项中输入数值可以设置当前段落与前一段落的距离。

0点：在选项中输入数值可以设置当前段落与后一段落的距离。

避头尾设置、标点挤压：用于设置段落的避头尾和间距组合的方式。

连字：用于确定文字是否用连字符连接。

10.1.7 栅格化文字

“图层”面板如图10-24所示。选择“文字 > 栅格化文字图层”命令，可以将文字图层转换为图像图层，如图10-25所示。也可在“图层”面板中的文字图层上右击，在弹出的菜单中选择“栅格化文字”命令。

图10-24

图10-25

10.1.8 载入文字选区

按住Ctrl键的同时单击文字图层的缩览图，即可载入文字选区。

10.2 创建变形与路径文字

在Photoshop中可以应用创建变形文字与路径文字制作出多样的文字效果。

10.2.1 课堂案例——制作餐厅招牌面宣传单

案例学习目标 学习使用路径文字制作餐厅招牌面宣传文字。

案例知识要点 使用椭圆工具、横排文字工具和“字符”面板制作路径文字，使用横排文字工具和矩形工具添加其他相关信息，最终效果如图10-26所示。

效果所在位置 Ch10\效果\制作餐厅招牌面宣传单.psd。

图10-26

01 按Ctrl+O快捷键，打开本书学习资源中的“Ch10\素材\制作餐厅招牌面宣传单\01、02”文件。选择移动工具，将“02”图像拖曳到“01”图像窗口中适当的位置，效果如图10-27所示，“图层”面板中会生成新的图层，将其命名为“面”。

02 单击“图层”面板下方的“添加图层样式”按钮，在弹出的菜单中选择“投影”命令，会弹出对话框，选项的设置如图10-28所示，单击“确定”按钮，效果如图10-29所示。

图10-27

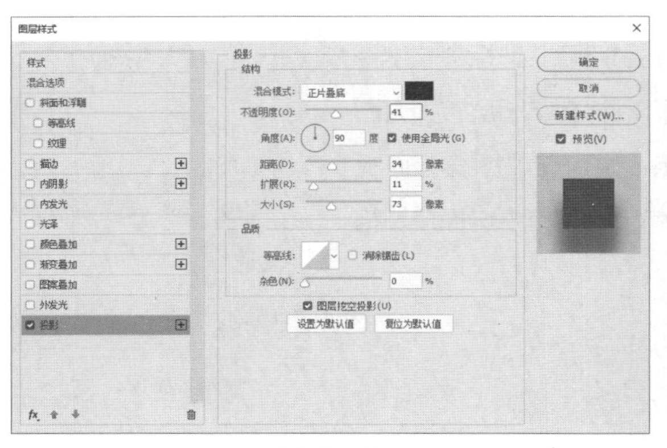

图10-28

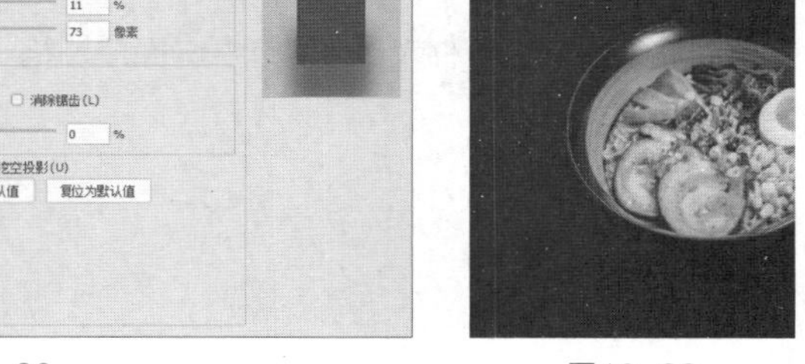

图10-29

03 选择椭圆工具，在属性栏的“选择工具模式”下拉列表中选择“路径”选项，在图像窗口中绘制一个椭圆形路径，效果如图10-30所示，“图层”面板中会生成新的形状图层“椭圆1”。

04 选择横排文字工具 T.，将鼠标指针放置在路径上时会变为 形状，单击进入文字输入状态，输入需要的文字并选取文字，在属性栏中选择合适的字体并设置大小，效果如图10-31所示，“图层”面板中会生成新的文字图层。

图10-30

图10-31

05 选取文字，按Ctrl+T快捷键弹出“字符”面板，选项的设置如图10-32所示，效果如图10-33所示。选取文字“半筋半肉面”，在属性栏中设置文字大小，效果如图10-34所示。

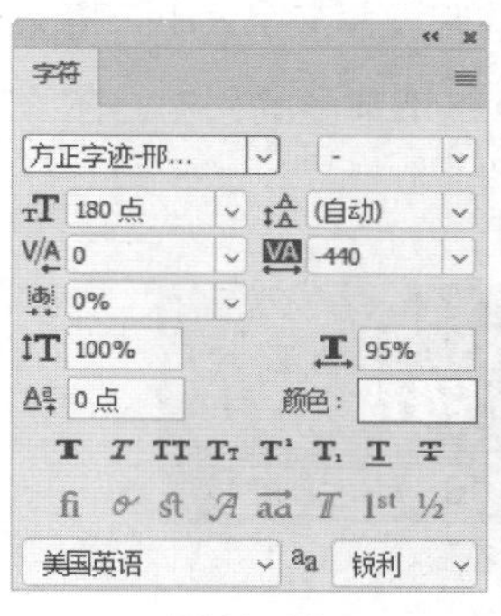

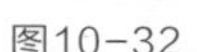
图10-32

图10-33

图10-34

06 在文字“肉”右侧单击插入鼠标指针，在“字符”面板中将两个字符间的字距 V/A 0 设置为60，如图10-35所示，效果如图10-36所示。用上述的方法制作其他路径文字，效果如图10-37所示。

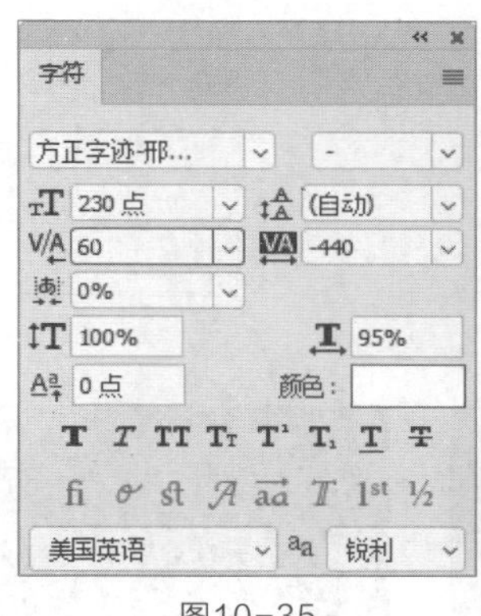

图10-35

图10-36

图10-37

07 按Ctrl+O快捷键，打开本书学习资源中的“Ch10\素材\制作餐厅招牌面宣传单\03”文件。选择移动工具 ，将“03”图像拖曳到“01”图像窗口中适当的位置，效果如图10-38所示，“图层”面板中会生成新的图层，将其命名为“筷子”。

08 选择横排文字工具 T.，在适当的位置输入需要的文字并选取文字，在属性栏中选择合适的字体并设置文字大小，将文本颜色设为浅棕色（209,192,165），“图层”面板中会生成新的文字图层。在“字符”面板中，选项的设置如图10-39所示，效果如图10-40所示。

图10-38

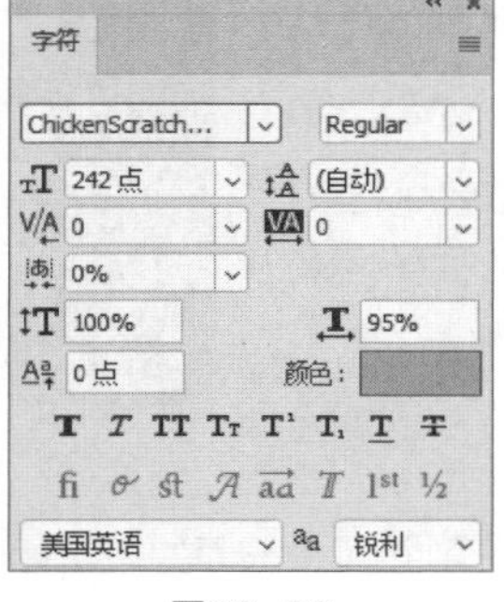

图10-39

图10-40

09 再次分别输入需要的文字并选取文字，在属性栏中选择合适的字体并设置文字大小，将文本颜色设为白色，效果如图10-41所示，“图层”面板中会生成新的文字图层。选取需要的文字，在“字符”面板中将字距设置为75，效果如图10-42所示。

图10-41

图10-42

10 选取数字“400-78**89**”，在“字符”面板中选择合适的字体并设置大小，如图10-43所示，效果如图10-44所示。选取符号“**”，在“字符”面板中设置基线偏移为-15，效果如图10-45所示。用相同的方法调整另一组符号的基线偏移，效果如图10-46所示。

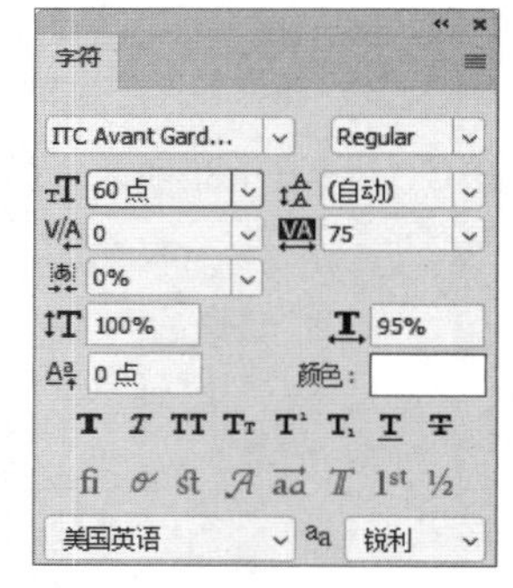

图10-43

图10-44

图10-45

图10-46

11 选择横排文字工具，在适当的位置输入需要的文字并选取文字。在“字符”面板中，将“颜色”设为浅棕色（209,192,165），将字距设置为340，其他选项的设置如图10-47所示，效果如图10-48所示，“图层”面板中会生成新的文字图层。

12 选择矩形工具，在属性栏的“选择工具模式”下拉列表中选择“形状”选项，将“填充”颜色设为浅棕色（209,192,165），“描边”颜色设为“无颜色”，在图像窗口中绘制一个矩形，效果如图10-49所示，“图层”面板中会生成新的形状图层“矩形1”。

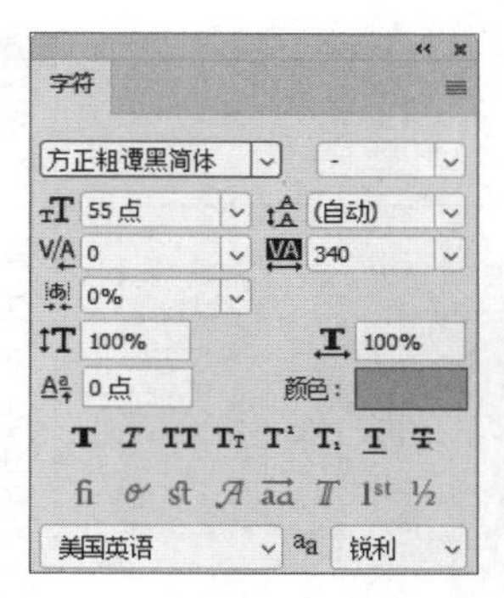

图10-47　　图10-48　　图10-49

13 选择横排文字工具 T，在适当的位置输入需要的文字并选取文字。在“字符”面板中，将“颜色”设为黑色，将字距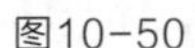设置为340，其他选项的设置如图10-50所示，效果如图10-51所示，“图层”面板中会生成新的文字图层。餐厅招牌面宣传单制作完成，效果如图10-52所示。

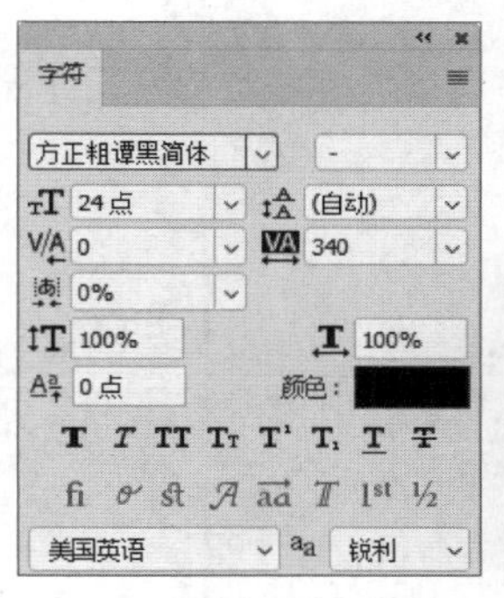

图10-50　　图10-51　　图10-52

10.2.2 变形文字

文字工具属性栏中的“创建文字变形”按钮可以对文字进行多种样式的变形，如扇形、旗帜、波浪、膨胀、扭转等。

1. 制作扭曲变形文字

打开一幅图像。选择横排文字工具 T，在属性栏中设置文字的属性，如图10-53所示，将鼠标指针移动到图像窗口中，鼠标指针将变成 I 状态。在图像窗口中单击，此时出现一个文字的插入点，输入需要的文字，效果如图10-54所示，“图层”面板中会生成新的文字图层。

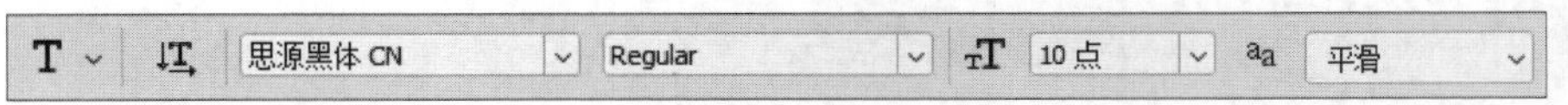

图10-53

图10-54

单击属性栏中的“创建文字变形”按钮 ，会弹出“变形文字”对话框，如图10-55所示，其中“样式”选项中有15种文字变形效果，如图10-56所示。

应用不同的样式可得到文字的多种变形效果，如图10-57所示。

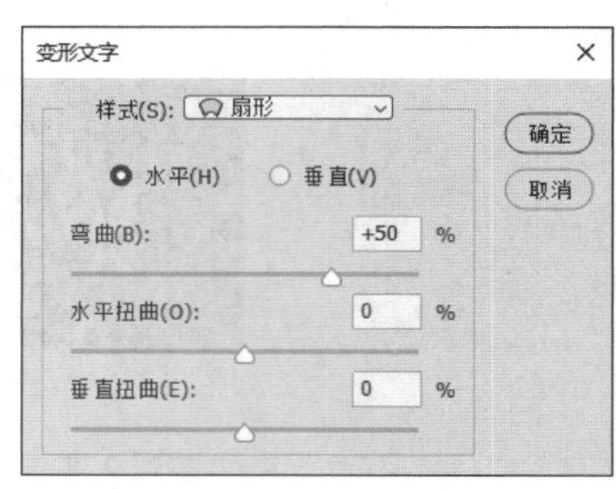

图10-55

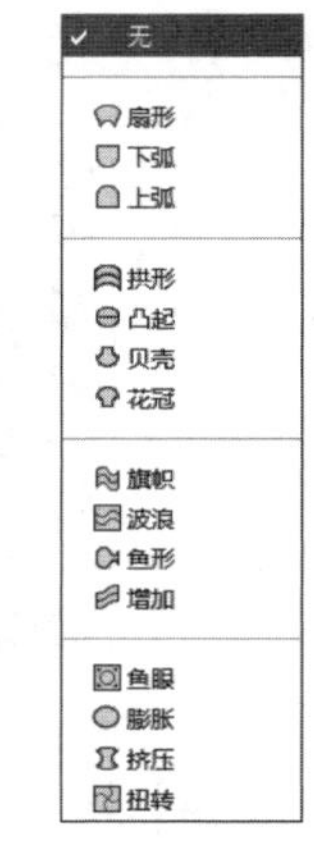

图10-56

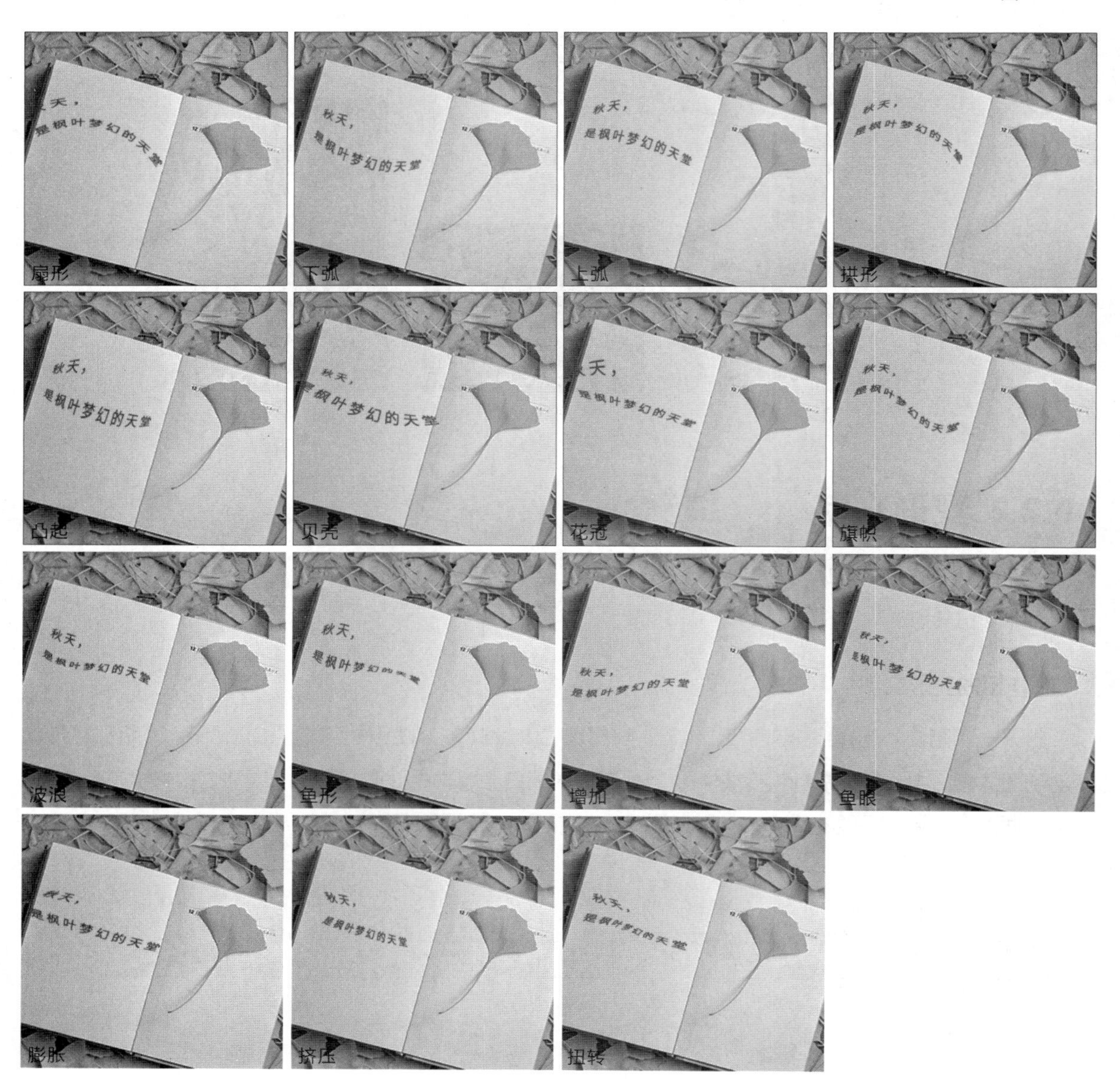

图10-57

2. 设置变形选项

如果要修改文字的变形效果，可以调出“变形文字”对话框，在对话框中重新设置样式或更改当前应用样式的数值。

3. 取消文字变形效果

如果要取消文字的变形效果，可以调出“变形文字”对话框，在“样式”下拉列表中选择“无”选项。

10.2.3 路径文字

在Photoshop中可以将文字建立在路径上，并应用路径对文字进行调整。

1. 在路径上创建文字

选择钢笔工具，在图像中绘制一条路径，如图10-58所示。选择横排文字工具T，将鼠标指针放在路径上，鼠标指针将变为形状，如图10-59所示，单击路径，出现闪烁的鼠标指针，此处为输入文字的起点。输入的文字会沿路径排列，效果如图10-60所示。

图10-58

图10-59

图10-60

文字输入完成后，“路径”面板中会自动生成文字路径层，如图10-61所示。取消“视图 > 显示额外内容”命令的被选中状态，可以隐藏文字路径，如图10-62所示。

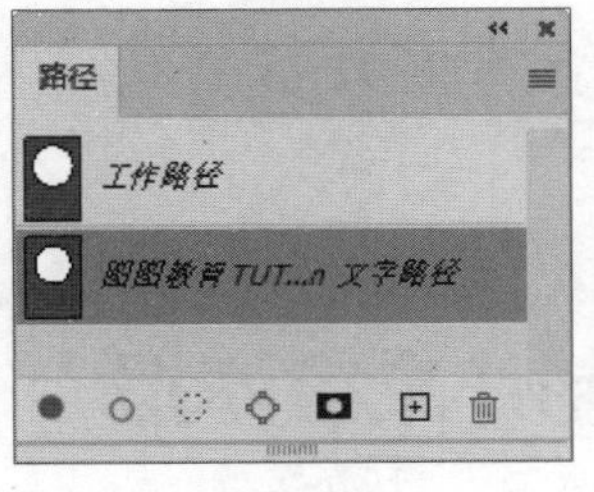

图10-61

图10-62

提示 “路径”面板中的文字路径层与“图层”面板中相对的文字图层是相链接的，删除文字图层时，文字路径层会自动被删除。如果要修改文字的排列形状，需要对文字路径进行修改。

2. 在路径上移动文字

选择路径选择工具，将鼠标指针放置在路径文字上，鼠标指针显示为形状，如图10-63所示，沿着路径拖曳鼠标，可以移动文字，效果如图10-64所示。

3. 在路径上翻转文字

选择路径选择工具▶，将鼠标指针放置在文字上，鼠标指针显示为▶形状，如图10-65所示，将文字向路径内侧拖曳，可以沿路径翻转文字，效果如图10-66所示。

图10-63

图10-64

图10-65

图10-66

4. 修改排列形态

选择直接选择工具▷，在路径上单击，路径上显示出控制手柄，拖曳控制手柄可修改路径的形状，如图10-67所示，文字会按照修改后的路径排列，效果如图10-68所示。

图10-67

图10-68

课堂练习——制作霓虹字

练习知识要点 用横排文字工具输入文字，使用文字工具属性栏中的“创建文字变形”按钮制作变形文字，使用图层样式为文字添加特殊效果，最终效果如图10-69所示。

效果所在位置 Ch10\效果\制作霓虹字.psd。

图10-69

课后习题——制作文字海报

习题知识要点 使用“置入嵌入对象”命令添加素材图片，使用横排文字工具、直排文字工具和“字符”面板输入并编辑文字，最终效果如图10-70所示。

效果所在位置 Ch10\效果\制作文字海报.psd。

图10-70

第 11 章

通道与蒙版

本章介绍

本章主要介绍Photoshop中通道与蒙版的使用方法。通过学习本章内容，可以掌握通道的基本操作和计算方法，以及各种蒙版的创建和使用技巧，从而快速、准确地创作出精美的图像。

学习目标

- 掌握通道、蒙版的使用方法和通道的计算方法。
- 熟练掌握图层蒙版的使用技巧。
- 掌握剪贴蒙版和矢量蒙版的创建方法。

技能目标

- 掌握“婚纱摄影类运营海报”的制作方法。
- 掌握“化妆品网站详情页主图”的制作方法。
- 掌握“服装类App主页Banner”的制作方法。

11.1 通道的操作

应用“通道”面板可以对通道进行创建、复制、删除、分离、合并等操作。

11.1.1 课堂案例——制作婚纱摄影类运营海报

案例学习目标 学习使用“通道”面板等抠出婚纱。

案例知识要点 使用钢笔工具绘制选区，使用“通道”面板和“计算”命令抠出婚纱，使用“色阶”命令调整图片，使用移动工具添加文字素材，最终效果如图11-1所示。

效果所在位置 Ch11\效果\制作婚纱摄影类运营海报.psd。

图11-1

01 按Ctrl+O快捷键，打开本书学习资源中的“Ch11\素材\制作婚纱摄影类运营海报\01”文件，如图11-2所示。

02 选择钢笔工具，在属性栏的“选择工具模式”下拉列表中选择“路径”选项，沿着人物的轮廓绘制路径，绘制时要避开半透明的婚纱，如图11-3所示。继续绘制路径，效果如图11-4所示。

03 按Ctrl+Enter快捷键将路径转换为选区，如图11-5所示。单击“通道”面板下方的“将选区存储为通道”按钮，面板中会生成“Alpha 1”通道，将选区存储为通道。

图11-2

图11-3

图11-4

图11-5

04 选择“Alpha 1”通道，选择画笔工具，在属性栏中设置“不透明度”选项为25%，在属性栏中单击“点按可打开‘画笔预设’选取器”按钮，在弹出的面板中设置画笔大小和样式，如图11-6所示。设置前景色为黑色，在图像窗口中多次拖曳鼠标模糊边界，按Ctrl+D快捷键取消选区，效果如图11-7所示。在属性栏中单击“点按可打开‘画笔预设’选取器”按钮，在弹出的面板中设置画笔大小和样式，如图11-8所示。将前景色设为白色，再次拖曳鼠标绘制图像，如图11-9所示。

05 选择模糊工具，在属性栏中单击“点按可打开‘画笔预设’选取器”按钮，在弹出的面板中设置画笔大小和样式，如图11-10所示。在图像窗口中拖曳鼠标模糊人物与半透明婚纱的交界线。将“红”通道拖曳到面板下方的“创建新通道”按钮上复制通道，如图11-11所示。选择钢笔工具，在图像窗口中绘制路径，如图11-12所示。按Ctrl+Enter快捷键将路径转换为选区，效果如图11-13所示。

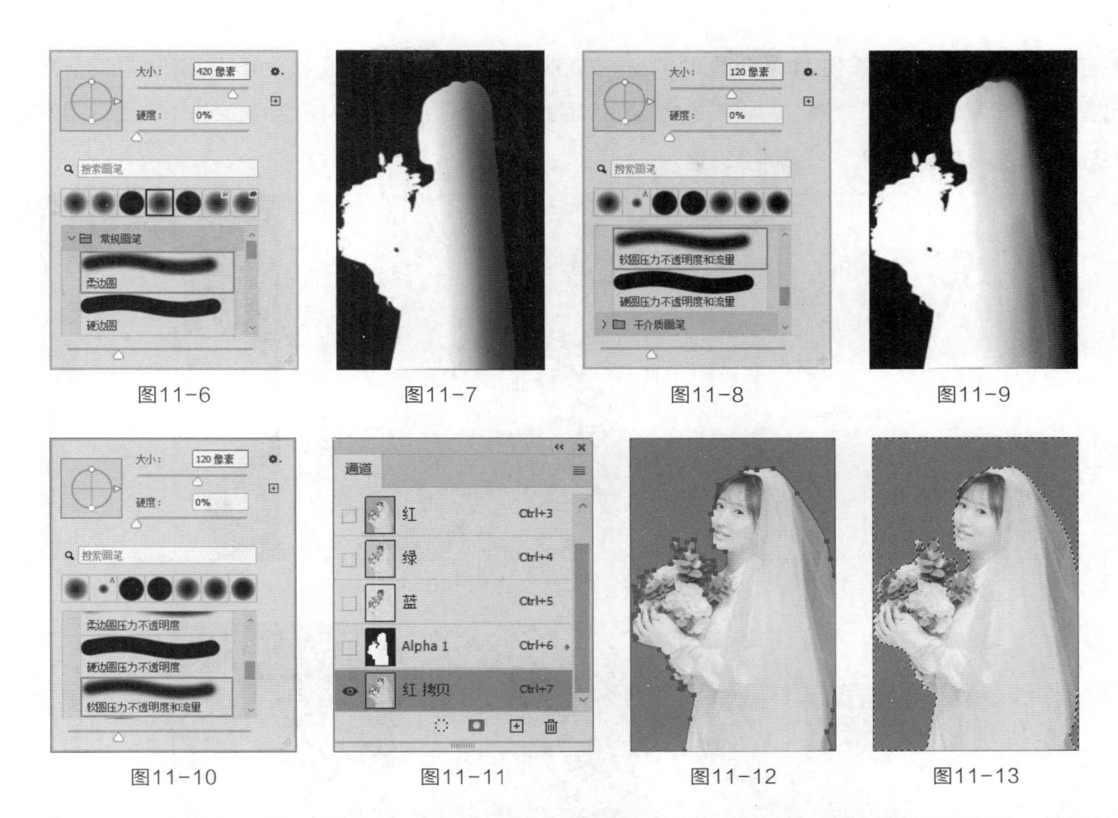

图11-6　图11-7　图11-8　图11-9

图11-10　图11-11　图11-12　图11-13

06 将前景色设为黑色，按Alt+Delete快捷键用前景色填充选区。按Ctrl+D快捷键取消选区，效果如图11-14所示。选择“图像 > 计算”命令，在弹出的对话框中进行设置，如图11-15所示，单击“确定”按钮，得到新的通道图像，效果如图11-16所示。

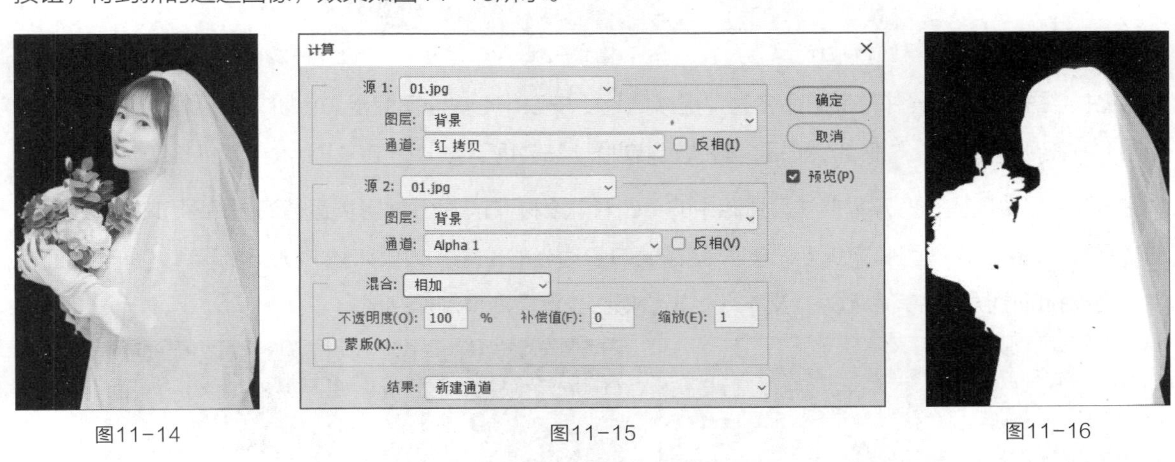

图11-14　图11-15　图11-16

07 选择“图像 > 调整 > 色阶”命令，在弹出的对话框中进行设置，如图11-17所示，单击“确定”按钮。按住Ctrl键的同时单击“Alpha2”通道的缩览图，如图11-18所示，载入婚纱选区，效果如图11-19所示。

08 单击“RGB”通道，显示彩色图像。单击“图层”面板下方的“添加图层蒙版”按钮，添加图层蒙版，如图11-20所示，抠出婚纱图像，效果如图11-21所示。

09 在“图层”面板中，按住Ctrl键的同时单击下方的“创建新图层”按钮⊞，会在当前图层的下方生成新的图层，将其命名为“背景”。将前景色设为灰色（142,153,165），按Alt+Delete快捷键用前景色填充背景图层，效果如图11-22所示。

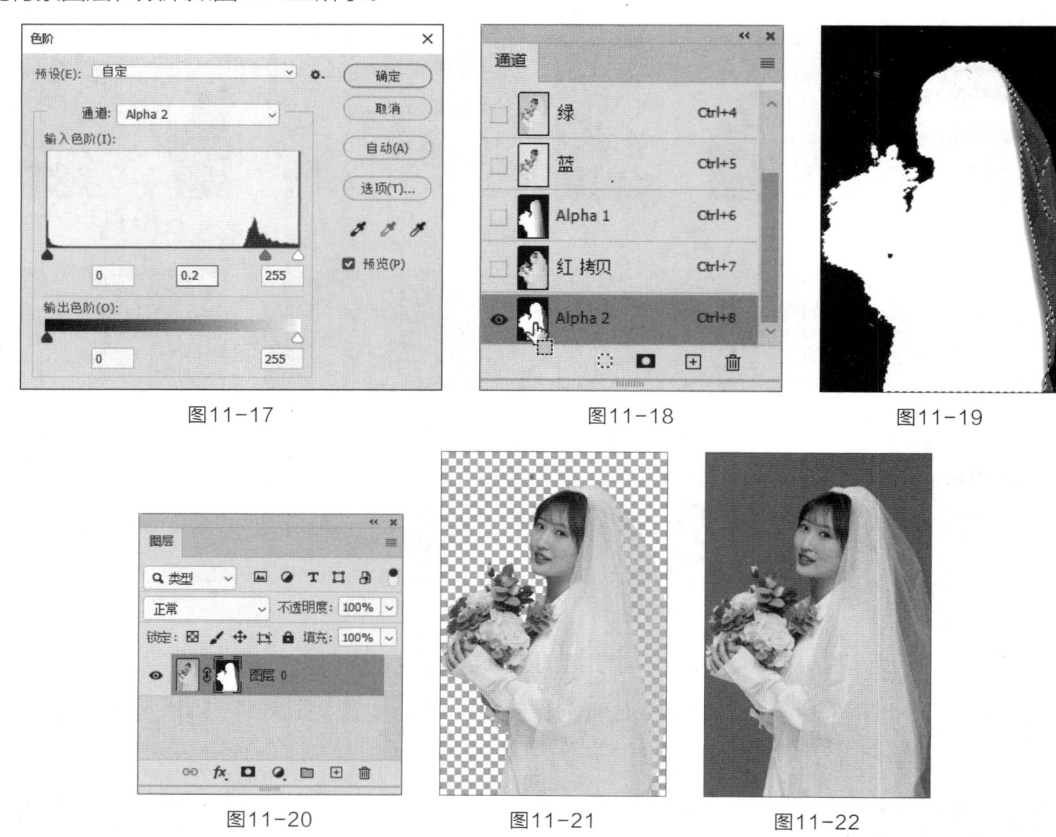

图11-17　图11-18　图11-19

图11-20　图11-21　图11-22

10 选中“图层0”图层并将其重命名为“婚纱照”。按Ctrl+L快捷键弹出“色阶”对话框，选项的设置如图11-23所示，单击“确定”按钮，图像效果如图11-24所示。

11 按Ctrl+O快捷键，打开本书学习资源中的“Ch11\素材\制作婚纱摄影类运营海报\02”文件。选择移动工具✥，将“02”图像拖曳到“01”图像窗口中适当的位置，效果如图11-25所示，“图层”面板中会生成新的图层，将其命名为“文字”。婚纱摄影类运营海报制作完成。

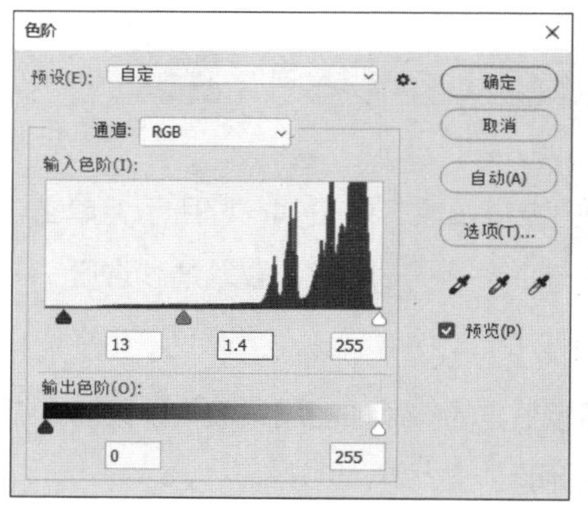

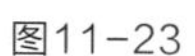
图11-23

图11-24

图11-25

11.1.2 “通道”面板

“通道”面板可以管理所有的通道并对通道进行编辑。

选择“窗口 > 通道”命令，会弹出“通道”面板，如图11-26所示。在面板中，放置区用于存放当前图像中存在的所有通道。在放置区中，如果选中的只是其中的一个通道，则只有这个通道上会出现灰色条。如果想选中多个通道，可以按住Shift键再单击其他通道。通道左侧的眼睛图标用于显示或隐藏颜色通道。

在“通道”面板的底部有4个工具按钮，如图11-27所示。

：用于将通道作为选择区域调出。**：**用于将选择区域存入通道中。**：**用于创建或复制新的通道。**：**用于删除图像中的通道。

图11-26

图11-27

11.1.3 创建新通道

在编辑图像的过程中，可以建立新的通道。

单击“通道”面板右上方的按钮，会弹出其面板菜单，选择“新建通道”命令，会弹出“新建通道”对话框，如图11-28所示。

名称：用于设置新通道的名称。**色彩指示：**用于选择色彩的指示区域。**颜色：**用于设置新通道的颜色。**不透明度：**用于设置新通道的不透明度。

单击“确定”按钮，“通道”面板中将创建一个新通道，即“Alpha 1”，面板如图11-29所示。

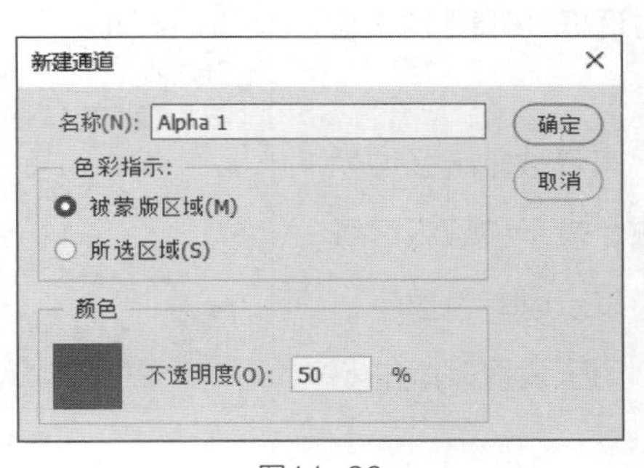

图11-28

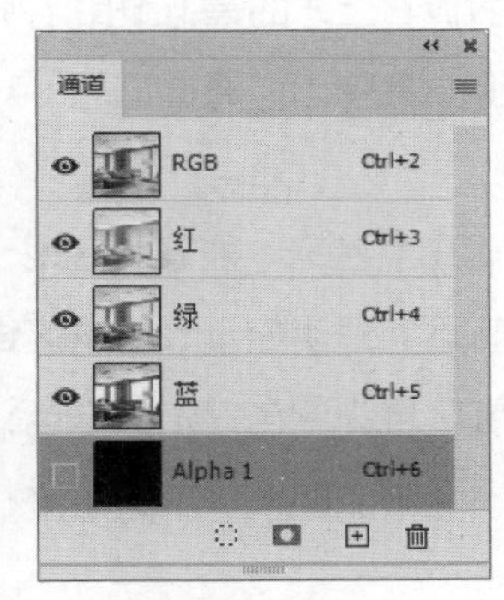

图11-29

单击“通道”面板下方的“创建新通道”按钮，也可以创建一个新通道。

11.1.4 复制通道

“复制通道”命令用于将现有的通道进行复制，产生相同属性的多个通道。

单击“通道”面板右上方的☰按钮，会弹出其面板菜单，选择“复制通道”命令，会弹出“复制通道”对话框，如图11-30所示。

为：用于设置复制出的新通道的名称。**文档：**用于设置复制通道的文件来源。

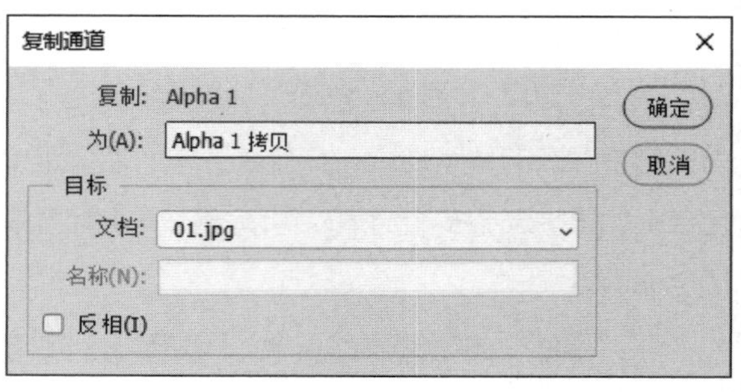

图11-30

将需要复制的通道拖曳到面板下方的“创建新通道”按钮⊞上，即可将所选的通道进行复制，得到一个新的通道。

11.1.5 删除通道

单击“通道”面板右上方的☰按钮，会弹出其面板菜单，选择“删除通道”命令，即可将通道删除。

单击“通道”面板下方的“删除当前通道”按钮🗑，会弹出提示对话框，如图11-31所示，单击“是”按钮，即可将通道删除。也可将需要删除的通道直接拖曳到“删除当前通道”按钮🗑上进行删除。

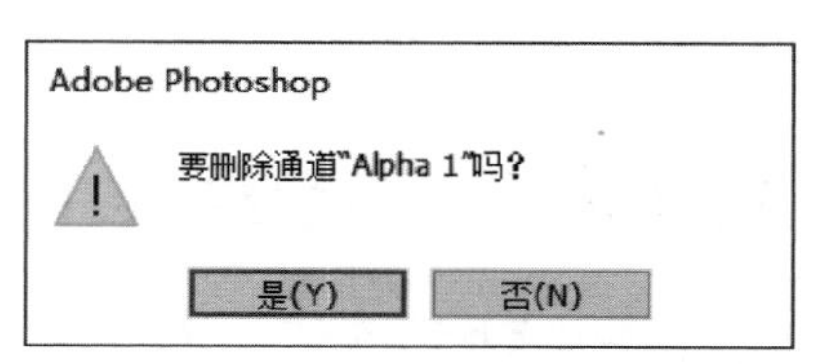

图11-31

11.1.6 通道选项

单击“通道”面板右上方的☰按钮，会弹出其面板菜单，选择“通道选项”命令，会弹出“通道选项”对话框，如图11-32所示。

名称：用于设置通道名称。**被蒙版区域：**表示被蒙版区域为深色显示，非蒙版区域为透明显示。**所选区域：**表示被蒙版区域为透明显示，非蒙版区域为深色显示。**专色：**表示以专色显示。**颜色：**用于设置填充蒙版的颜色。**不透明度：**用于设置蒙版的不透明度。

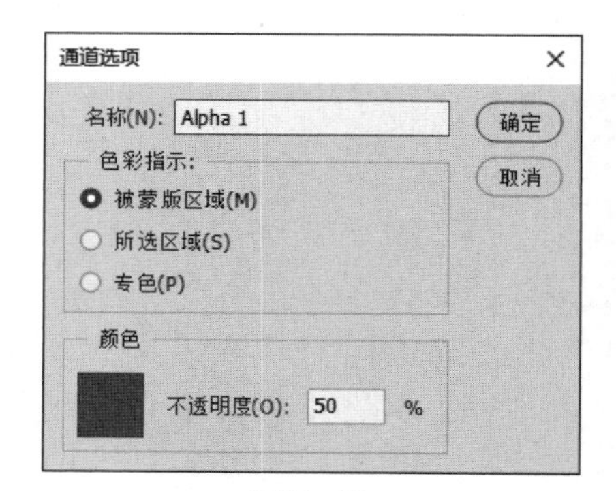

图11-32

11.1.7 专色通道

专色通道是指在CMYK 4色以外单独制作的通道，用来放置金色、银色或者一些特别要求的其他专色。

1．新建专色通道

单击“通道”面板右上方的≡按钮，会弹出其面板菜单，选择“新建专色通道”命令，会弹出“新建专色通道”对话框，如图11-33所示。

名称：用于设置新建通道的名称。**颜色：**用于选择专色的颜色。**密度：**用于输入专色的显示透明度，数值范围是0%~100%。

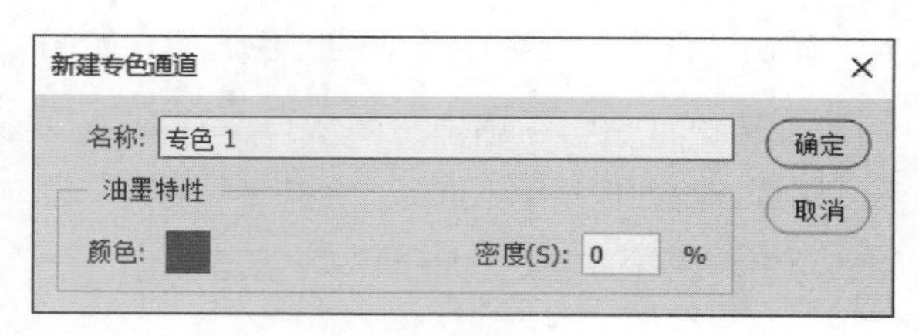

图11-33

2．绘制专色

单击“通道”面板中新建的专色通道。选择画笔工具，在属性栏中进行设置，如图11-34所示，在图像中进行绘制，效果如图11-35所示，“通道”面板如图11-36所示。

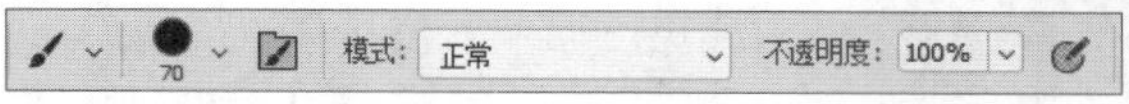

图11-34

图11-35

图11-36

提示 前景色为黑色，绘制的专色是完全的。前景色是其他中间色，绘制的专色是不同透明度的。前景色为白色，绘制的专色是透明的。

3．将新通道转换为专色通道

单击“通道”面板中的“Alpha 1”通道，如图11-37所示。单击“通道”面板右上方的≡按钮，会弹出其面板菜单，选择“通道选项”命令，会弹出“通道选项”对话框，选中“专色”单选项，其他选项的设置如图11-38所示。单击“确定”按钮，可将“Alpha 1”通道转换为专色通道，如图11-39所示。

图11-37

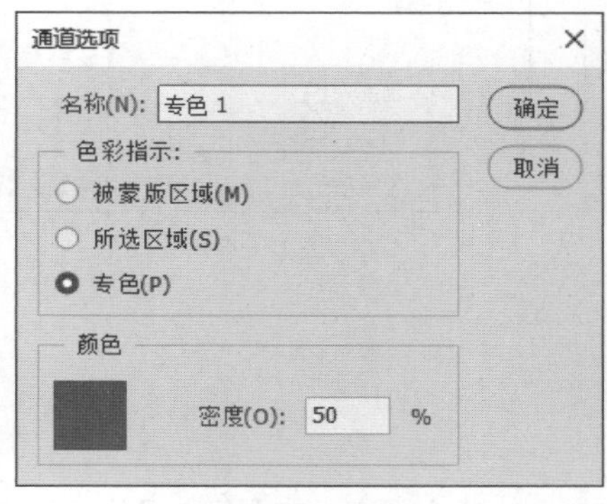

图11-38

图11-39

4. 合并专色通道

单击“通道”面板中新建的专色通道，如图11-40所示。单击“通道”面板右上方的≡按钮，会弹出其面板菜单，选择“合并专色通道”命令，可将专色通道合并，如图11-41所示。

图11-40

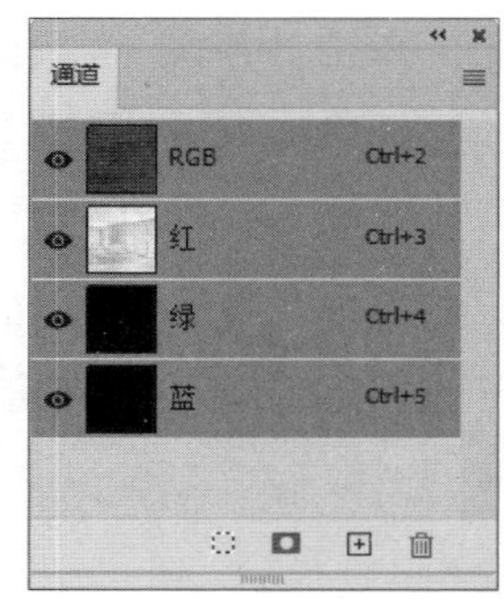

图11-41

11.1.8 分离与合并通道

打开一张图像，单击“通道”面板右上方的≡图标，会弹出其面板菜单，选择“分离通道”命令，可将图像中的每个通道分离成各自独立的8位灰度图像。图像原始效果如图11-42所示，分离后的效果如图11-43所示。

图11-42

图11-43

单击“通道”面板右上方的≡按钮，会弹出其面板菜单，选择“合并通道”命令，会弹出“合并通道”对话框，如图11-44所示。设置完成后单击“确定”按钮，会弹出“合并RGB通道”对话框，如图11-45所示，可以在选定的色彩模式中为每个通道指定一幅灰度图像。被指定的图像可以是同一幅图像，也可以是不同的图像，但这些图像的大小必须是相同的。在合并之前，所有要合并的图像都必须是打开的，尺寸要保持一致，且为灰度图像。单击“确定”按钮，效果如图11-46所示。

图11-44

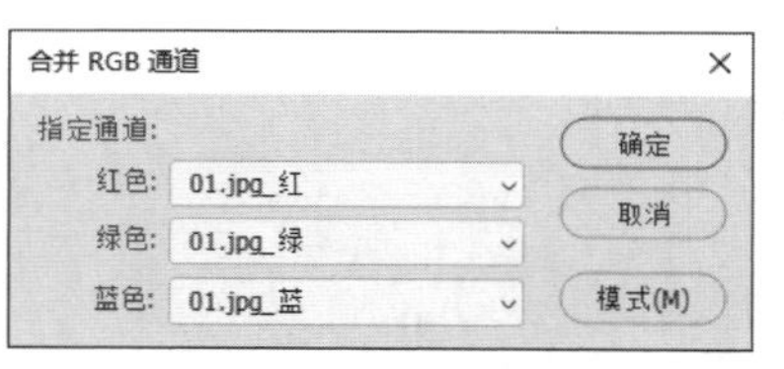

图11-45

图11-46

11.2 通道计算

通道计算可以按照各种合成方式合成两个通道中的图像，要进行通道计算的图像尺寸必须一致。

11.2.1 应用图像

选择“图像 > 应用图像”命令，会弹出“应用图像”对话框，如图11-47所示。

源：用于选择源文件。**图层：**用于选择源文件的图层。**通道：**用于选择源通道。**反相：**勾选后，在计算中使用通道内容的负片。**目标：**能显示出目标文件的名称、图层、通道及色彩模式等信息。**混合：**用于选择混合模式，即选择两个通道对应像素的计算方法。**不透明度：**用于设置图像的不透明度。**蒙版：**用于加入蒙版以限定选区。

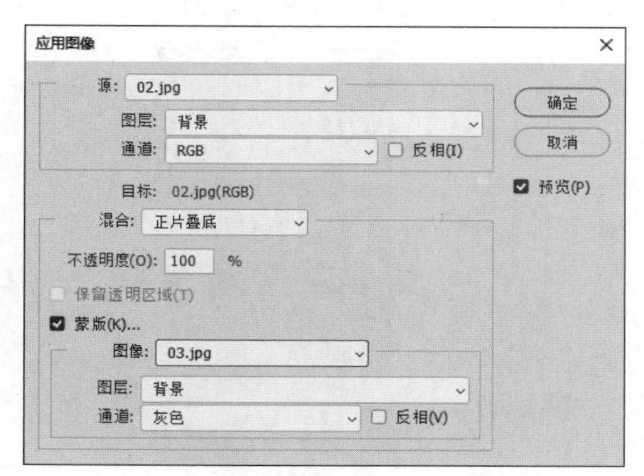

图11-47

提示

“应用图像”命令要求源文件与目标文件的尺寸必须相同，因为参加计算的两个通道内的像素是一一对应的。

打开两幅尺寸相同的图像，“02”图像和“03”图像，如图11-48和图11-49所示。在这两幅图像的“通道”面板中分别建立通道蒙版，其中黑色表示遮住的区域。选中这两幅图像的RGB通道，如图11-50和图11-51所示。

图11-48

图11-49

图11-50

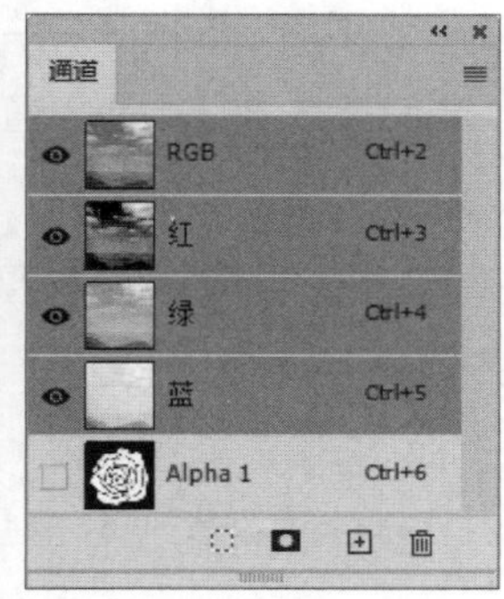

图11-51

选择“03”图像。选择“图像 > 应用图像”命令，会弹出“应用图像”对话框，具体设置如图11-52所示，单击“确定”按钮，这两幅图像混合后的效果如图11-53所示。

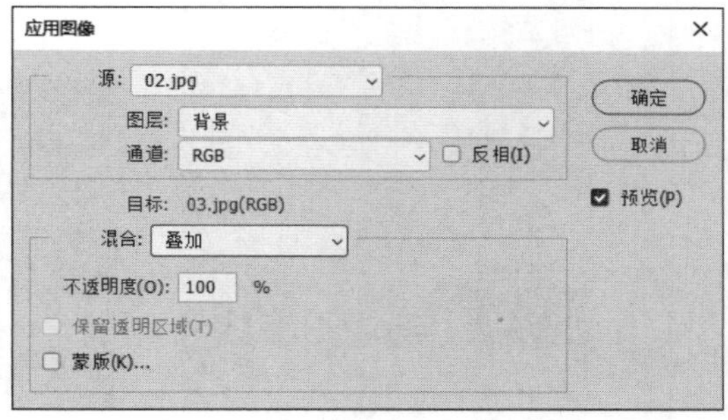

图11-52

图11-53

再次打开“应用图像”对话框，勾选“蒙版”复选框，显示其他选项，如图11-54所示。设置好后，单击“确定”按钮，这两幅图像混合后的效果如图11-55所示。

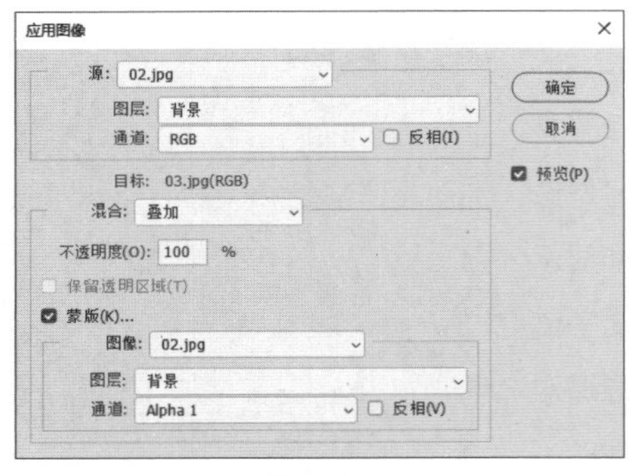

图11-54

图11-55

11.2.2 计算

选择“图像 > 计算”命令，会弹出“计算”对话框，如图11-56所示。

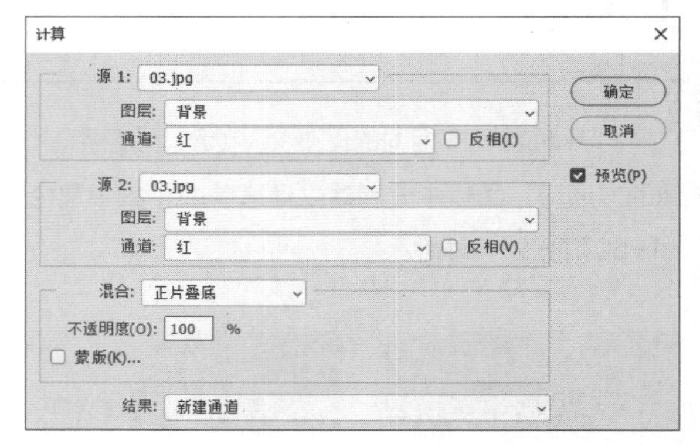

图11-56

第1个选项组的“源1”选项用于选择源文件1，“图层”选项用于选择源文件1的图层，“通道”选项用于选择源文件1的通道，“反相”选项勾选后会在计算中使用通道内容的负片。第2个选项组的“源2”“图层”“通道”选项分别用于选择源文件2、源文件2的图层和通道。第3个选项组的“混合”选项用于选择混合模式，“不透明度”选项用于设置不透明度。“结果”选项用于指定处理结果的存放位置。

选择“图像 > 计算”命令，会弹出“计算”对话框，具体设置如图11-57所示，单击“确定”按钮，两幅图像通道计算后的新通道如图11-58所示，图像效果如图11-59所示。

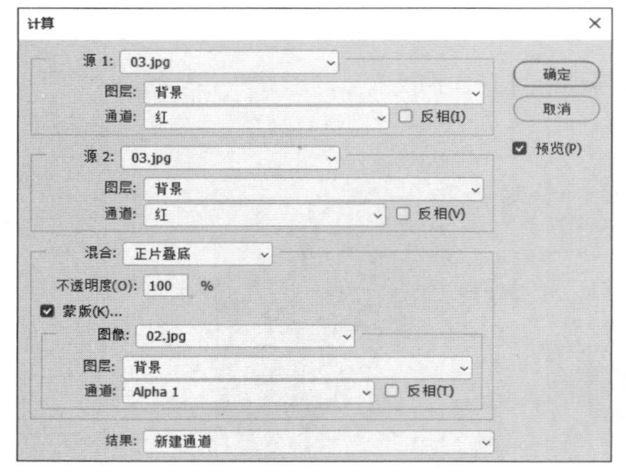

图11-57

图11-58

图11-59

提示 虽然“计算”命令与“应用图像”命令一样，都是对两个通道的相应内容进行计算处理，但是二者也有区别。用“应用图像”命令处理后的结果可作为源文件或目标文件使用；而用“计算”命令处理后的结果则存成一个通道，如存成Alpha通道，使其可转变为选区以供其他工具使用。

11.3 通道蒙版

11.3.1 快速蒙版的制作

打开一张图片，如图11-60所示。选择快速选择工具，在建筑上拖曳鼠标生成选区，如图11-61所示。

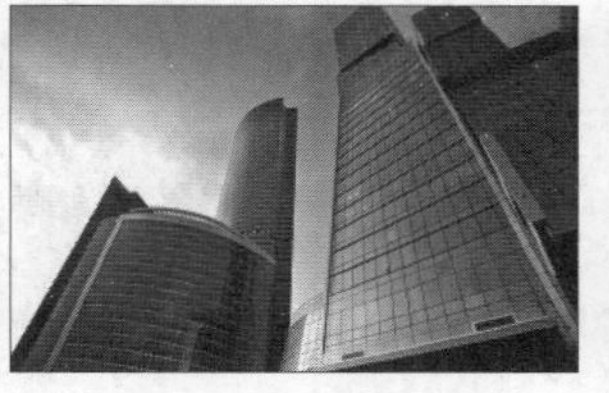

图11-60

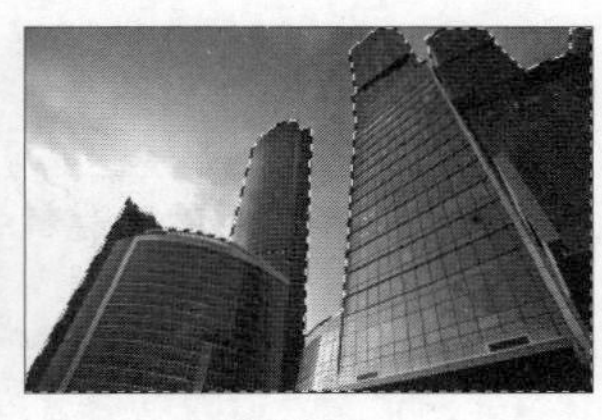

图11-61

单击工具箱下方的“以快速蒙版模式编辑”按钮，进入蒙版状态，选区暂时消失，图像的未被选择区域变为红色，如图11-62所示。“通道”面板中将自动生成快速蒙版，如图11-63所示，通道图像效果如图11-64所示。

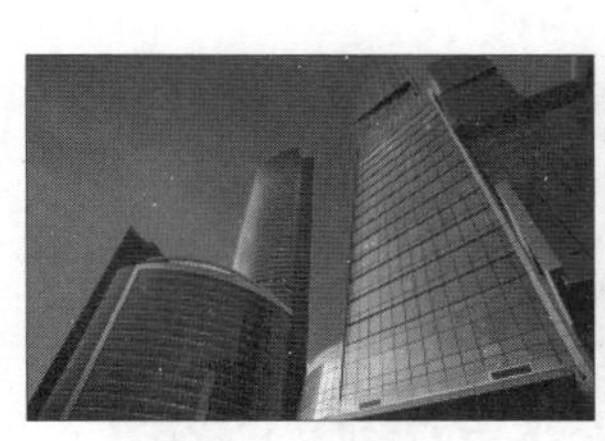

图11-62

通道
RGB Ctrl+2
红 Ctrl+3
绿 Ctrl+4
蓝 Ctrl+5
快速蒙版 Ctrl+6

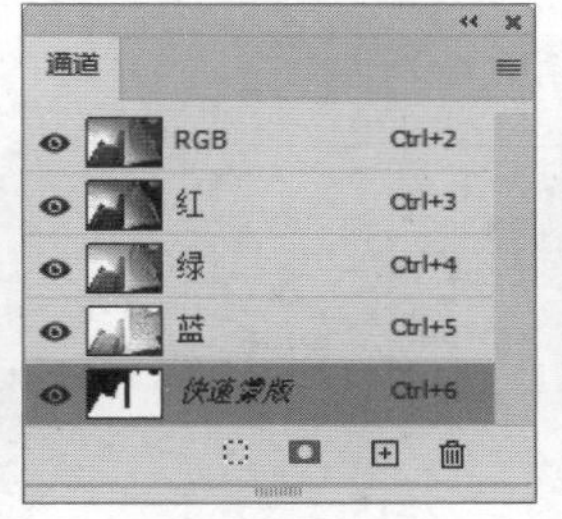

图11-63

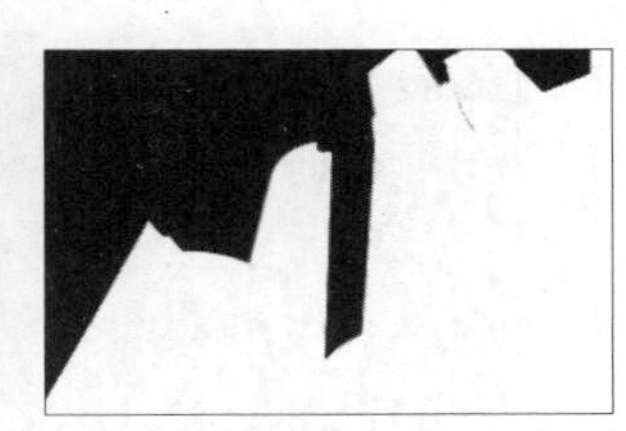

图11-64

提示 系统预设蒙版颜色为半透明的红色。

选择画笔工具，在属性栏中进行设置，如图11-65所示。将快速蒙版中需要的区域（右上方位置）绘制为白色，通道图像效果和“通道”面板如图11-66和图11-67所示。

48
模式：
正常

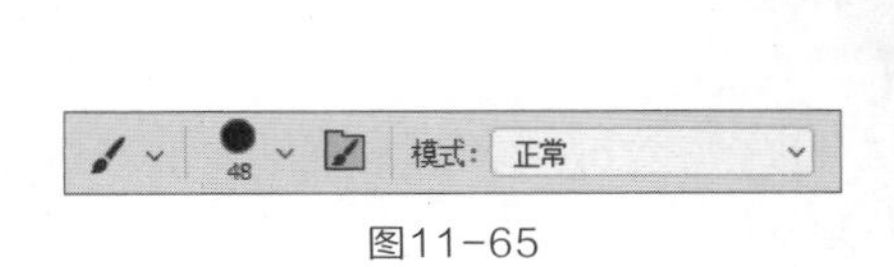

图11-65

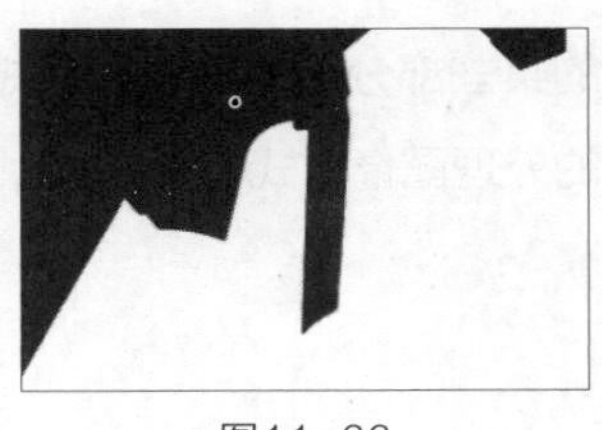

图11-66

通道
RGB Ctrl+2
红 Ctrl+3
绿 Ctrl+4
蓝 Ctrl+5
快速蒙版 Ctrl+6

图11-67

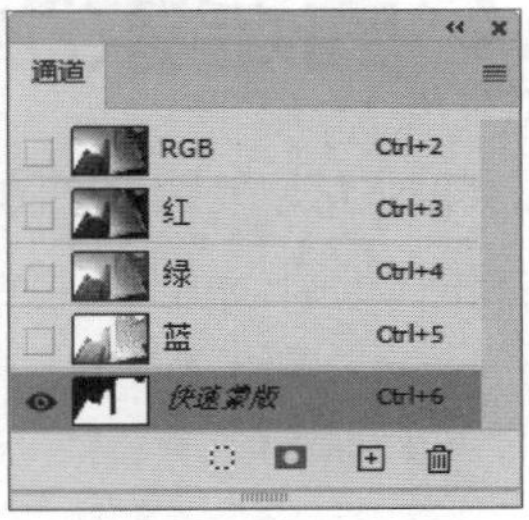

11.3.2 在Alpha通道中存储蒙版

在图像中绘制选区，如图11-68所示。选择“选择 > 存储选区”命令，会弹出“存储选区”对话框，具体设置如图11-69所示，单击“确定”按钮，或单击“通道”面板中的“将选区存储为通道”按钮，建立通道蒙版“建筑”，“通道”面板和通道图像如图11-70和图11-71所示。

图11-68

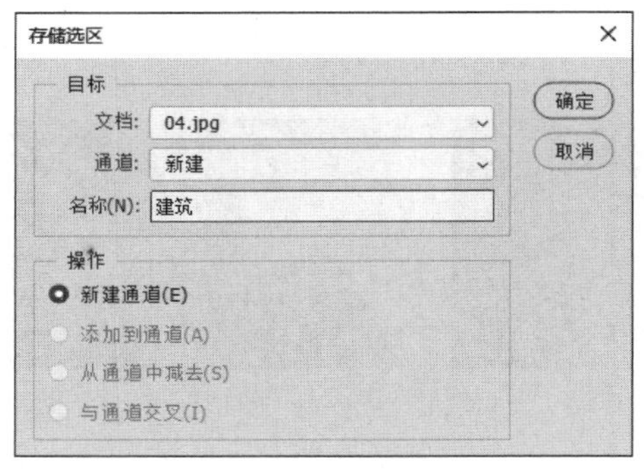

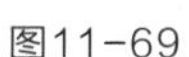

图11-69

图11-70

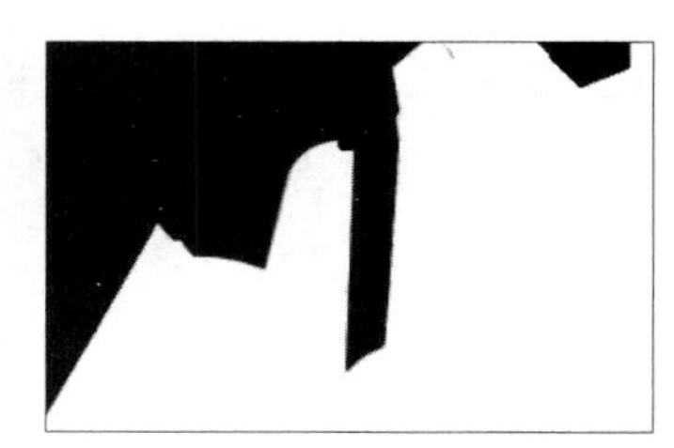

图11-71

将图像保存，再次打开图像时，选择“选择 > 载入选区”命令，会弹出“载入选区”对话框，具体设置如图11-72所示，单击“确定”按钮，或单击“通道”面板中的“将通道作为选区载入”按钮，将“建筑”通道作为选区载入，效果如图11-73所示。

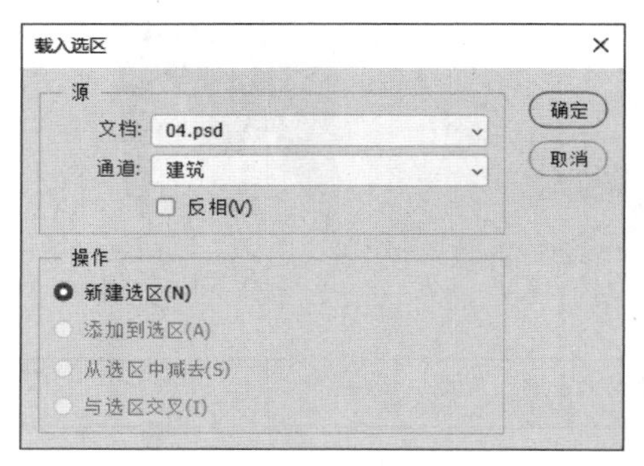

图11-72

图11-73

11.4 图层蒙版

图层蒙版可以使图层中图像的某些部分被处理成透明或半透明的效果，而且可以恢复已经处理过的图像，是Photoshop的一种独特的处理图像方式。

11.4.1 课堂案例——制作化妆品网站详情页主图

案例学习目标 学习使用混合模式和图层蒙版制作网站详情页主图。

案例知识要点 使用图层蒙版、椭圆工具和混合模式制作背景融合，使用“照片滤镜”命令调整背景颜色，使用图层蒙版和渐变工具制作化妆品投影，使用图层样式为化妆品添加外发光，使用移动工具添加相关素材，最终效果如图11-74所示。

效果所在位置 Ch11\效果\制作化妆品网站详情页主图.psd。

图11-74

01 按Ctrl+N快捷键，会弹出“新建文档”对话框，设置宽度为800像素，高度为800像素，分辨率为72像素/英寸，背景颜色为白色，单击“创建”按钮，新建一个文件。

02 选择渐变工具，单击属性栏中的“点按可编辑渐变”按钮，会弹出“渐变编辑器”对话框，在“色标”选项组中分别设置0%、100%两个位置点的“颜色”的RGB值为（169,109,65）、（0,0,0），如图11-75所示，单击“确定”按钮。单击属性栏中的“径向渐变”按钮，按住Shift键的同时在图像窗口中由中心向右拖曳鼠标填充渐变色，效果如图11-76所示。

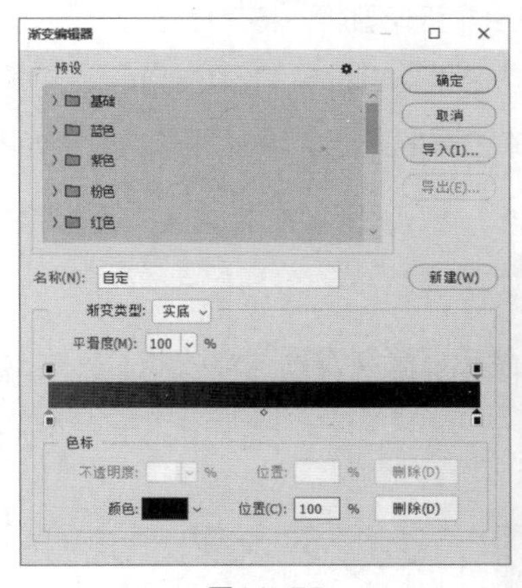

图11-75

图11-76

03 按Ctrl＋O快捷键，打开本书学习资源中的“Ch11\素材\制作化妆品网站详情页主图\01”文件。选择移动工具，将图片拖曳到新建的图像窗口中适当的位置，并调整其大小，效果如图11-77所示，“图层”面板中会生成新的图层，将其命名为“底光”。在“图层”面板上方，将“底光”图层的“不透明度”选项设为12%，如图11-78所示，效果如图11-79所示。

04 选择椭圆工具，在属性栏的“选择工具模式”下拉列表中选择“形状”选项，将“填充”颜色设为中黄色（226,192,67），“描边”颜色设为“无颜色”。在图像窗口中适当的位置拖曳鼠标绘制椭圆形，如图11-80所示，“图层”面板中会生成新的形状图层，将其命名为“镜面反光”。在“属性”面板中单击蒙版选项，具体设置如图11-81所示。在“图层”面板上方，将“镜面反光”图层的“不透明度”选项设为13%，如图11-82所示，效果如图11-83所示。

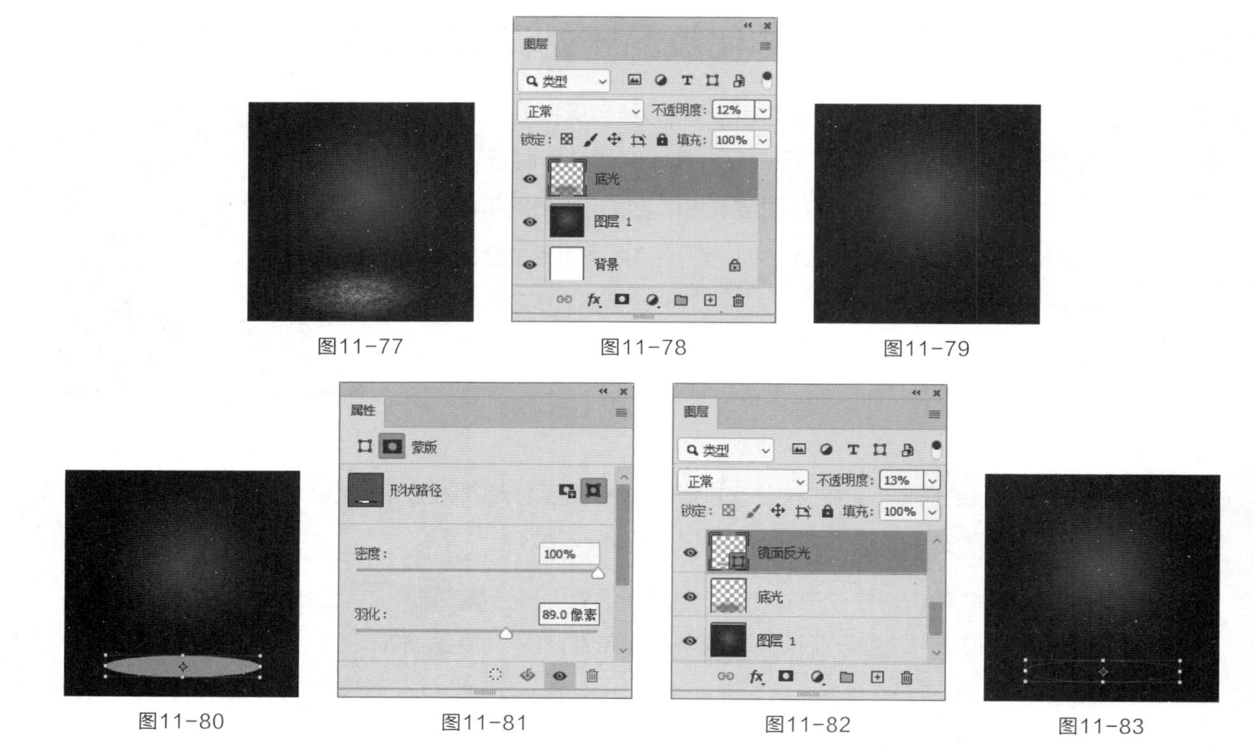

图11-77　图11-78　图11-79

图11-80　图11-81　图11-82　图11-83

05 单击“图层”面板下方的“创建新图层”按钮新建图层，将其命名为“圆光”。选择椭圆工具，在属性栏的“选择工具模式”下拉列表中选择“像素”选项，“不透明度”选项设为10%。将前景色设为白色，按住Shift键的同时在图像窗口中适当的位置拖曳鼠标绘制圆形，效果如图11-84所示。

06 使用上述的方法绘制其他圆形，效果如图11-85所示。在“图层”面板上方，将“圆光”图层的“不透明度”选项设为48%。

07 选择“滤镜 > 模糊 > 高斯模糊”命令，会弹出“高斯模糊”对话框，具体设置如图11-86所示，单击“确定”按钮，效果如图11-87所示。

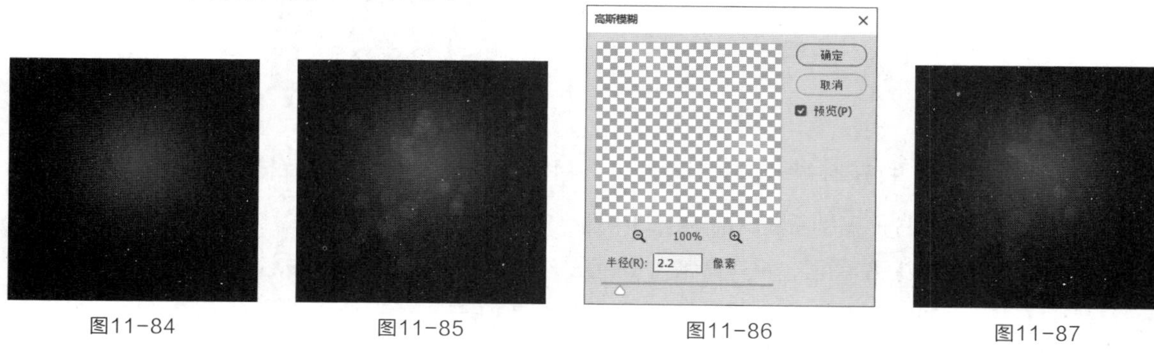

图11-84　图11-85　图11-86　图11-87

08 按Ctrl+O快捷键，打开本书学习资源中的“Ch11\素材\制作化妆品网站详情页主图\02”文件。选择移动工具，将图片拖曳到新建的图像窗口中适当的位置，并调整其大小，效果如图11-88所示，“图层”面板中会生成新的图层，将其命名为“点光”。在“图层”面板上方，将“点光”图层的混合模式选项设为“变亮”，效果如图11-89所示。

09 单击“图层”面板下方的“添加图层蒙版”按钮，为“点光”图层添加图层蒙版，如图11-90所示。选择画笔工具，在属性栏中单击“点按可打开‘画笔预设’选取器”按钮，在弹出的面板中选择需要的画笔形状。将前景色设为黑色，在图像窗口中拖曳鼠标，擦除不需要的图像，效果如图11-91所示。

图11-88

图11-89

图11-90

图11-91

10 单击“图层”面板下方的“创建新的填充或调整图层”按钮，在弹出的菜单中选择“照片滤镜”命令，“图层”面板中会生成“照片滤镜1”图层，同时弹出“属性”面板，具体设置如图11-92所示，按Enter键确认操作，效果如图11-93所示。

图11-92

图11-93

11 选择“文件 > 置入嵌入对象”命令，会弹出“置入嵌入的对象”对话框，选择本书学习资源中的“Ch11\素材\制作化妆品网站详情页主图\03”文件，单击“置入”按钮，将图片置入到图像窗口中适当的位置，并调整其大小，按Enter键确认操作，效果如图11-94所示，“图层”面板中会生成新的图层，将其命名为“香水”。

12 在“图层”面板中，将“香水”图层拖曳到下方的“创建新图层”按钮上进行复制，会生成新的图层“香水 拷贝”。按Ctrl+T快捷键，在图像周围会出现变换框，在变换框中右击，在弹出的菜单中选择垂直翻转命令，将图片垂直翻转，拖曳到适当的位置，按Enter键确认操作，效果如图11-95所示。

图11-94

图11-95

13 在“图层”面板中将“香水 拷贝”图层拖曳到“香水”图层的下方，单击“图层”面板下方的“添加图层蒙版”按钮，为“香水 拷贝”图层添加图层蒙版，如图11-96所示。

14 选择渐变工具，单击属性栏中的“点按可编辑渐变”按钮，会弹出“渐变编辑器”对话框，将渐变色设为从黑色到白色，单击“确定”按钮。单击属性栏中的“线性渐变”按钮，按住Shift键的同时在图像窗口中拖曳鼠标填充渐变色，效果如图11-97所示。

图11-96

图11-97

15 选中“香水”图层。单击“图层”面板下方的“添加图层样式”按钮，在弹出的菜单中选择“外发光”命令，会弹出“图层样式”对话框，设置“外发光”颜色为棕色（191,117,66），其他选项的设置如图11-98所示，单击“确定”按钮，效果如图11-99所示。

16 按Ctrl+O快捷键，打开本书学习资源中的“Ch11\素材\制作化妆品网站详情页主图\04”文件。选择移动工具，将图片拖曳到新建的图像窗口中适当的位置，效果如图11-100所示，“图层”面板中会生成新的图层，将其命名为“装饰”。化妆品网站详情页主图制作完成。

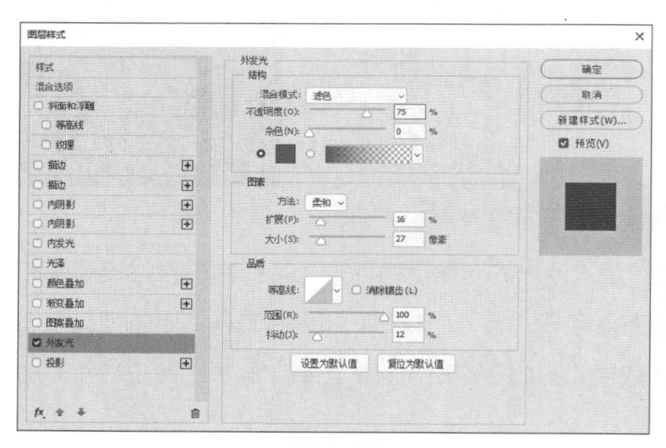

图11-98

图11-99

图11-100

11.4.2 添加图层蒙版

单击“图层”面板下方的“添加图层蒙版”按钮，可以创建图层蒙版，如图11-101所示；按住Alt键的同时单击“图层”面板下方的“添加图层蒙版”按钮，可以创建一个遮盖全部图层的蒙版，如图11-102所示。

选择“图层 > 图层蒙版 > 显示全部”命令，可以显示全部图像；选择“图层 > 图层蒙版 > 隐藏全部”命令，可以隐藏全部图像。

图11-101

图11-102

11.4.3 隐藏图层蒙版

按住Alt键的同时单击图层蒙版缩览图，图像窗口中的图像将被隐藏，只显示图层蒙版的内容，如图11-103所示，“图层”面板如图11-104所示。按住Alt键的同时再次单击图层蒙版缩览图，将恢复图像窗口中的图像效果。按住Shift+Alt组合键的同时单击图层蒙版缩览图，将同时显示图像和图层蒙版的内容。

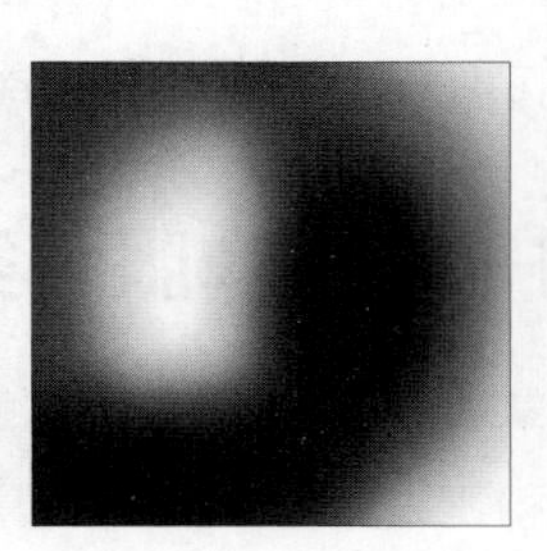
图11-103

图11-104

11.4.4 图层蒙版的链接

在“图层”面板中，图层缩览图与图层蒙版缩览图之间有链接图标，当图层图像与蒙版关联时，移动图像时蒙版会同步移动。单击链接图标，将不再显示此图标，可以分别对图像与蒙版进行操作。

11.4.5 停用及删除图层蒙版

在“通道”面板中，双击蒙版通道，会弹出“图层蒙版显示选项”对话框，如图11-105所示，可以对蒙版的颜色和不透明度进行设置。

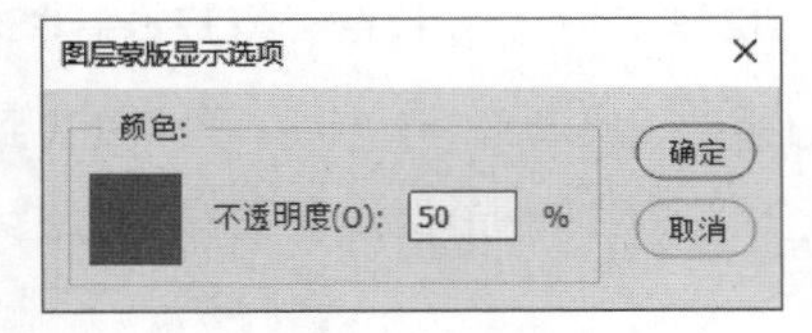

图11-105

选择“图层 > 图层蒙版 > 停用”命令，或按住Shift键的同时单击“图层”面板中的图层蒙版缩览图，图层蒙版被停用，如图11-106所示，图像将全部显示，如图11-107所示。按住Shift键的同时再次单击图层蒙版缩览图，将恢复图层蒙版效果，如图11-108所示。

图11-106

图11-107

图11-108

选择“图层 > 图层蒙版 > 删除”命令，或在图层蒙版缩览图上右击，在弹出的快捷菜单中选择“删除图层蒙版”命令，可以将图层蒙版删除。

11.5 剪贴蒙版与矢量蒙版

剪贴蒙版可使用某个图层的内容来遮盖其上方的图层，遮盖效果由基底图层的内容决定。矢量蒙版是用矢量图形创建的蒙版。它们不仅丰富了蒙版的类型，也为设计工作带来了便利。

11.5.1 课堂案例——制作服装类App主页Banner

案例学习目标 学习使用图层蒙版和剪贴蒙版制作服装App主页Banner。

案例知识要点 使用图层蒙版和剪贴蒙版制作照片，最终效果如图11-109所示。

效果所在位置 Ch11\效果\制作服装类App主页Banner.psd。

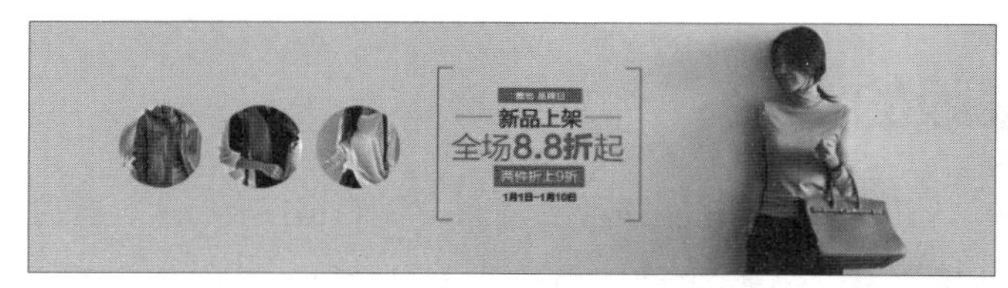

图11-109

01 按Ctrl+N快捷键，会弹出“新建文档”对话框，设置宽度为750像素，高度为200像素，分辨率为72像素/英寸，颜色模式为RGB，背景颜色为灰色（224,223,221），单击“创建”按钮，新建一个文件。

02 按Ctrl+O快捷键，打开本书学习资源中的“Ch11\素材\制作服装App主页Banner\01”文件。选择移动工具，将“01”图像拖曳到新建的图像窗口中适当的位置，效果如图11-110所示，“图层”面板中会生成新图层，将其命名为“人物”。

图11-110

03 单击“图层”面板下方的“添加图层蒙版”按钮，为图层添加蒙版。选择画笔工具，在属性栏中单击“点按可打开‘画笔预设’选取器”按钮，在弹出的面板中选择需要的画笔形状和大小，如图11-111所示。将前景色设为黑色，在图像窗口中拖曳鼠标擦除不需要的图像，效果如图11-112所示。

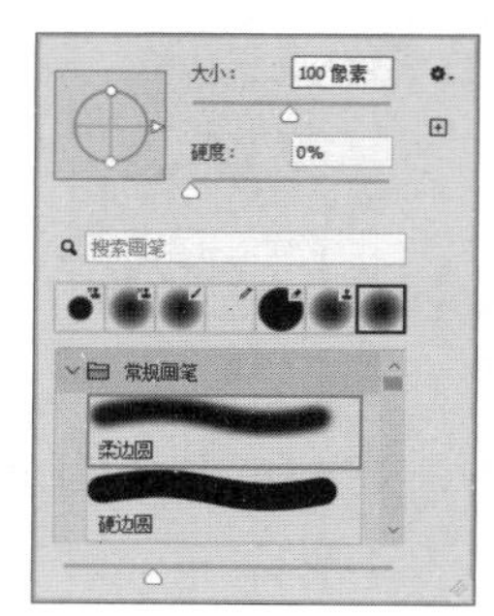

图11-111

图11-112

04 选择椭圆工具，在属性栏的“选择工具模式”下拉列表中选择“形状”选项，“填充”颜色设为白色，“描边”颜色设为“无颜色”。按住Shift键的同时在图像窗口中适当的位置拖动鼠标绘制圆形，效果如图11-113所示，“图层”面板中会生成新的形状图层“椭圆1”。

图11-113

05 选择“文件 > 置入嵌入对象”命令，会弹出“置入嵌入的对象”对话框，选择本书学习资源中的“Ch11\素材\制作服装App主页Banner\02”文件，单击“置入”按钮，将图片置入到图像窗口中。将其拖曳到适当的位置并调整大小，按Enter键确认操作，“图层”面板中会生成新图层，将其命名为“图1”。按Alt+Ctrl+G快捷键，为图层创建剪贴蒙版，效果如图11-114所示。

06 按住Shift键的同时在“图层”面板中单击“椭圆1”图层，将需要的图层同时选取。按Ctrl+G快捷键群组图层，并将其命名为“模特1”，如图11-115所示。

图11-114

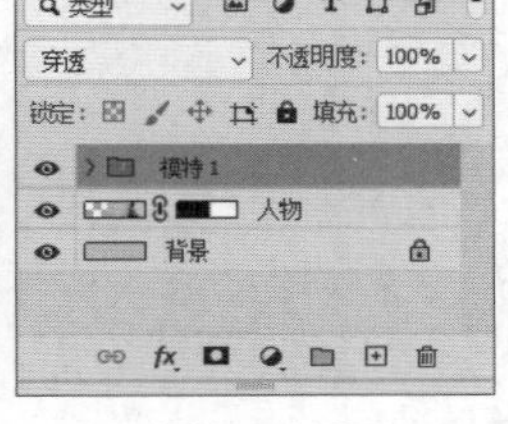

图11-115

07 使用上述的方法分别制作“模特2”和“模特3”图层组，效果如图11-116所示，“图层”面板如图11-117所示。

图11-116

图11-117

08 按Ctrl+O快捷键，打开本书学习资源中的“Ch11\素材\制作服装App主页Banner\05”文件。选择移动工具，将“05”图像拖曳到新建的图像窗口中适当的位置，效果如图11-118所示，“图层”面板中会生成新图层，将其命名为“文字”。服装类App主页Banner制作完成。

图11-118

11.5.2 剪贴蒙版

打开一个文件，如图11-119所示，“图层”面板如图11-120所示。按住Alt键的同时，将鼠标指针放置到“图层1”和“矩形1”的中间位置，鼠标指针变为形状，如图11-121所示。

图11-119

图11-120

图11-121

单击可创建剪贴蒙版，如图11-122所示，效果如图11-123所示。此外，在“图层”面板中选中“图层1”，选择“图层 > 创建剪贴蒙版”命令，或按Alt+Ctrl+G快捷键，也可创建剪贴蒙版。选择移动工具，移动“图层1”中的图像，效果如图11-124所示。

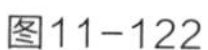

图11-122

图11-123

图11-124

选中剪贴蒙版组中上方的图层，选择“图层 > 释放剪贴蒙版”命令，或按Alt+Ctrl+G快捷键，即可释放剪贴蒙版。

11.5.3 矢量蒙版

打开一个文件，如图11-125所示。选择多边形工具，在属性栏的“选择工具模式”下拉列表中选择“路径”选项，单击按钮，在弹出的面板中进行设置，如图11-126所示。

图11-125

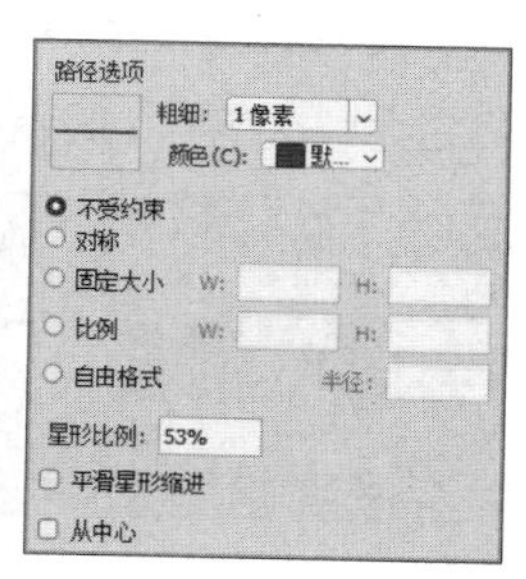

图11-126

在图像窗口中绘制路径，如图11-127所示。选中“图片”图层，选择“图层 > 矢量蒙版 > 当前路径”命令，可为图片添加矢量蒙版，如图11-128所示，效果如图11-129所示。选择直接选择工具，可以修改路径的形状，从而修改蒙版的遮罩区域，如图11-130所示。

图11-127

图11-128

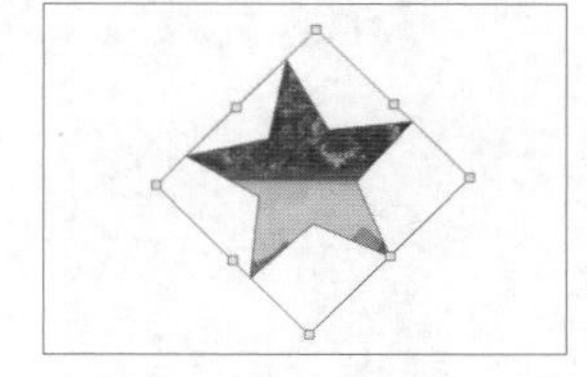
图11-129

图11-130

课堂练习——制作活力青春公众号封面首图

练习知识要点 使用“分离通道”命令和“合并通道”命令处理图片，使用“彩色半调”滤镜为通道添加滤镜效果，使用“色阶”命令和“曝光度”命令调整各通道颜色，最终效果如图11-131所示。

效果所在位置 Ch11\效果\制作活力青春公众号封面首图.psd。

图11-131

课后习题——制作家电网站首页Banner

习题知识要点 使用移动工具添加图片素材，使用多边形套索工具绘制选区，使用剪贴蒙版制作电视屏幕，使用图层样式添加阴影，使用文字工具和“字符”面板添加广告语，最终效果如图11-132所示。

效果所在位置 Ch11\效果\制作家电网站首页Banner.psd。

图11-132

第 12 章

滤镜效果

本章介绍

本章主要介绍Photoshop的滤镜功能，包括滤镜的分类、滤镜的使用技巧。通过学习本章内容，能够应用丰富的滤镜命令制作出特殊多变的图像效果。

学习目标

●掌握“滤镜”菜单及应用方法。

●熟练掌握滤镜的使用技巧。

技能目标

●掌握“夏至节气宣传海报”的制作方法。

●掌握“文化传媒类公众号封面首图”的制作方法。

●掌握“淡彩钢笔画”的制作方法。

12.1 滤镜菜单及应用

Photoshop的“滤镜”菜单中提供了多种滤镜，选择这些滤镜命令可以制作出奇妙的图像效果。选择“编辑 > 首选项 > 增效工具”命令，会弹出“首选项”对话框，勾选“显示滤镜库的所有组和名称”复选框，单击“确定”按钮。单击“滤镜”菜单，会弹出图12-1所示的菜单。

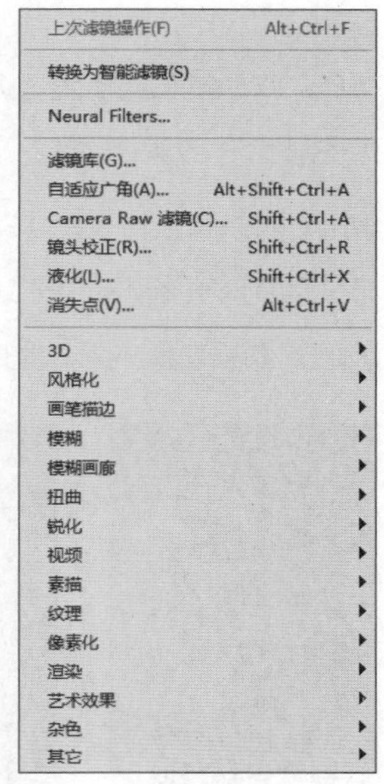

图12-1

Photoshop的“滤镜”菜单分为5部分，并用横线划分。

第1部分为“上次滤镜操作”命令。没有使用滤镜时，此命令为灰色，不可选择。使用任意一种滤镜后，当需要重复使用这种滤镜时，只要直接选择这个命令或按Alt+Ctrl+F快捷键，即可重复使用。

第2部分为“转换为智能滤镜”命令。应用智能滤镜后，可随时对滤镜效果进行修改操作。

第3部分为“Neural Filters”滤镜，可快速对照片进行创意编辑。

第4部分为“滤镜库”命令和5种Photoshop滤镜，每个滤镜的功能都十分强大。

第5部分为15种Photoshop滤镜组，每个滤镜组中都包含多个滤镜。

12.1.1 课堂案例——制作夏至节气宣传海报

案例学习目标 学习使用“高斯模糊”滤镜和“滤镜库”中的滤镜制作夏至节气宣传海报。

案例知识要点 使用“高斯模糊”滤镜和“滤镜库”中的滤镜制作图片特效，使用移动工具添加宣传文字素材，最终效果如图12-2所示。

效果所在位置 Ch12\效果\制作夏至节气宣传海报.psd。

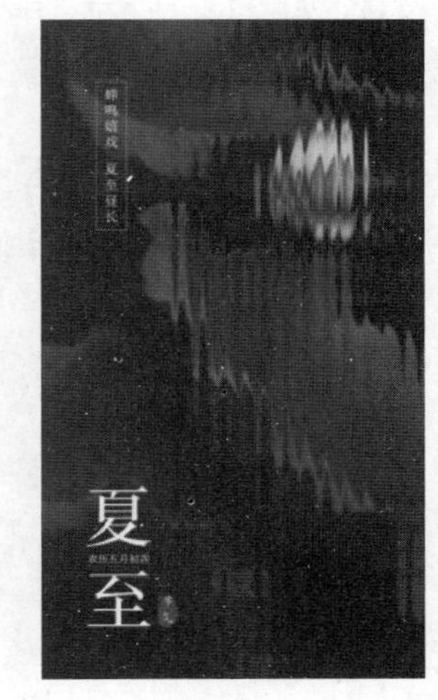

图12-2

01 按Ctrl+N快捷键，会弹出“新建文档”对话框，设置宽度为1242像素，高度为2208像素，分辨率为72像素/英寸，颜色模式为RGB，背景颜色为白色，单击“创建”按钮，新建一个文件。

02 按Ctrl+O快捷键，打开本书学习资源中的“Ch12\素材\制作夏至节气宣传海报\01”文件，选择移动工具，将“01”图像拖曳到新建图像窗口中适当的位置，并调整其大小，效果如图12-3所示，“图层”面板中会生成新图层，将其命名为“底图”。

03 新建图层并将其命名为“长虹玻璃”。选择矩形选框工具，在图像窗口中拖曳鼠标绘制选区，如图12-4所示。选择渐变工具，在属性栏中单击“点按可编辑渐变”按钮，会弹出“渐变编辑器”对话框，在“色标”选项组中分别设置0%、50%、100%三个位置点的“颜色”的RGB值为（0,0,0）、（255,255,255）、（0,0,0），单击“确定”按钮。按住Shift键的同时从左向右拖曳鼠标填充选区，效果如图12-5所示。

04 选择移动工具，按Alt+Shift组合键的同时水平向右拖曳鼠标复制选区，如图12-6所示。用相同的方法复制多个图形，按Ctrl＋D快捷键取消选区，效果如图12-7所示。在“图层”面板中，单击“长虹玻璃”图层左侧的眼睛图标，隐藏“长虹玻璃”图层。

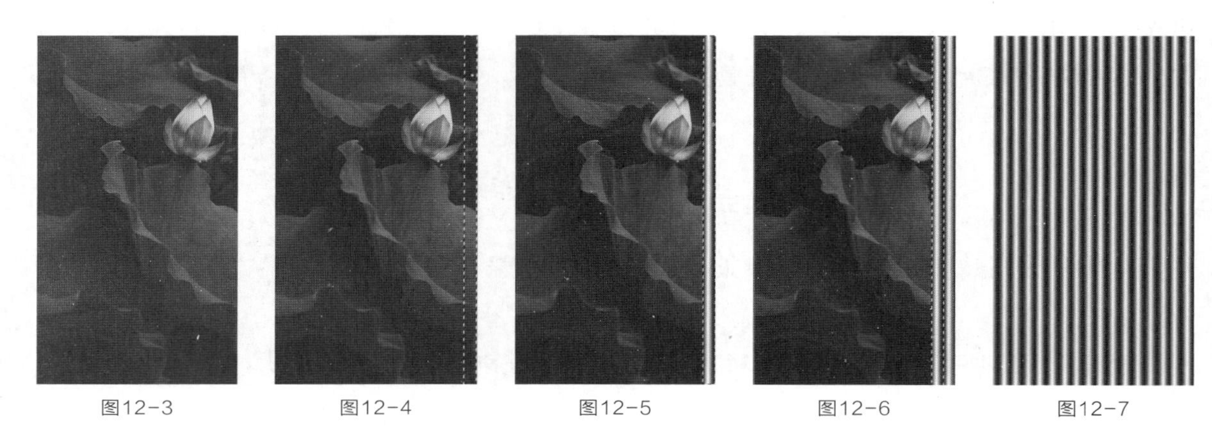

图12-3　图12-4　图12-5　图12-6　图12-7

05 选择“底图”图层，如图12-8所示。选择“滤镜 > 模糊 > 高斯模糊”命令，在弹出的对话框中进行设置，如图12-9所示，单击“确定”按钮，效果如图12-10所示。

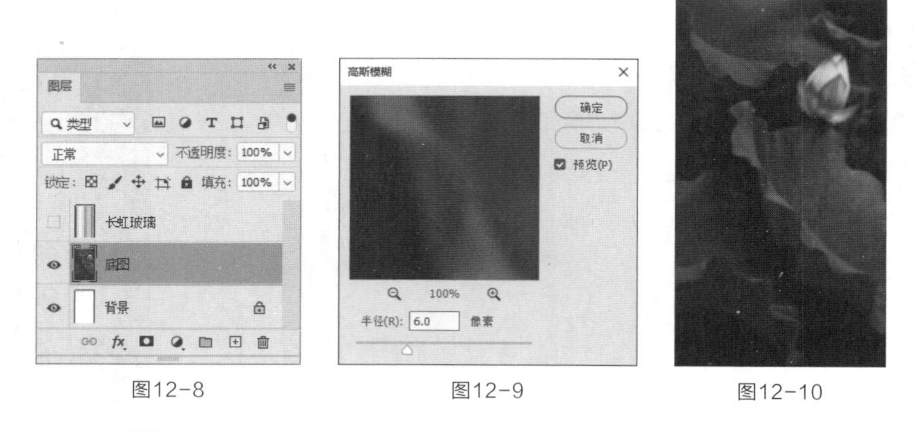

图12-8　图12-9　图12-10

06 选择矩形选框工具，在图像窗口中拖曳鼠标绘制选区，如图12-11所示。选择“滤镜 > 滤镜库”命令，在弹出的对话框中进行设置，如图12-12所示，单击“纹理”选项组右侧的按钮，在弹出的菜单中选择“载入纹理”，在弹出的对话框中选择“长虹玻璃”，单击“打开”按钮，载入纹理，如图12-13所示，单击“确定”按钮。按Ctrl+D快捷键取消选区，效果如图12-14所示。

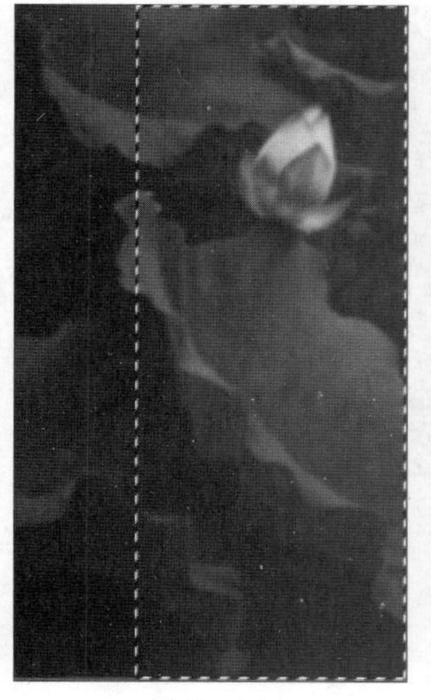

图12-11

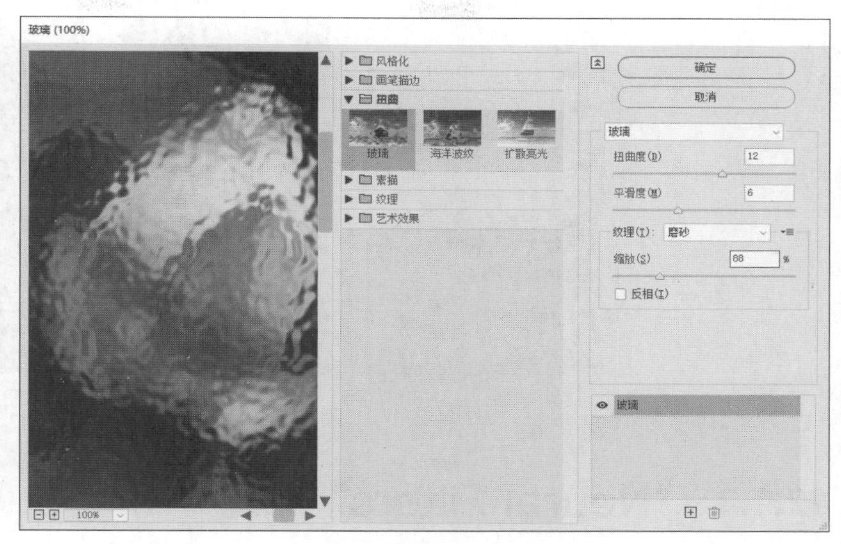

图12-12

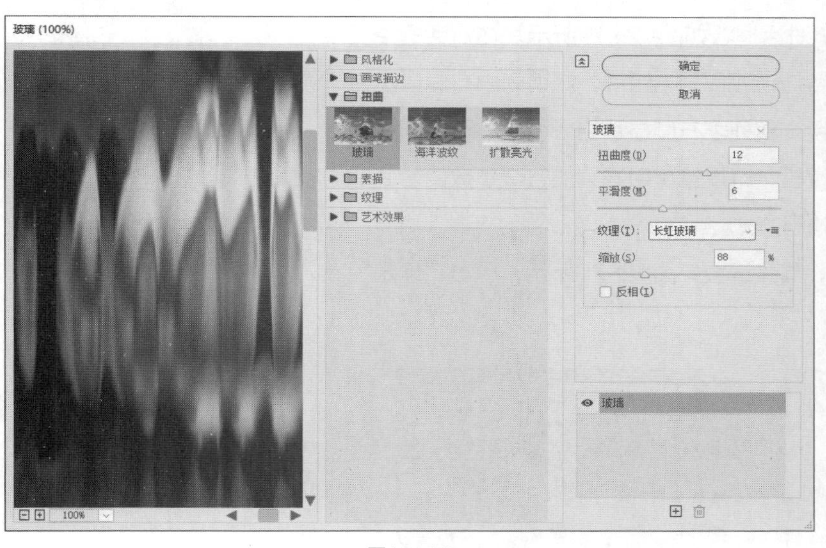

图12-13

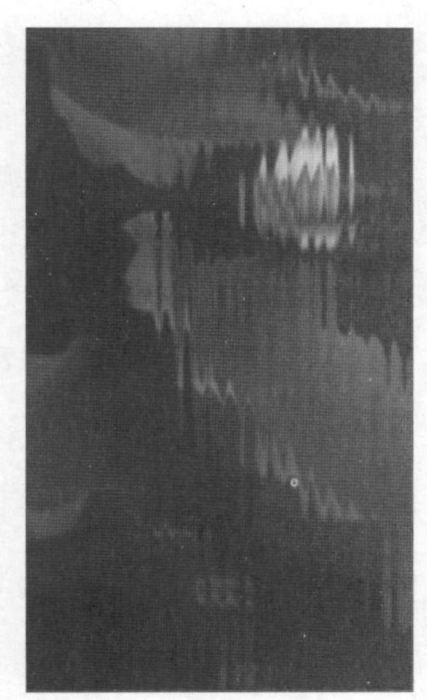

图12-14

07 显示“长虹玻璃”图层。在“图层”面板上方，将“长虹玻璃”图层的混合模式选项设为“正片叠底”，“不透明度”选项设为20%，按Enter键确认操作。单击“图层”面板下方的“添加图层蒙版”按钮，为该图层添加图层蒙版，如图12-15所示。

08 选择矩形选框工具，在图像窗口中拖曳鼠标绘制选区。将前景色设为黑色，按Alt+Delete快捷键填充前景色。按Ctrl+D快捷键取消选区，效果如图12-16所示。

09 选择“文件 > 置入嵌入对象”命令，会弹出“置入嵌入的对象”对话框，选择本书学习资源中的“Ch12\素材\制作夏至节气宣传海报\02”文件，单击“置入”按钮，将图片置入到图像窗口中，将其拖曳到适当的位置，按Enter键确认操作，效果如图12-17所示，“图层”面板中会生成新的图层，将其命名为“文案”。夏至节气宣传海报制作完成。

图12-15

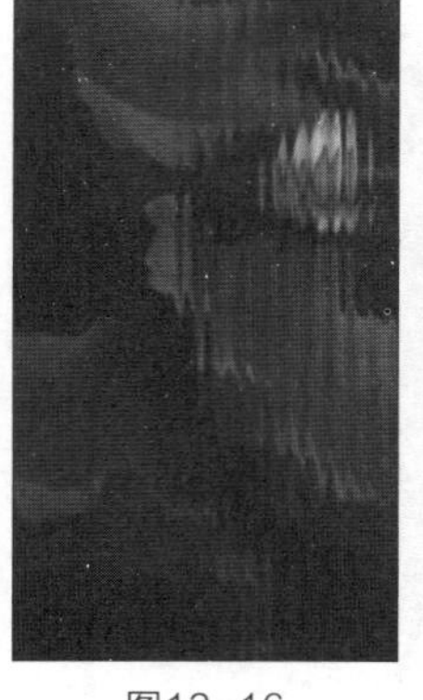

图12-16

图12-17

12.1.2 “Neural Filters”滤镜

打开一张图片，如图12-18所示。选择“滤镜 > Neural Filters”命令，会弹出“Neural Filters”对话框，如图12-19所示。在对话框中，左侧为滤镜类别，包括专题内容滤镜和BETA滤镜，滤镜列表右侧显示为按钮，单击打开即可使用该滤镜，若列表右侧显示为云图标，可从云端下载后使用；右侧为滤镜参数设置栏，可设置所用滤镜的各个参数值。底部左侧为预览切换图标，右侧为输出方式。

图12-18

单击“皮肤平滑度”列表，具体设置如图12-20所示，单击“确定”按钮，效果如图12-21所示。

图12-19

图12-20

图12-21

12.1.3 滤镜库

Photoshop的“滤镜库”将常用滤镜组组合在一个面板中，以滤镜组的方式显示，并为每个滤镜提供直观的效果预览，使用十分方便。

选择“滤镜 > 滤镜库”命令，会弹出“滤镜库”对话框，如图12-22所示。

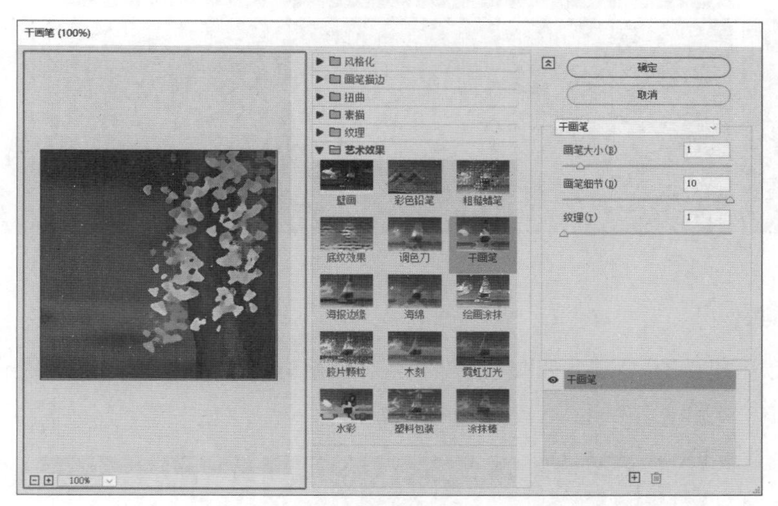

图12-22

在对话框中，左侧为滤镜预览框，可以显示图像应用滤镜后的效果；中部为滤镜列表，每个滤镜组下面包含了多个特色滤镜，展开需要的滤镜组，可以浏览滤镜组中的各个滤镜和相应的滤镜效果；右侧为滤镜参数设置区域，可以设置所用滤镜的各个参数值。

1. “风格化”滤镜组

“风格化”滤镜组只包含一个“照亮边缘”滤镜，如图12-23所示。此滤镜可以搜索主要颜色的变化区域并强化其过渡像素，产生轮廓发光的效果，应用滤镜前后的效果如图12-24和图12-25所示。

图12-23　图12-24　图12-25

2. “画笔描边”滤镜组

“画笔描边”滤镜组包含8个滤镜，如图12-26所示。此滤镜组的滤镜对CMYK和Lab颜色模式的图像都不起作用。应用不同滤镜制作出的效果如图12-27所示。

图12-26

图12-27

3. “扭曲”滤镜组

“扭曲”滤镜组包含3个滤镜，如图12-28所示。此滤镜组的滤镜可以生成一组从波纹到扭曲图像的变形效果。应用不同滤镜制作出的效果如图12-29所示。

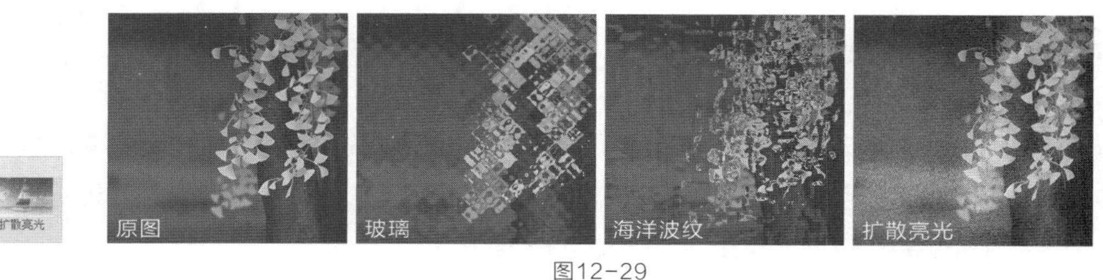

图12-28

图12-29

4. “素描”滤镜组

“素描”滤镜组包含14个滤镜，如图12-30所示。此滤镜组的滤镜只对RGB颜色模式或灰度模式的图像起作用，可以制作出多种绘画效果。应用不同滤镜制作出的效果如图12-31所示。

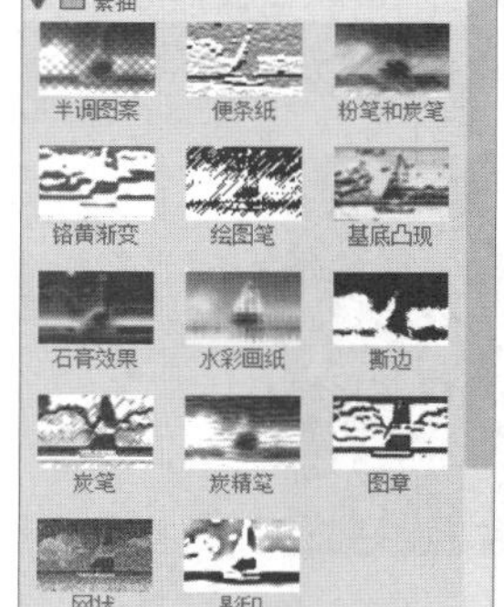

图12-30

原图

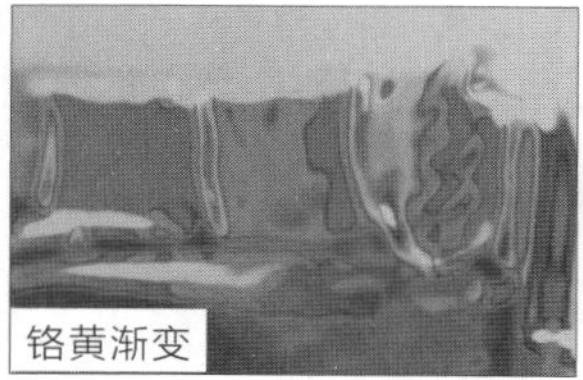

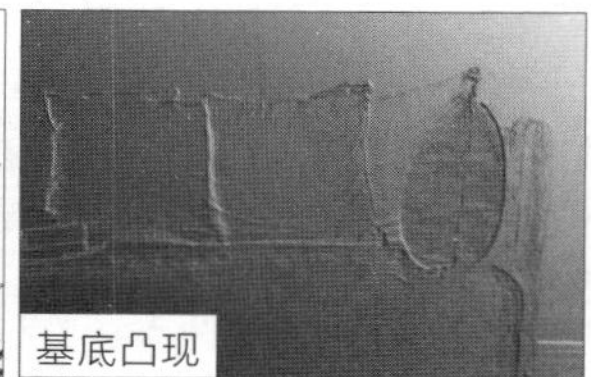

图12-31

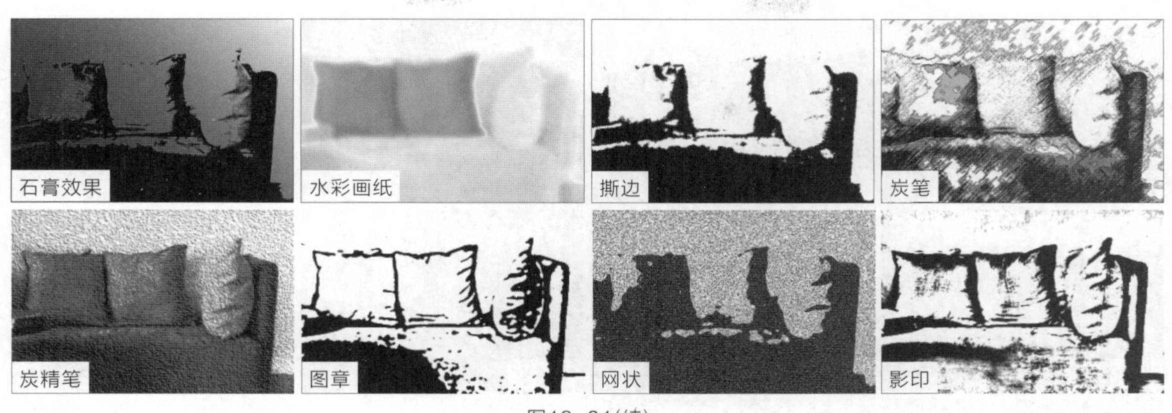

图12-31(续)

5. “纹理”滤镜组

“纹理”滤镜组包含6个滤镜，如图12-32所示。此滤镜组的滤镜可以使图像产生纹理效果。应用不同滤镜制作出的效果如图12-33所示。

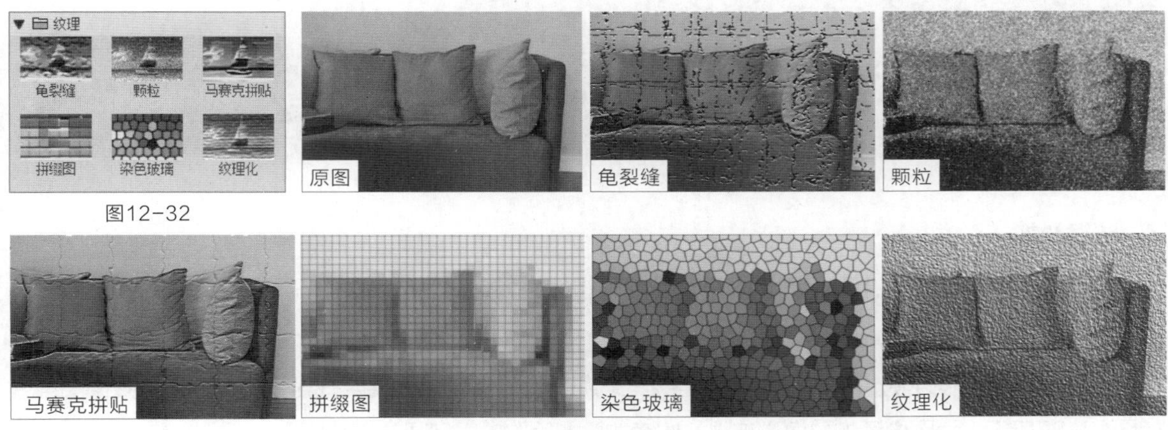

图12-32

图12-33

6. “艺术效果”滤镜组

“艺术效果”滤镜组包含15个滤镜，如图12-34所示。此滤镜组的滤镜可以使图像更贴近绘画或艺术效果。应用不同滤镜制作出的效果如图12-35所示。

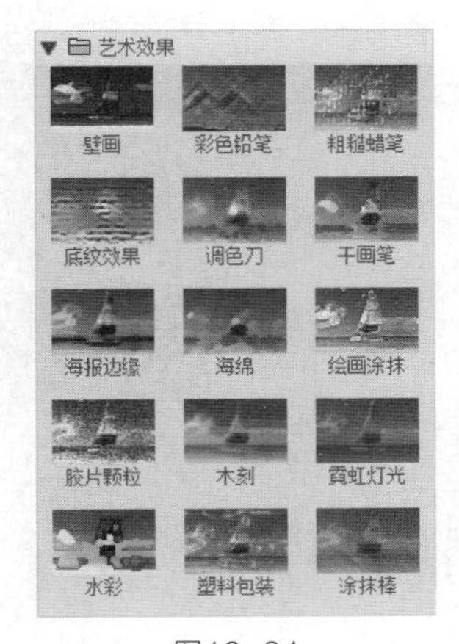

图12-34

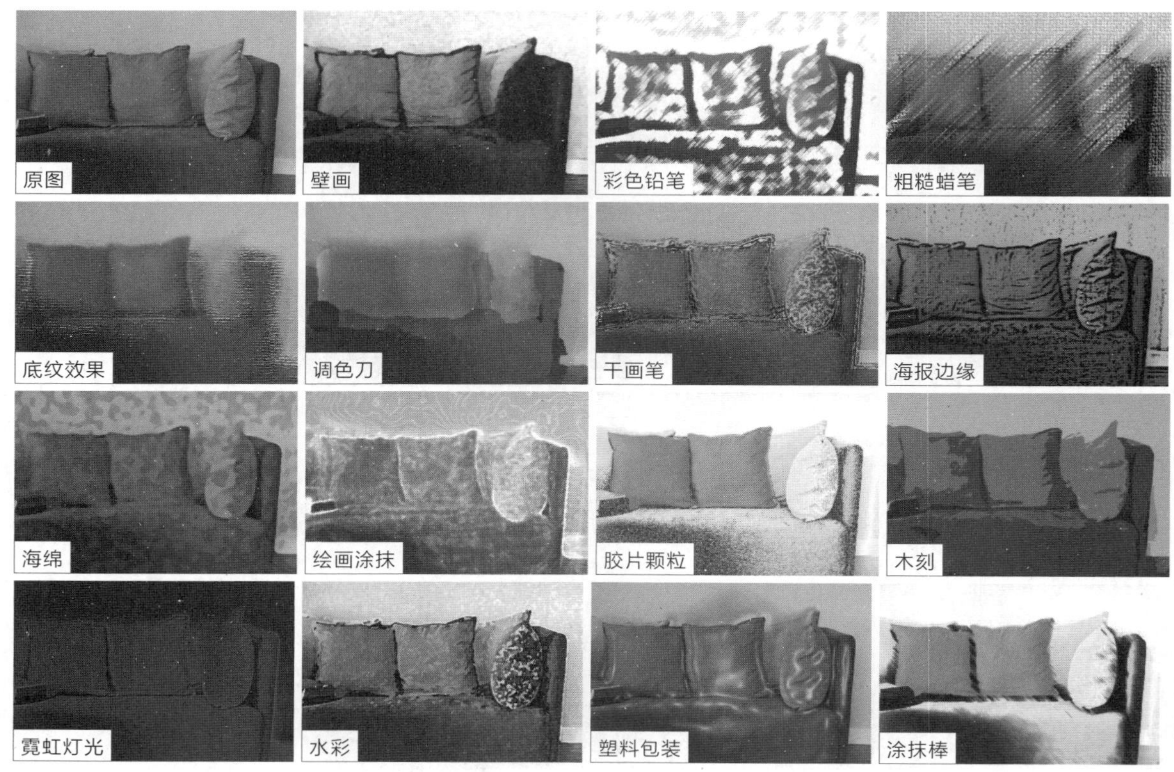

图12-35

7. 滤镜叠加

在“滤镜库”对话框中可以创建多个滤镜效果图层，每个图层可以应用不同的滤镜，从而使图像产生多个滤镜叠加后的效果。

为图像添加“强化的边缘”滤镜，如图12-36所示，单击“新建效果图层”按钮⊞新建效果图层，如图12-37所示。为图像添加“海洋波纹”滤镜，叠加后的效果如图12-38所示。

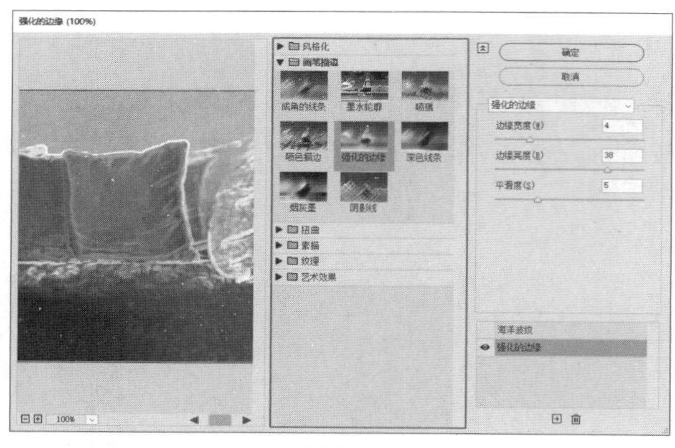

图12-36

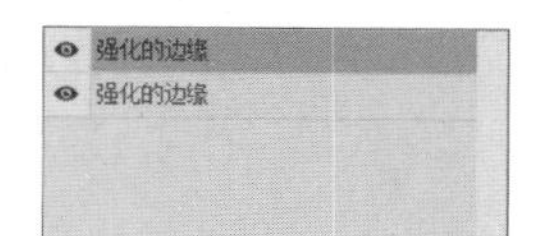

图12-37

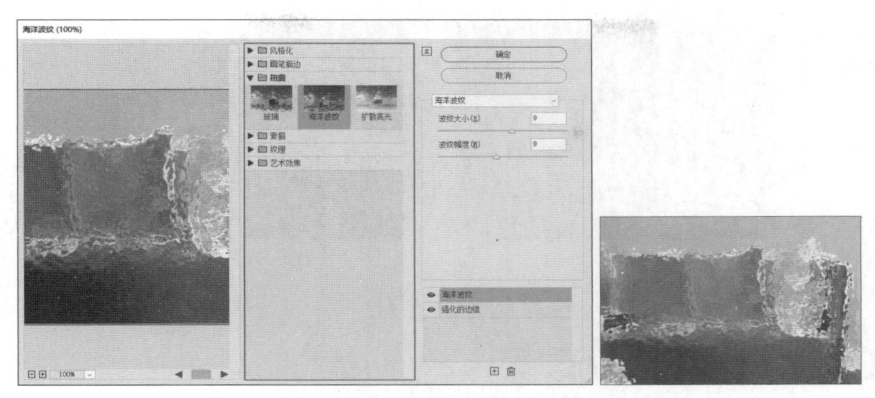

图12-38

12.1.4 “自适应广角”滤镜

“自适应广角”滤镜可以对具有广角、超广角及鱼眼效果的图片进行校正。

打开一张图片，如图12-39所示。选择“滤镜 > 自适应广角”命令，会弹出对话框，如图12-40所示。

图12-39

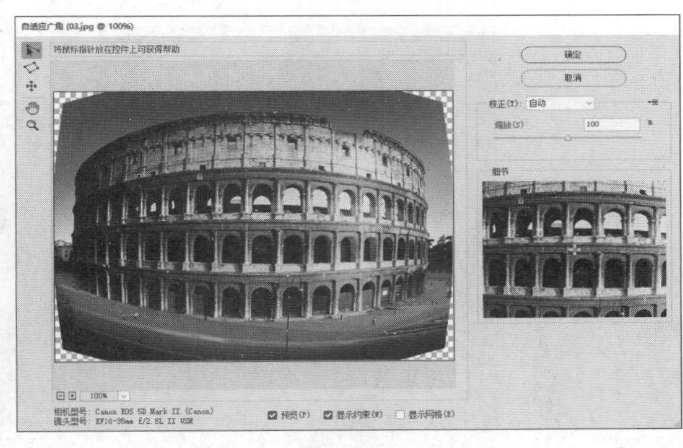

图12-40

在对话框左侧的图片上需要调整的位置拖曳出一条直线，如图12-41所示。再将左侧第2个节点拖曳到适当的位置，旋转绘制的直线，如图12-42所示，单击“确定”按钮，照片调整后的效果如图12-43所示。用相同的方法调整上方的部分，效果如图12-44所示。

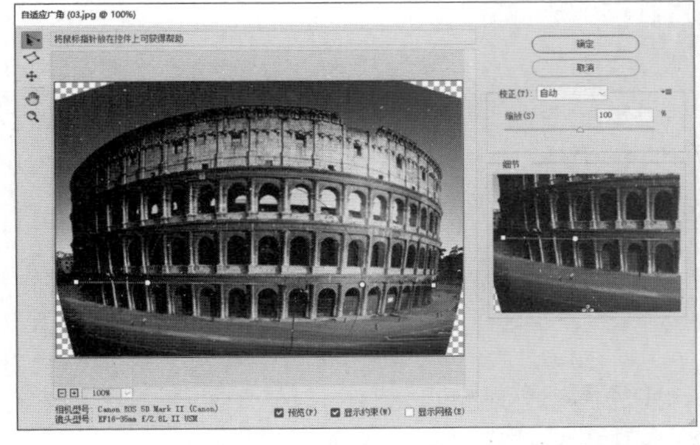

图12-41

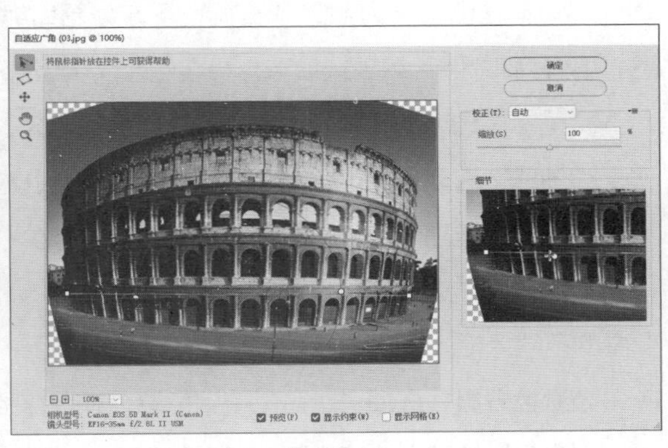

图12-42

图12-43

图12-44

12.1.5 Camera Raw滤镜

“Camera Raw滤镜”是Photoshop专门用于处理相机拍摄照片的滤镜，可以对图像的基本参数、曲线、细节、HSL/灰度、分离色调、镜头校正等进行调整。

打开一张图片，如图12-45所示。选择“滤镜 > Camera Raw滤镜”命令，会弹出对话框，如图12-46所示。

图12-45

图12-46

对话框左侧上方为照片预览框，下方为窗口缩放级别和视图显示方式；右侧上方为直方图和拍摄信息，下方为9个照片编辑选项卡；最右侧是编辑照片的工具。

“基本”选项卡：可以对照片的白平衡、曝光、对比度、高光、阴影、清晰度和饱和度等进行调整。

“曲线”选项卡：可以对照片的高光、亮调、暗调和阴影进行微调。

“细节”选项卡：可以对照片进行锐化、减少杂色处理。

“混色器”选项卡：可以在“HSL”（色相、饱和度、明亮度）和“全部”之间进行选择，以调整图像中的不同色相。

“颜色分级”选项卡：可以使用色轮精确调整阴影、中色调和高光中的色相。

“光学”选项卡：可以删除扭曲和晕影，也可以对图像中的紫色或绿色色相进行采样和校正。

“几何”选项卡：可以应用不同类型的透视校正。

“效果”选项卡：可以为照片添加颗粒和晕影来制作特效。

“校准”选项卡：可以自动对某类照片进行校正。

在对话框中进行设置，如图12-47所示，单击“确定”按钮，效果如图12-48所示。

图12-47

图12-48

12.1.6 “镜头校正”滤镜

“镜头校正”滤镜可以消除常见的镜头瑕疵，如桶形失真、枕形失真、晕影和色差等，也可以使用该滤镜来旋转图像，或消除由于相机在垂直或水平方向上倾斜而导致的图像透视错误现象。

打开一张图片，如图12-49所示。选择“滤镜 > 镜头校正”命令，会弹出对话框，如图12-50所示。

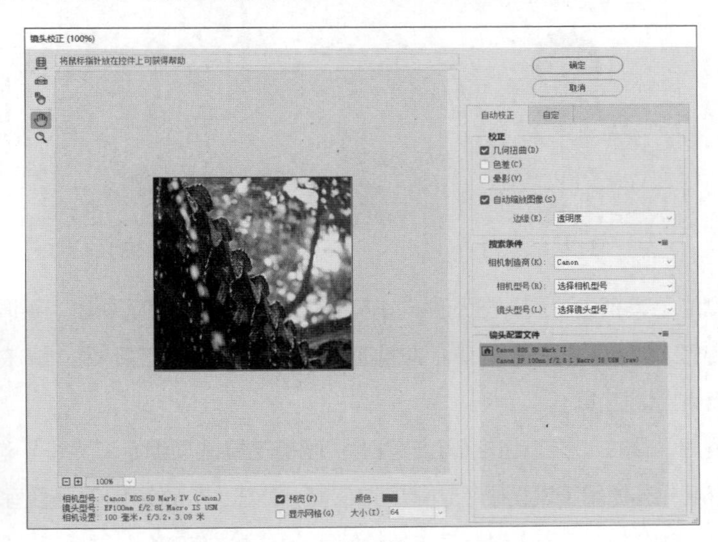

图12-49　　图12-50

单击“自定”选项卡，具体设置如图12-51所示，单击“确定”按钮，效果如图12-52所示。

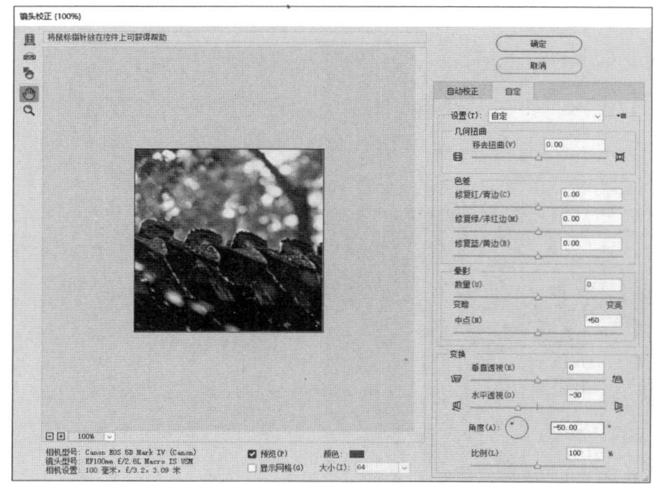

图12-51

图12-52

12.1.7 “液化”滤镜

“液化”滤镜可以制作出各种类似液化的图像变形效果。

打开一张图片，如图12-53所示。选择“滤镜 > 液化”命令，或按Shift+Ctrl+X快捷键，会弹出“液化”对话框，如图12-54所示。

图12-53

图12-54

左侧的工具箱由上到下分别为向前变形工具、重建工具、平滑工具、顺时针旋转扭曲工具、褶皱工具、膨胀工具、左推工具、冻结蒙版工具、解冻蒙版工具、脸部工具、抓手工具和缩放工具。

右侧为“属性”栏，包括6个选项组。**画笔工具选项组：**“大小”选项用于设置所选工具的笔触大小；“密度”选项用于设置画笔边缘的浓密度；“压力”选项用于设置画笔的压力，压力越小，变形的过程越慢；“速率”选项用于设置画笔的绘制速度；“光笔压力”选项用于设置压感笔的压力。

人脸识别液化选项组：“眼睛”选项组用于设置眼睛的大小、高度、宽度、斜度和距离；“鼻子”选项组用于设置鼻子的高度和宽度；“嘴唇”选项组用于设置微笑、上嘴唇、下嘴唇、嘴唇的宽度和高度；“脸部”选项组用于设置脸部的前额、下巴高度、下颌和脸部宽度。

载入网格选项组：用于载入、使用和存储网格。

蒙版选项组：用于选择通道蒙版的形式。单击“无”按钮，可以移去所有冻结区域；单击“全部蒙住”按钮，可以冻结整个图像；单击“全部反相”按钮，可以反相所有冻结的区域。

视图选项组：勾选“显示图像”复选框可以显示图像；勾选“显示网格”复选框可以显示网格，“网格大小”选项用于设置网格的大小，“网格颜色”选项用于设置网格的颜色；勾选“显示蒙版”复选框可以显示蒙版，“蒙版颜色”选项用于设置蒙版的颜色；勾选“显示背景”复选框，在“使用”下拉列表中可以选择图层，在“模式”下拉列表中可以选择不同的模式，“不透明度”选项可以设置不透明度。

画笔重建选项组：“重建”按钮用于对变形的图像进行重置；“恢复全部”按钮用于将图像恢复到打开时的状态。

在对话框中对图像进行变形，如图12-55所示，单击“确定”按钮，效果如图12-56所示。

图12-55

图12-56

12.1.8 “消失点”滤镜

“消失点”滤镜可以制作建筑物或其他矩形对象的透视效果。

打开一张图片，绘制选区，如图12-57所示。按Ctrl＋C快捷键复制选区中的图像，按Ctrl＋D快捷键取消选区。选择“滤镜 > 消失点”命令，会弹出对话框，在对话框的左侧选择创建平面工具，在图像窗口中的4个位置单击定义4个角的节点，如图12-58所示，节点之间会自动连接，形成透视平面，如图12-59所示。

图12-57

图12-58

图12-59

按Ctrl＋V快捷键将刚才复制的图像粘贴到对话框中，如图12-60所示。将粘贴的图像拖曳到透视平面中，如图12-61所示。按住Alt键的同时并向上拖曳建筑物进行复制，效果如图12-62所示。用相同的方法再复制两次，效果如图12-63所示，单击“确定”按钮，建筑物的透视变形效果如图12-64所示。

图12-60

图12-61

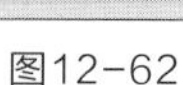

图12-62

图12-63

图12-64

在“消失点”对话框中，透视平面显示为蓝色时为有效的平面；显示为红色时为无效的平面，无法计算平面的长宽比，也无法拉出垂直平面；显示为黄色时也为无效的平面，无法解析平面的所有消失点，如图12-65所示。

图12-65

12.1.9 “3D”滤镜

“3D”滤镜可以生成效果较好的凹凸图和法线图。“3D”滤镜子菜单如图12-66所示。应用不同滤镜制作出的效果如图12-67所示。

生成凹凸（高度）图...
生成法线图...

图12-66

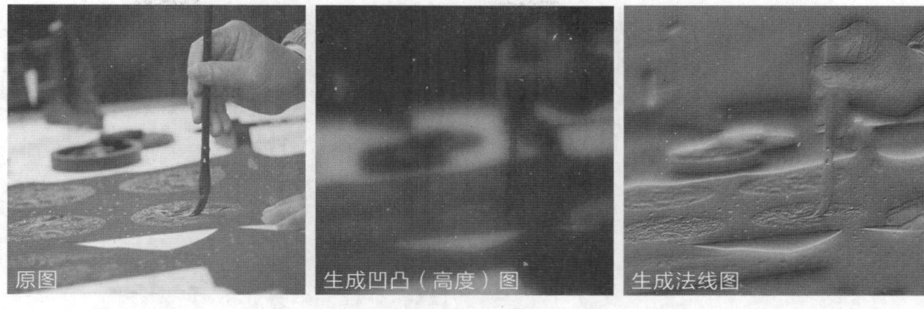

图12-67

12.1.10 “风格化”滤镜

“风格化”滤镜可以产生印象派以及其他风格画派作品的效果，是模拟真实艺术手法进行创作的。“风格化”滤镜子菜单如图12-68所示。应用不同滤镜制作出的效果如图12-69所示。

图12-68

图12-69

12.1.11 “画笔描边”滤镜

“画笔描边”滤镜可以使用不同的画笔和油墨描边效果创造出绘画效果。“画笔描边”滤镜子菜单如图12-70所示。应用不同的滤镜制作出的效果如图12-71所示。

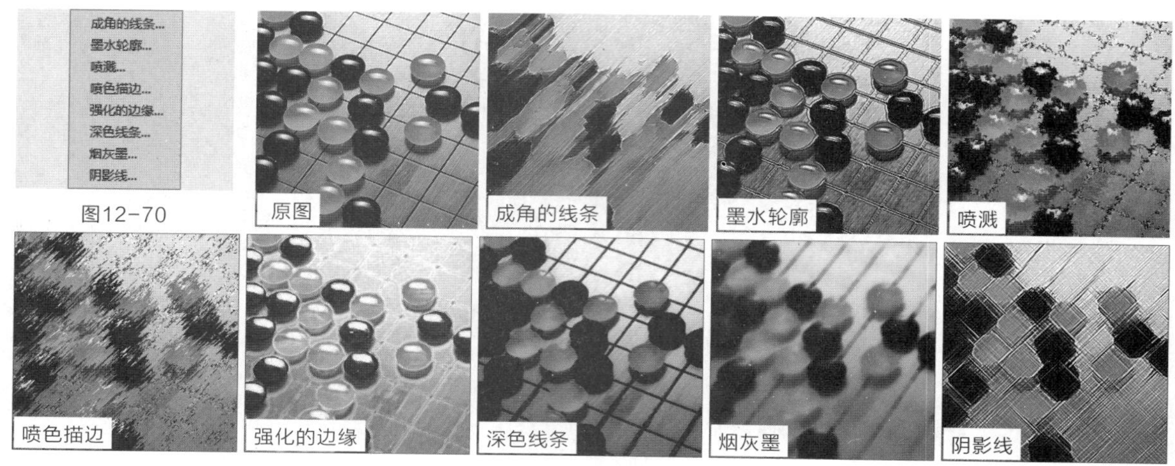

图12-70

图12-71

12.1.12 课堂案例——制作文化传媒类公众号封面首图

案例学习目标 学习使用“像素化”滤镜和“渲染”滤镜制作公众号封面首图。

案例知识要点 使用“彩色半调”滤镜制作网点图像，使用“高斯模糊”滤镜和图层混合模式调整图像效果，使用“镜头光晕”滤镜添加光晕，最终效果如图12-72所示。

效果所在位置 Ch12\效果\制作文化传媒类公众号封面首图.psd。

图12-72

01 按Ctrl + O快捷键，打开本书学习资源中的“Ch12\素材\制作文化传媒类公众号封面首图\01”文件，如图12-73所示。按Ctrl+J快捷键复制图层，如图12-74所示。

图12-73

图12-74

02 选择“滤镜 > 像素化 > 彩色半调”命令，在弹出的对话框中进行设置，如图12-75所示，单击“确定”按钮，效果如图12-76所示。

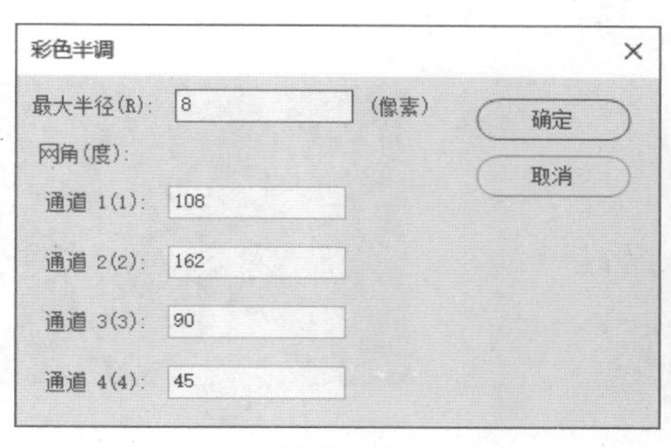

图12-75

图12-76

03 选择“滤镜 > 模糊 > 高斯模糊”命令，在弹出的对话框中进行设置，如图12-77所示，单击“确定”按钮，效果如图12-78所示。

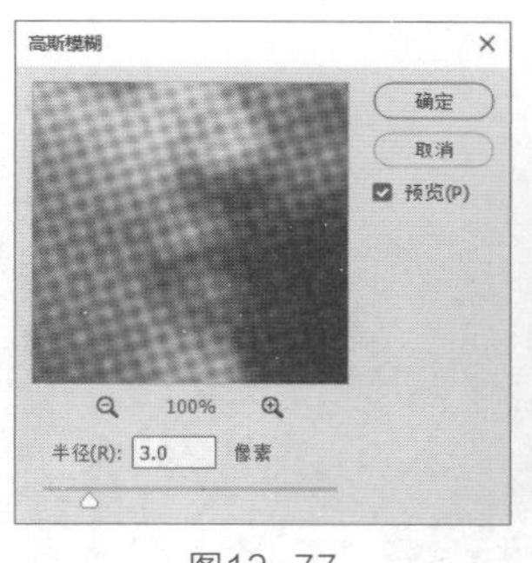

图12-77

图12-78

04 在“图层”面板上方，将该图层的混合模式选项设为“正片叠底”，如图12-79所示，图像效果如图12-80所示。

05 选择“背景”图层。按Ctrl+J快捷键复制“背景”图层，会生成新的图层“背景 拷贝”，将其拖曳到“图层1”的上方，如图12-81所示。

图12-79

图12-80

图12-81

06 按D键恢复默认前景色和背景色。选择“滤镜 > 滤镜库”命令，在弹出的对话框中进行设置，如图12-82所示，单击“确定”按钮，效果如图12-83所示。

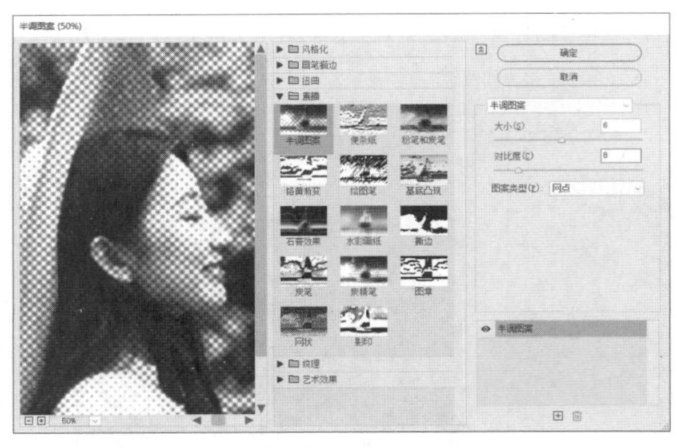

图12-82

图12-83

07 选择“滤镜 > 渲染 > 镜头光晕”命令，在弹出的对话框中进行设置，如图12-84所示，单击“确定”按钮，效果如图12-85所示。

图12-84

图12-85

08 在“图层”面板上方，将“背景 拷贝”图层的混合模式选项设为“强光”，如图12-86所示，效果如图12-87所示。

图12-86

图12-87

09 选择“背景”图层。按Ctrl+J快捷键复制“背景”图层，会生成新的图层“背景 拷贝2”。按住Shift键的同时单击“背景 拷贝”图层，选择它和“背景 拷贝2”图层之间的所有图层。按Ctrl+E快捷键合并图层，并将其命名为“效果”，如图12-88所示。

10 按Ctrl+N快捷键，会弹出“新建文档”对话框，设置宽度为1175像素，高度为500像素，分辨率为72像素/英寸，颜色模式为RGB，背景颜色为白色，单击“创建”按钮，新建一个文件。选择“01”图像窗口中的“效果”图层。选择移动工具 ，将图像拖曳到新建的图像窗口中适当的位置，效果如图12-89所示，“图层”面板中会生成新图层，如图12-90所示。

11 按Ctrl+O快捷键，打开本书学习资源中的“Ch12\素材\制作文化传媒类公众号封面首图\02”文件。选择移动工具 ，将“02”图像拖曳到新建的图像窗口中适当的位置，效果如图12-91所示，在“图层”面板中会生成新图层，将其命名为“文字”。文化传媒类公众号封面首图制作完成。

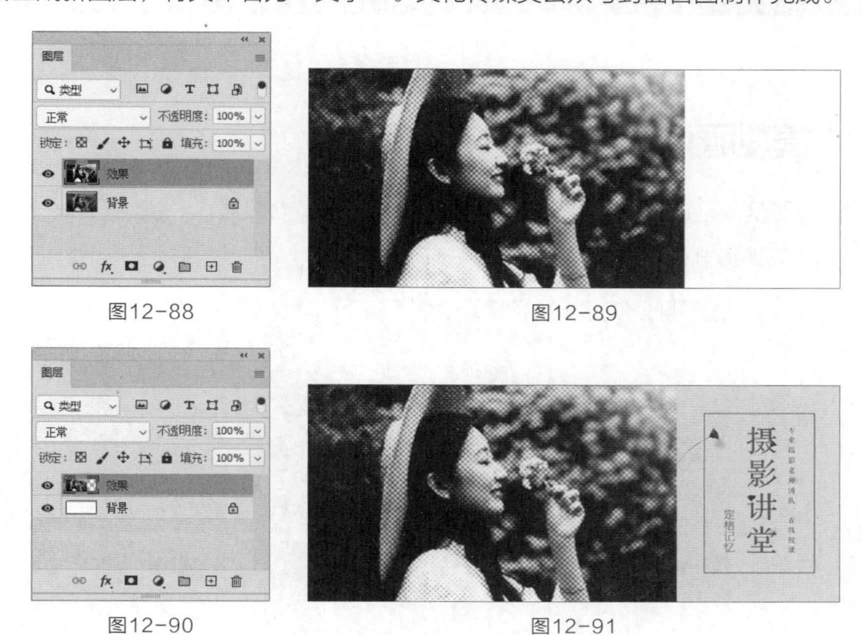

图12-88　图12-89

图12-90　图12-91

12.1.13 “模糊”滤镜

“模糊”滤镜可以为图像制作模糊效果，也可以制作柔和的阴影效果。“模糊”滤镜子菜单如图12-92所示。应用不同滤镜制作出的效果如图12-93所示。

图12-92　图12-93

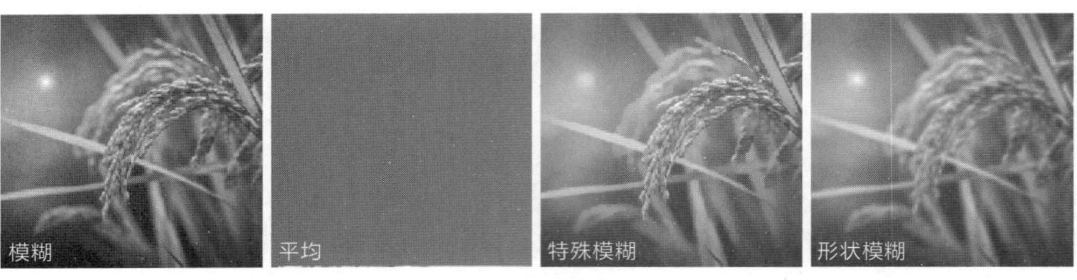

图12-93（续）

12.1.14 “模糊画廊”滤镜

“模糊画廊”滤镜可以使用图钉或路径来控制图像，制作模糊效果。“模糊画廊”滤镜子菜单如图12-94所示。应用不同滤镜制作出的效果如图12-95所示。

场景模糊...
光圈模糊...
移轴模糊...
路径模糊...
旋转模糊...

图12-94

图12-95

12.1.15 “扭曲”滤镜

“扭曲”滤镜可以生成一组从波纹到扭曲图像的变形效果。“扭曲”滤镜子菜单如图12-96所示。应用不同滤镜制作出的效果如图12-97所示。

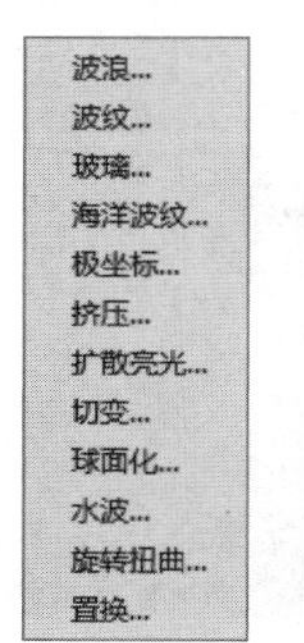
波浪...
波纹...
玻璃...
海洋波纹...
极坐标...
挤压...
扩散亮光...
切变...
球面化...
水波...
旋转扭曲...
置换...

图12-96

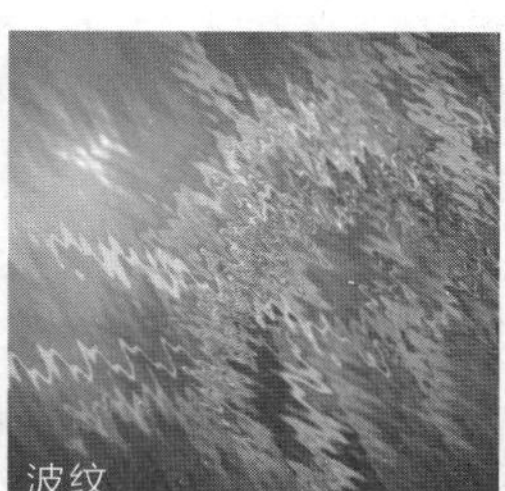

图12-97

图12-97（续）

12.1.16 “锐化”滤镜

“锐化”滤镜可以通过生成更大的对比度来使图像更清晰，增强图像的轮廓。“锐化”滤镜子菜单如图12-98所示。应用不同滤镜制作出的效果如图12-99所示。

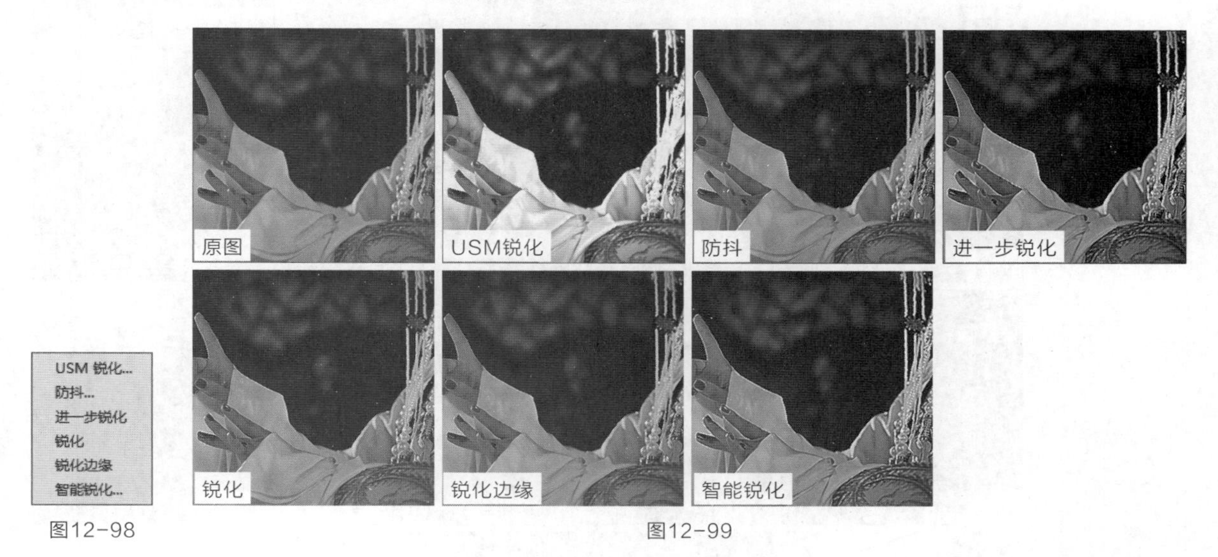

图12-98　图12-99

12.1.17 “视频”滤镜

“视频”滤镜可以将以隔行扫描方式提取的图像转换为视频设备可接收的图像，以解决交换图像时的系统差异问题。“视频”滤镜子菜单如图12-100所示。应用不同滤镜制作出的效果如图12-101所示。

NTSC 颜色
逐行...

图12-100

图12-101

12.1.18 “素描”滤镜

“素描”滤镜可以将纹理添加到图像上创建美术或手绘外观。“素描”滤镜子菜单如图12-102所示。应用不同滤镜制作出的效果如图12-103所示。

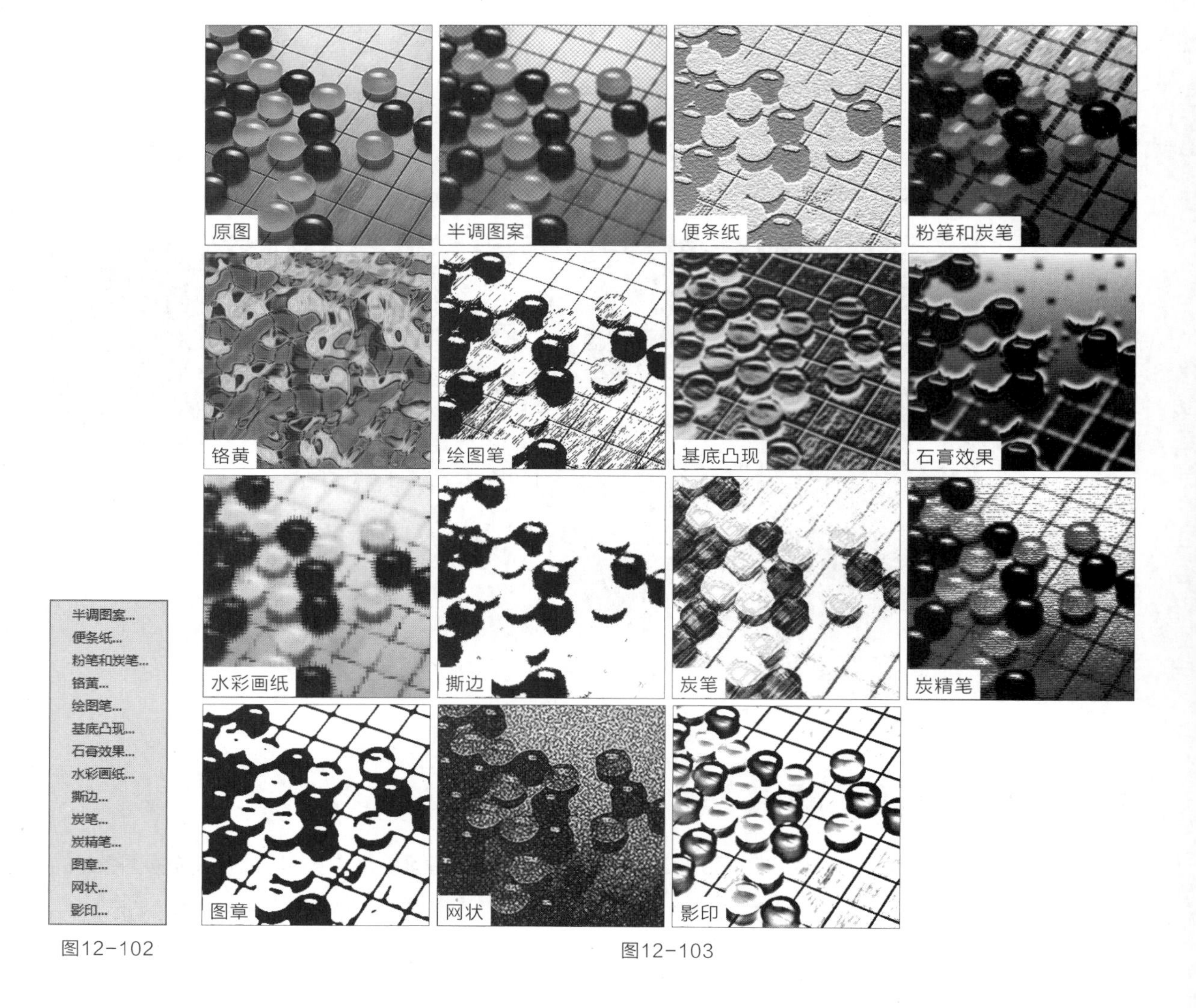

图12-102

图12-103

12.1.19 “纹理”滤镜

“纹理”滤镜可以模拟具有深度感或物质感的外观，或添加一种器质外观。“纹理”滤镜子菜单如图12-104所示。应用不同滤镜制作出的效果如图12-105所示。

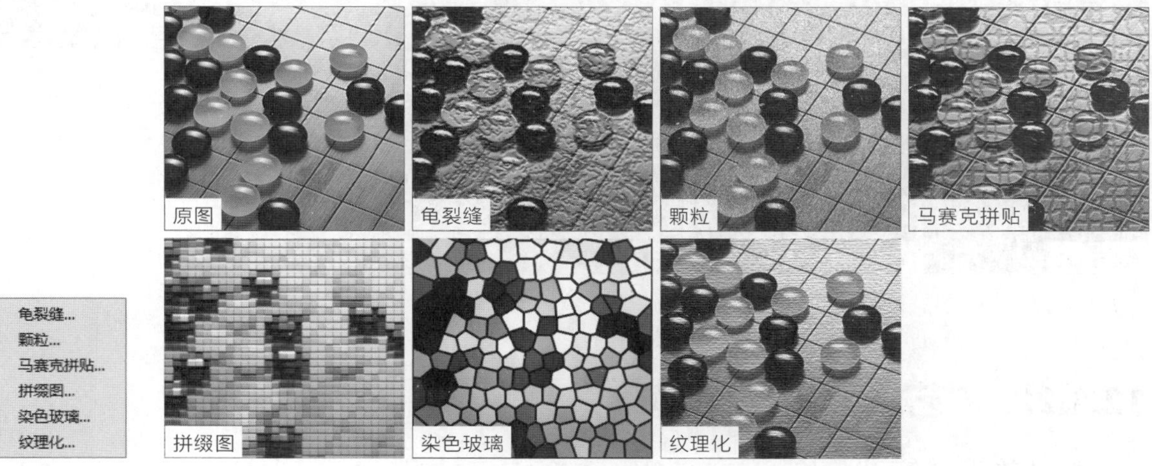

图12-104　　图12-105

12.1.20 “像素化”滤镜

“像素化”滤镜可以将图像分块或将图像平面化。“像素化”滤镜子菜单如图12-106所示。应用不同滤镜制作出的效果如图12-107所示。

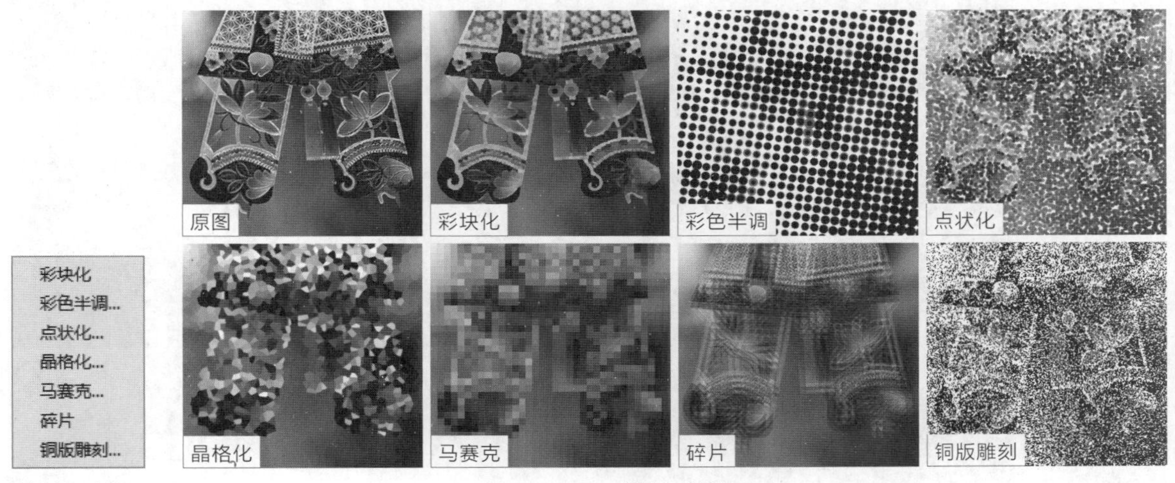

图12-106　　图12-107

12.1.21 “渲染”滤镜

“渲染”滤镜可以在图片中产生不同的光源效果和夜景效果等。“渲染”滤镜子菜单如图12-108所示。应用不同滤镜制作出的效果如图12-109所示。

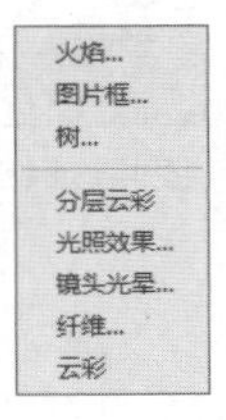

图12-108

图12-109

12.1.22 “艺术效果”滤镜

“艺术效果”滤镜可以模仿自然或传统介质制作绘画效果或艺术效果。“艺术效果”滤镜子菜单如图12-110所示。应用不同滤镜制作出的效果如图12-111所示。

图12-110

图12-111

图12-111（续）

12.1.23 课堂案例——制作淡彩钢笔画

案例学习目标 学习使用“杂色”滤镜、“滤镜库”命令制作淡彩钢笔画。

案例知识要点 使用“中间值”滤镜、“照亮边缘”滤镜、反相和图层混合模式制作淡彩钢笔画，最终效果如图12-112所示。

效果所在位置 Ch12\效果\制作淡彩钢笔画.psd。

图12-112

01 按Ctrl＋O快捷键，打开本书学习资源中的“Ch12\素材\制作淡彩钢笔画\01”文件，如图12-113所示。在“图层”面板中，将“背景”图层拖曳到下方的“创建新图层”按钮⊞上进行复制，会生成新的图层“背景 拷贝”。选择“滤镜 > 杂色 > 中间值”命令，在弹出的对话框中进行设置，如图12-114所示，单击“确定”按钮。

图12-113

图12-114

02 在“图层”面板中，再次将“背景”图层拖曳到下方的“创建新图层”按钮⊞上进行复制，会生成新的图层“背景 拷贝 2”。将“背景 拷贝 2”图层拖曳到“背景 拷贝”图层的上方，如图12-115所示。

03 选择“滤镜 > 滤镜库”命令，在弹出的对话框中选择“风格化 > 照亮边缘”滤镜，选项的设置如图12-116所示，单击“确定”按钮，效果如图12-117所示。按Ctrl+I快捷键对图像进行反相操作，如图12-118所示。

图12-115

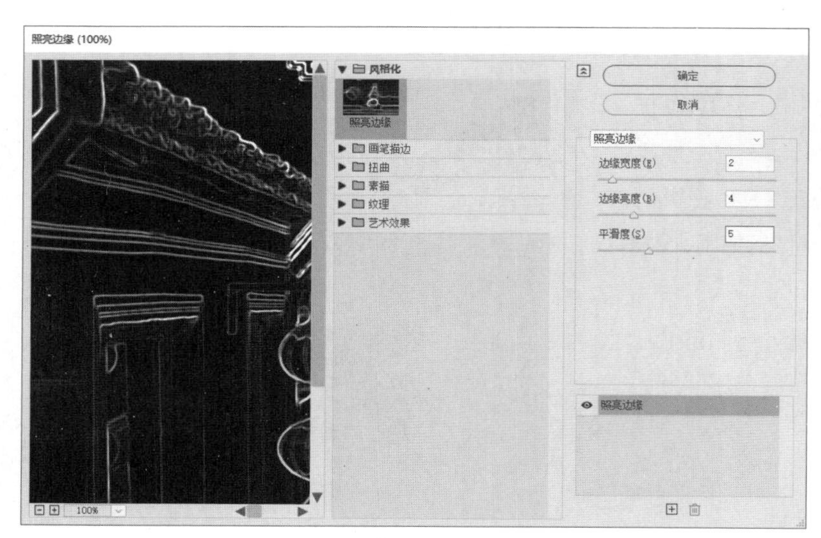

图12-116

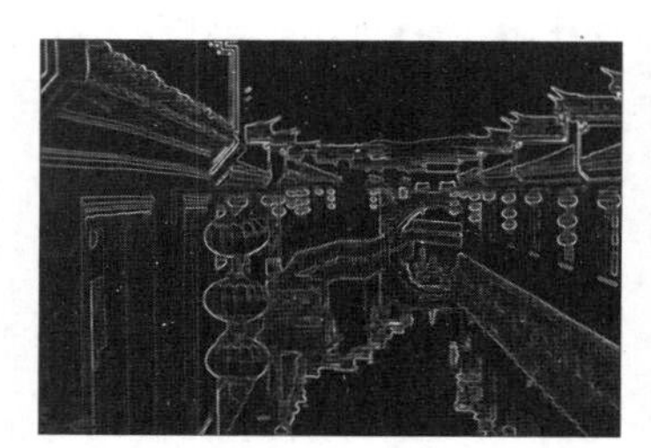

图12-117

图12-118

04 在“图层”面板上方，将该图层的混合模式选项设置为“叠加”，如图12-119所示，按Enter键确认操作，效果如图12-120所示。淡彩钢笔画效果制作完成。

图12-119

图12-120

12.1.24 “杂色”滤镜

“杂色”滤镜可以混合干扰，制作出着色像素图案的纹理。“杂色”滤镜子菜单如图12-121所示。应用不同滤镜制作出的效果如图12-122所示。

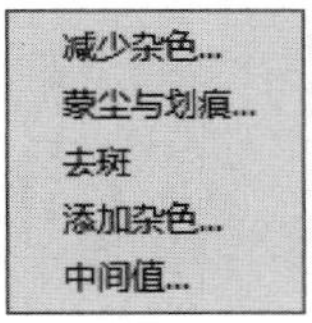

减少杂色...
蒙尘与划痕...
去斑
添加杂色...
中间值...

图12-121

原图
减少杂色
蒙尘与划痕
去斑
添加杂色
中间值

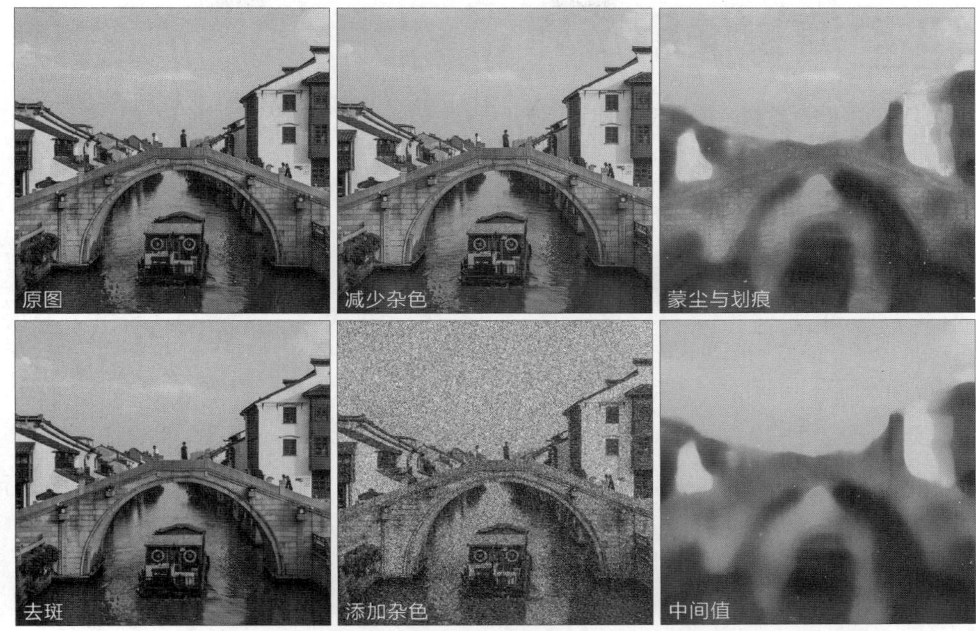

图12-122

12.1.25 “其他”滤镜组

“其他”滤镜组可以创建更为特殊的效果。“其他”滤镜子菜单如图12-123所示。应用不同滤镜制作出的效果如图12-124所示。

HSB/HSL
高反差保留...
位移...
自定...
最大值...
最小值...

图12-123

原图
HSB/HSL
高反差保留
位移
自定
最大值
最小值

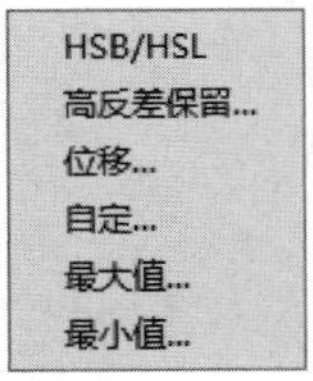

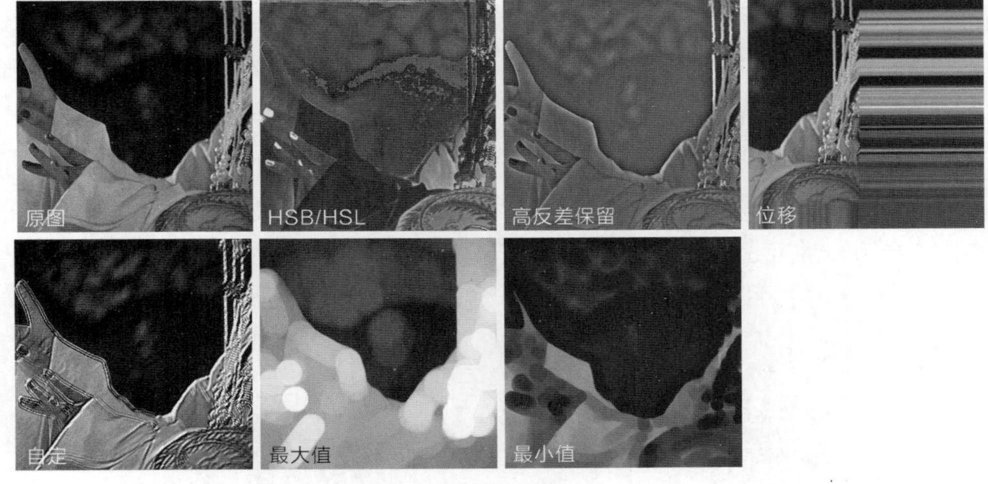

图12-124

12.2 滤镜使用技巧

转换为智能滤镜、重复使用滤镜、对图像局部使用滤镜、对通道使用滤镜等，可以使图像产生更加丰富、生动的变化。

12.2.1 转换为智能滤镜

在应用常用滤镜后就不能改变滤镜参数的数值，而智能滤镜则可以，对图像使用“转换为智能滤镜”命令，将普通图层转换为智能对象图层，应用滤镜后可以随时重新调整。

选中要应用滤镜的图层，如图12-125所示。选择“滤镜 > 转换为智能滤镜”命令，会弹出提示对话框，单击“确定”按钮，将普通图层转换为智能对象图层，“图层”面板如图12-126所示。

图12-125

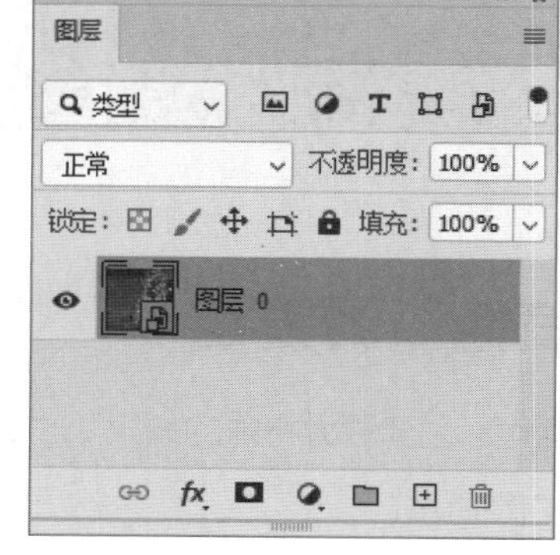

图12-126

选择“滤镜 > 扭曲 > 波纹”命令，为图像添加波纹效果，此图层的下方显示出滤镜名称，如图12-127所示。

在“图层”面板中，双击要修改参数的滤镜名称，可在弹出的相应对话框中重新设置参数。单击滤镜名称右侧的“双击以编辑滤镜混合选项”图标，会弹出“混合选项”对话框，在对话框中可以设置滤镜效果的混合模式和不透明度，如图12-128所示。

图12-127

图12-128

12.2.2 重复使用滤镜

如果使用一次滤镜后效果不理想，可以按Alt+Ctrl+F快捷键重复使用滤镜。重复使用“玻璃”滤镜的效果如图12-129所示。

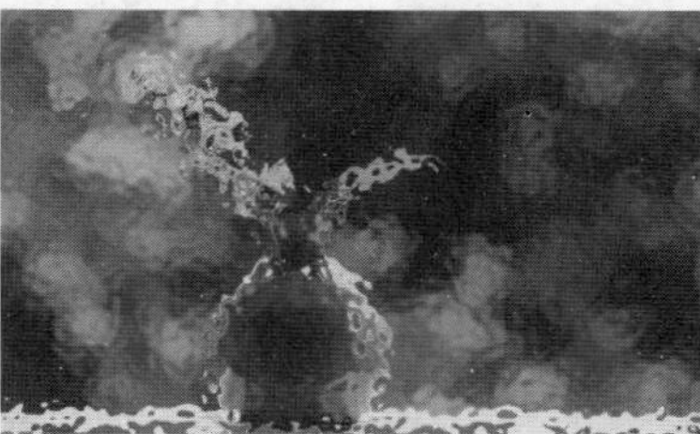

图12-129

12.2.3 对图像局部使用滤镜

在要应用的图像上绘制选区，如图12-130所示，对选区中的图像使用“高斯模糊”滤镜，效果如图12-131所示。

图12-130

图12-131

如果对选区进行羽化后再使用滤镜，就可以得到与原图融为一体的效果。还原到图12-130的状态，选择“选择 > 修改 > 羽化”命令，在弹出的“羽化选区”对话框中设置羽化的数值，如图12-132所示，使用“高斯模糊”滤镜得到的效果如图12-133所示。

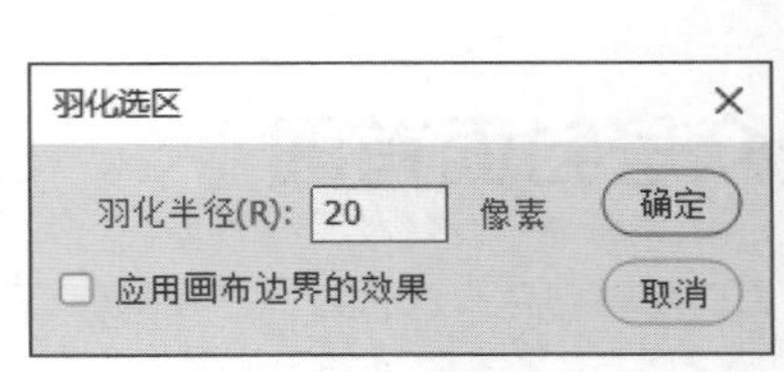

图12-132

图12-133

12.2.4 对通道使用滤镜

原始图像效果如图12-134所示，对图像的红通道、蓝通道分别使用“高斯模糊”滤镜后得到的效果如图12-135所示。

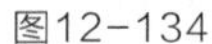

图12-134

图12-135

12.2.5 对滤镜效果进行调整

对图像使用“高斯模糊”滤镜后，效果如图12-136所示。按Shift+Ctrl+F快捷键，会弹出图12-137所示的“渐隐”对话框，调整“不透明度”选项的数值并设置“模式”选项，单击“确定”按钮，使滤镜效果产生变化，效果如图12-138所示。

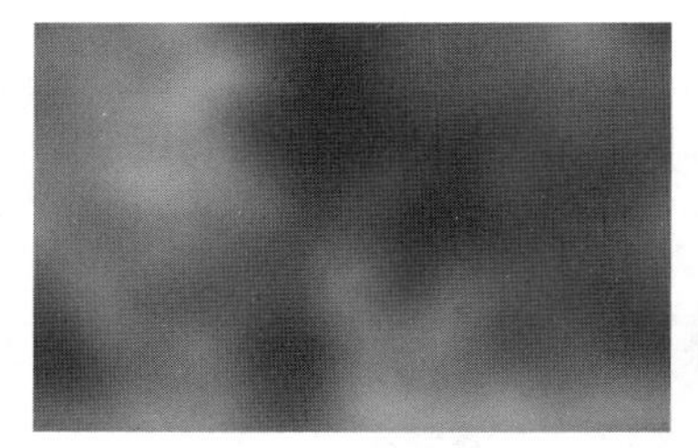

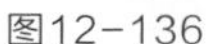

图12-136

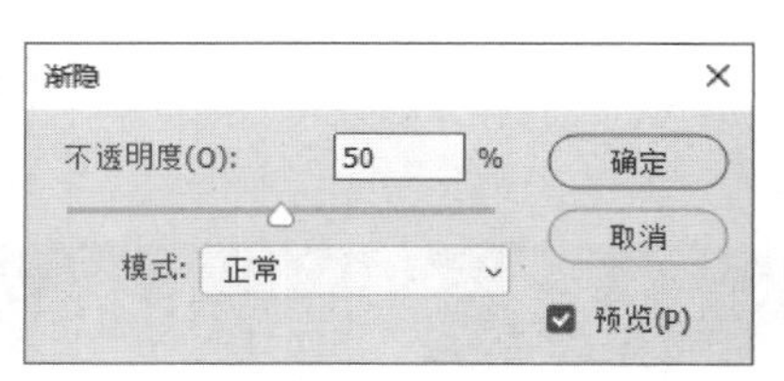

图12-137

图12-138

课堂练习——制作美妆护肤类公众号封面首图

练习知识要点 使用“液化”滤镜中的向前变形工具和褶皱工具调整脸型，使用移动工具添加文字和产品素材，最终效果如图12-139所示。

效果所在位置 Ch12\效果\制作美妆护肤类公众号封面首图.psd。

图12-139

课后习题——制作寻访古建筑公众号封面首图

习题知识要点 使用“去色”命令和“反相”命令调整图像色调，使用“滤镜 > 其他 > 最小值”命令制作图像线描效果，使用图层蒙版修饰图像，最终效果如图12-140所示。

效果所在位置 Ch12\效果\制作寻访古建筑公众号封面首图.psd。

图12-140

第 13 章

商业案例实训

本章介绍

本章通过多个商业案例，进一步讲解Photoshop各大功能的特色和使用技巧，让读者能够快速地掌握软件功能和知识要点，制作出变化丰富的设计作品。

学习目标

●掌握软件的基本使用方法。

●了解软件的常用设计领域。

●掌握软件在不同设计领域的使用方法。

技能目标

●掌握“中式茶叶网站主页Banner”的制作方法。

●掌握“滋养精华露海报”的制作方法。

●掌握“冰淇淋包装”的制作方法。

●掌握“生活家具类网站首页”的制作方法。

●掌握“旅游类App首页”的制作方法。

13.1 制作中式茶叶网站主页Banner

13.1.1 项目背景及设计要点

1. 客户名称

栖茶。

2. 客户需求

栖茶是一家专注于生产和销售中式茶叶的公司，致力于传承和发扬茶文化，提供高质量的中式茶叶产品给消费者。现初春新茶上市，需要为网站设计一款主页Banner，要求体现出产品特点和公司特色。

3. 设计要点

（1）使用真实茶山图片作为背景，起到衬托的作用，营造氛围。

（2）以商品实物照片作为主体元素，图文搭配合理。

（3）版面设计具有美感，符合品牌特色。

（4）色彩围绕产品进行设计搭配，起到舒适自然的效果。

（5）设计规格为1920像素（宽）×700像素（高），分辨率为72 像素/英寸。

13.1.2 项目素材及制作要点

1. 设计素材

图片素材所在位置：本书学习资源中的“Ch13\素材\制作中式茶叶网站主页Banner\01～13”。

文字素材所在位置：本书学习资源中的“Ch13\素材\制作中式茶叶网站主页Banner\文字文档”。

2. 设计作品效果

设计作品效果所在位置：本书学习资源中的“Ch13\效果\制作中式茶叶网站主页Banner.psd”，效果如图13-1所示。

图13-1

3. 制作要点

使用“置入嵌入对象”命令置入图片，使用横排文字工具添加文字，使用矩形工具绘制基本形状，使用“图层”面板中的添加图层样式为图像添加效果。

课堂练习1——制作生活家具类网站Banner

项目背景及设计要点

1. 客户名称

克莱米尔家居商城。

2. 客户需求

克莱米尔家居商城主营项目包括衣柜、橱柜、沙发等各类家具的定制，还提供免费上门测量，给出设计方案的服务。现阶段推出特惠配送的活动，需要为其制作一个全新的网店Banner广告，要求起到宣传推广的作用。

3. 设计要点

（1）画面要以室内场景为背景，营造出浓厚的家庭氛围。

（2）使用简洁明了的文字来诠释活动内容，使人一目了然。

（3）整体色调以绿色为主，给人清新自然的感觉。

（4）装饰元素合理搭配，衬托主题。

（5）设计规格为1920像素（宽）×800像素（高），分辨率为72像素/英寸。

项目素材及制作要点

1. 设计素材

图片素材所在位置：本书学习资源中的“Ch13\素材\制作生活家具类网站Banner \01~04”。

2. 设计作品效果

设计作品效果所在位置：本书学习资源中的“Ch13\效果\制作生活家具类网站Banner.psd”，效果如图13-2所示。

3. 制作要点

使用“添加杂色”命令、图层样式和矩形工具制作底图，使用“置入嵌入对象”命令置入图片，使用“色阶”命令、“色相/饱和度”命令和“曲线”命令调整图像。

图13-2

课堂练习2——制作女包类App主页Banner

项目背景及设计要点

1. 客户名称

岢基设计公司。

2. 客户需求

岢基设计公司是一家专门从事UI设计、Logo设计的设计公司。公司现阶段需要为新开发的App设计Banner，要求使用微立体化的设计表达出App的特征且具有辨识度。

3. 设计要点

（1）广告设计要以女包为主题。

（2）背景设计动静结合，营造出热闹的氛围。

（3）标题设计醒目突出，达到宣传的目的。

（4）设计规格为750像素（宽）×200像素（高），分辨率为72像素/英寸。

项目素材及制作要点

1. 设计素材

图片素材所在位置：本书学习资源中的“Ch13\素材\女包类App主页Banner \01~04”。

2. 设计作品效果

设计作品效果所在位置：本书学习资源中的“Ch13\效果\女包类App主页Banner.psd”，效果如图13-3所示。

图13-3

3. 制作要点

使用移动工具添加图片素材，使用“色阶”命令、“色相/饱和度”命令和“亮度/对比度”命令调整图片颜色，使用横排文字工具添加广告文字。

课后习题1——制作空调扇Banner

项目背景及设计要点

1. 客户名称

达林诺外卖App。

2. 客户需求

达林诺外卖App是一款便于用户订购外卖餐饮的App。现需要设计一个App的Banner，要求能够吸引顾客的眼球，体现App的特色，内容简洁。

3. 设计要求

（1）画面要以产品图片为主体，模拟实际场景，给人带来直观的视觉感受。

（2）设计要使用直观醒目的文字来诠释广告内容，表现活动特色。

（3）整体色彩清新干净，与宣传的主题相呼应。

（4）设计风格简洁大方，给人整洁干练的感觉。

（5）设计规格为1920像素（宽）×800像素（高），分辨率为72像素/英寸。

项目素材及制作要点

1. 设计素材

图片素材所在位置：本书学习资源中的“Ch13\素材\制作空调扇Banner\01~05”。

2. 设计作品效果

设计作品效果所在位置：本书学习资源中的“Ch13\效果\制作空调扇Banner.psd”，效果如图13-4所示。

图13-4

3. 制作要点

使用椭圆工具和“高斯模糊”滤镜为空调扇添加阴影效果，使用“色阶”命令调整图片颜色，使用矩形工具、横排文字工具和“字符”面板添加产品品牌及相关功能介绍。

课后习题2——制作电商平台App主页Banner

项目背景及设计要点

1. 客户名称

虎为科技有限公司。

2. 客户需求

虎为是一家主营各类电子产品的科技公司。为了宣传推出的新款手机，需要设计一个全新的App主页Banner，要求画面时尚大方，具有活力，并能够凸显产品特性。

3. 设计要点

（1）以手机为主体，搭配宣传文字，画面和谐统一。

（2）文字排版整齐大气，体现功能特点和产品价格。

（3）使用清爽干净的色彩搭配，添加矢量图形装饰，体现科技感。

（4）整体设计风格时尚，符合年轻人的喜好。

（5）设计规格为1920像素（宽）×600像素（高），分辨率为120 像素/英寸。

项目素材及制作要点

1. 设计素材

图片素材所在位置：本书学习资源中的“Ch13\素材\制作电商平台App主页Banner\01、02”。

2. 设计作品效果

设计作品效果所在位置：本书学习资源中的“Ch13\效果\制作电商平台App主页Banner.psd”，效果如图13-5所示。

图13-5

3. 制作要点

使用快速选择工具绘制选区，使用“反选”命令反选图像，使用移动工具移动选区中的图像，使用横排文字工具添加宣传文字。

13.2 制作滋养精华露海报

13.2.1 项目背景及设计要点

1. 客户名称

雅颂美妆有限公司。

2. 客户需求

雅颂美妆有限公司是一家涉足护肤、彩妆、香水等多个产品领域的国货护肤企业。现推出新款抗皱精华露，为了进行线上宣传，需要设计一款海报，要求符合年轻人的喜好，突出产品特色且具有吸引力。

3. 设计要点

（1）画面要以产品图片为主体，模拟实际场景，给人带来直观的视觉感受。

（2）合理搭配装饰元素，以丰富画面效果。

（3）文字排版整齐，突出产品特点和功效。

（4）设计风格具有特色，版式活而不散，能够引起顾客的兴趣及购买欲望。

（5）设计规格为1200像素（宽）×1520像素（高），分辨率为72像素/英寸。

13.2.2 项目素材及制作要点

1. 设计素材

图片素材所在位置：本书学习资源中的“Ch13\素材\制作滋养精华露海报\01~07”。

2. 设计作品效果

设计作品效果所在位置：本书学习资源中的“Ch13\效果\制作滋养精华露海报.psd”，效果如图13-6所示。

图13-6

3. 制作要点

使用矩形工具绘制图形，使用“置入嵌入对象”命令置入图像，使用剪贴蒙版调整图片显示区域，使用“亮度/对比度”命令为图像调色，使用横排文字工具输入文字内容，使用“渐变叠加”命令为图形添加效果。

课堂练习1——制作旅行社推广海报

项目背景及设计要点

1. 客户名称

红阳阳旅行社。

2. 客户需求

红阳阳旅行社是一家经营各类旅行活动的旅游公司，提供车辆出租、带团旅行等服务。旅行社要为八月特惠旅游活动制作公众号推广海报，需加入景区风景元素，要求设计清新自然，主题突出。

3. 设计要点

（1）海报背景要体现出旅行的特点。

（2）色彩搭配要自然大气。

（3）画面以风景照片为主，效果独特，文字清晰，能达到吸引游客的目的。

（4）设计规格为750像素（宽）×1181像素（高），分辨率为72 像素/英寸。

项目素材及制作要点

1. 设计素材

图片素材所在位置：本书学习资源中的“Ch13\素材\制作旅行社推广海报\01~08”。

2. 设计作品效果

设计作品效果所在位置：本书学习资源中的“Ch13\效果\制作旅行社推广海报.psd”，效果如图13-7所示。

图13-7

3. 制作要点

使用移动工具、画笔工具和图层蒙版制作背景融合效果，使用“曲线”“色阶”调整图层命令调整背景颜色，使用钢笔工具和直线工具绘制形状，使用横排文字工具和字符面板添加宣传语。

课堂练习2——制作传统文化宣传海报

项目背景及设计要点

1. 客户名称

北莞市展览馆。

2. 客户需求

古琴是汉族最早的弹弦乐器，是汉文化中的瑰宝。本案例是设计制作古琴展览广告，要求在设计上要表现出古琴古香古色的特点和声韵之美。

3. 设计要点

（1）背景元素和装饰图形要使用水墨风格，以表现出古琴的韵味和特点。

（2）使用古琴图片，展示出本次展览会的主题。

（3）设计和编排要灵活，展示出展览会的相关信息。

（4）整体设计时尚典雅，充满韵味。

（5）设计规格为21.6厘米（宽）×29.1厘米（高），分辨率为150像素/英寸。

项目素材及制作要点

1. 设计素材

图片素材所在位置：本书学习资源中的“Ch13\素材\制作传统文化宣传海报\01~05”。

2. 设计作品效果

设计作品效果所在位置：本书学习资源中的“Ch13\效果\制作传统文化宣传海报.psd”，效果如图13-8所示。

3. 制作要点

使用“图层”面板中的“创建新的填充或调整图层”按钮调整图像色调，使用横排文字工具添加文字信息，使用矩形工具和直线工具添加装饰图形，使用“图层”面板中的“添加图层样式”按钮给文字添加特殊效果。

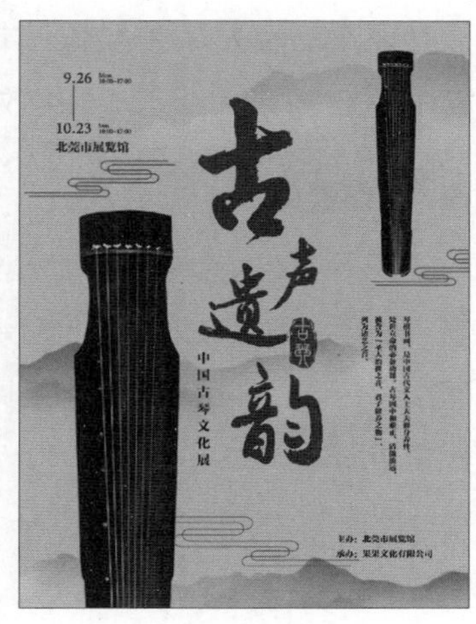

图13-8

课后习题1——制作实木餐桌椅海报

项目背景及设计要点

1. 客户名称

艾利佳家居。

2. 客户需求

艾利佳家居是一个具有设计感的现代家具品牌，秉承简约风格，传递“零压力”生活概念，重点打造简约、时尚、现代的家居风格。现需要设计一个实木餐桌椅海报，设计要符合产品的宣传主题，能体现出产品的特点。

3. 设计要点

（1）版面设计简约，给人直观的印象，易于阅读。

（2）文字排版整齐大气，体现产品特点。

（3）以产品的展示照片为主，让人一目了然。

（4）整体设计风格时尚，符合年轻人喜好。

（5）设计规格为1200像素（宽）×1520像素（高），分辨率为72像素/英寸。

项目素材及制作要点

1. 设计素材

图片素材所在位置：本书学习资源中的“Ch13\素材\制作实木餐桌椅海报\01、02”。

2. 设计作品效果

设计作品效果所在位置：本书学习资源中的“Ch13\效果\制作实木餐桌椅海报.psd”，最终效果如图13-9所示。

图13-9

3. 制作要点

使用“新建参考线”命令建立参考线，使用矩形工具绘制背景，使用“置入嵌入对象”命令置入图片和图标，使用调色命令调整图片色调，使用横排文字工具添加宣传文字，使用矩形工具绘制圆角矩形。

课后习题2——制作珍稀动物保护宣传海报

项目背景及设计要点

1. 客户名称

美奇摄影社。

2. 客户需求

美奇摄影社是一家专门从事拍摄和对照片进行艺术加工处理的摄影社。现拍摄组有幸拍摄到了一组丹顶鹤照片，为呼吁人们保护野生动物，需要制作一款宣传海报，要求能够体现出环境保护的重要性，以及环境与动物的关系。

3. 设计要点

（1）海报的标题要简洁明了，能够吸引观众的目光。

（2）配图要具有强烈的视觉冲击力，能够引起观众的共鸣和关注。

（3）色彩和构图要符合设计主题，起到增强视觉效果的作用。

（4）文字的使用要简洁干练，起到准确传达信息的作用。

（5）设计规格为1242像素（宽）×2208像素（高），分辨率为72 像素/英寸。

项目素材及制作要点

1. 设计素材

图片素材所在位置：本书学习资源中的“Ch13\素材\制作珍稀动物保护宣传海报\01～06”。

2. 设计作品效果

设计作品效果所在位置：本书学习资源中的“Ch13\效果\制作珍稀动物保护宣传海报.psd”，效果如图13-10所示。

图13-10

3. 制作要点

使用椭圆工具、“油画”滤镜、“动感模糊”滤镜制作装饰圆形；使用“高斯模糊”滤镜为兰花添加模糊效果；使用“添加杂色”滤镜、“径向模糊”滤镜、“渐变映射”命令为丹顶鹤图片添加特殊效果。

13.3 制作冰淇淋包装

13.3.1 项目背景及设计要点

1. 客户名称

梁辛绿色食品有限公司。

2. 客户需求

梁辛绿色食品有限公司是一家生产、经营和销售各种绿色食品的公司。本例是为该食品公司设计冰淇淋包装，在包装设计上要体现出健康、绿色的经营理念。

3. 设计要点

（1）使用新鲜的草莓体现出产品自然、纯正的特点，带给人感官上的享受。

（2）设计要体现出产品香醇爽滑的口感和优良的品质。

（3）整体设计简单大方，颜色清爽明快，易使人产生购买欲望。

（4）标题醒目突出，达到宣传的目的。

（5）设计规格为200mm（宽）×160mm（高），分辨率为150 像素/英寸。

13.3.2 项目素材及制作要点

1. 设计素材

图片素材所在位置：本书学习资源中的“Ch13\素材\制作冰淇淋包装\01～06”。

2. 设计作品效果

设计作品效果所在位置：本书学习资源中的“Ch13\效果\制作冰淇淋包装\制作冰淇淋包装.psd”，效果如图13-11所示。

3. 制作要点

使用椭圆工具和图层样式制作包装底图，使用“色阶”命令和“色相/饱和度”命令调整冰淇淋，使用横排文字工具制作包装信息，使用移动工具、“置入嵌入对象”命令和图层样式制作包装展示效果。

图13-11

课堂练习1——制作洗发水包装

项目背景及设计要点

1. 客户名称

BINGLINGHUA。

2. 客户需求

BINGLINGHUA是一家生产和经营美发护理产品的公司，一直以引领美发养护领域为己任。现要求为公司最新生产的洗发水制作产品包装，要求与产品特性相契合，抓住产品特色。

3. 设计要点

（1）使用白色和蓝色的包装，营造出洁净清爽之感。

（2）喷溅的水花与产品要动静结合，凸显出产品的特色。

（3）字体的设计与宣传的主体相呼应，以达到宣传的目的。

（4）整体设计要清新自然，易给人好感，从而让人产生购买欲望。

（5）设计规格为185mm（宽）×100mm（高），分辨率为100 像素/英寸。

项目素材及制作要点

1. 设计素材

图片素材所在位置：本书学习资源中的“Ch13\素材\制作洗发水包装\01～06”。

2. 设计作品效果

设计作品效果所在位置：本书学习资源中的“Ch13\效果\制作洗发水包装.psd”，效果如图13-12所示。

3. 制作要点

使用移动工具添加图片素材，使用图层蒙版、渐变工具和画笔工具制作背景效果，使用矩形工具、“变换”命令、椭圆工具和剪贴蒙版制作装饰图形，使用“变换”命令、图层蒙版和渐变工具制作洗发水投影，使用“色相/饱和度”命令和画笔工具调整洗发水颜色，使用横排文字工具、字符面板、矩形工具和图层样式添加并调整宣传文字。

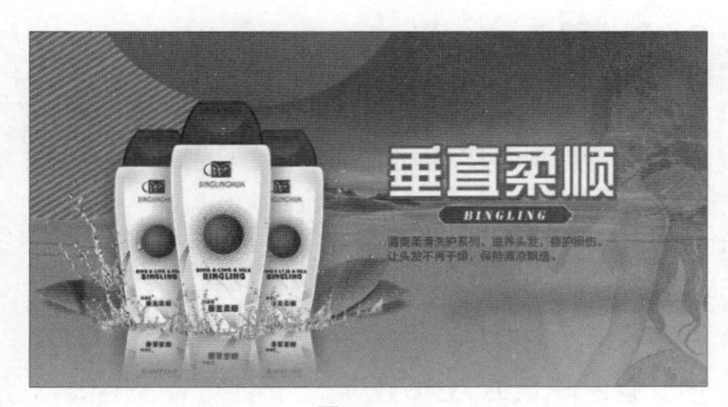

图13-12

课堂练习2——制作五谷杂粮包装

项目背景及设计要点

1. 客户名称

梁辛绿色食品有限公司。

2. 客户需求

梁辛绿色食品有限公司是一家生产、经营和销售各种绿色食品的公司。要求设计的是五谷杂粮包装，主要针对的消费者是关注健康、注意营养膳食结构的人群，在包装设计上要体现出健康、绿色的经营理念。

3. 设计要点

（1）设计要清新古典，体现出五谷杂粮绿色健康的特点。

（2）背景与产品包装色调对比强烈，突出产品。

（3）包装色调为棕红色，和产品图片合理搭配，给人自然、可靠的印象。

（4）整体设计简单大方，颜色清爽明快，易使人产生购买欲望。

（5）设计规格为289mm（宽）×140mm（高），分辨率为300像素/英寸。

项目素材及制作要点

1. 设计素材

素材所在位置：本书学习资源中的“Ch13\素材\制作五谷杂粮包装\01~06”。

2. 设计作品效果

设计作品效果所在位置：本书学习资源中的“Ch13\效果\制作五谷杂粮包装\制作五谷杂粮包装.psd”，最终效果如图13-13所示。

3. 制作要点

使用“新建参考线”命令添加参考线，使用钢笔工具绘制包装平面图，使用“羽化”命令和图层混合模式制作高光效果，使用图层蒙版、渐变工具和“图层”面板制作图片叠加效果，使用图层样式为文字添加特殊效果，使用矩形选框工具和“变换”命令制作包装立体效果。

图13-13

课后习题1——制作方便面包装

项目背景及设计要点

1. 客户名称

旺师傅食品有限公司。

2. 客户需求

旺师傅食品有限公司是一家生产和销售各类速食食品的公司，拥有业内先进设备和技术，致力于生产高质量的速食产品，满足消费者对方便、美味、营养的多种需求。公司近期推出新品红烧牛肉面，需要制作一款全新的包装，要求画面简洁直观，能体现出产品的特色。

3. 设计要点

（1）品牌标志要清晰、醒目，以便消费者能够快速识别和辨认。

（2）突出本款产品的特点，以引起消费者的兴趣和共鸣。

（3）包装上的配图要大且醒目，显现出食物美味诱人的样子。

（4）设计风格符合公司品牌特色，简洁明了。

（5）设计规格为595像素（宽）×808像素（高），分辨率为72像素/英寸。

项目素材及制作要点

1. 设计素材

图片素材所在位置：本书学习资源中的“Ch13\素材\制作方便面包装\01~ 06”。

2. 设计作品效果

设计作品效果所在位置：本书学习资源中的“Ch13\效果\制作方便面包装\制作方便面包装.psd”，效果如图13-14所示。

图13-14

3. 制作要点

使用图层样式为飘带添加投影，使用“调整图层”命令调整图像色调，使用横排文字工具添加产品相关信息。

课后习题2——制作果汁饮料包装

项目背景及设计要点

1. 客户名称

黄湖云天饮品有限公司。

2. 客户需求

黄湖云天饮品有限公司是一家生产、经营和销售各种饮料产品的公司。本例是为该饮料公司设计葡萄果粒果汁包装，主要针对的消费者是关注健康、注意营养膳食结构的人群。在包装设计上要体现出果汁来源于新鲜水果的概念。

3. 设计要点

（1）图片和文字结合，要展示出产品口味和特色，体现出新鲜清爽的特点，给人健康、有活力的印象。

（2）用易拉罐的设计展示出包装的材质，用明暗变化使包装更具真实感。

（3）整体设计简单大方，颜色清爽明快，易使人产生购买欲望。

（4）设计规格为48mm（宽）×72mm（高），分辨率为300 像素/英寸。

项目素材及制作要点

1. 设计素材

图片素材所在位置：本书学习资源中的“Ch13\素材\制作果汁饮料包装\01～04”。

2. 设计作品效果

设计作品效果所在位置：本书学习资源中的“Ch13\效果\制作果汁饮料包装\制作果汁饮料包装.psd”，效果如图13-15所示。

3. 制作要点

使用横排文字工具、“字符”面板和文字变形制作包装文字，使用自定形状工具添加装饰图形，使用“渲染”滤镜制作背景光照效果，使用“扭曲”滤镜制作包装变形效果，使用矩形选框工具、“羽化”命令和“曲线”命令制作包装的明暗变化效果，使用椭圆工具、钢笔工具、“填充”命令和“羽化”命令制作阴影，使用图层蒙版和画笔工具制作图片融合效果。

图13-15

13.4 制作生活家具类网站首页

13.4.1 项目背景及设计要点

1. 客户名称

艾利佳家居。

2. 客户需求

艾利佳家居是一个具有设计感的现代家具品牌，秉承简约风格，传递“零压力”生活概念，重点打造简约、时尚、现代的家居风格。现为拓展公司业务、扩大规模，需要开发线上购物平台，要设计一个网站首页，设计要符合产品定位，能体现出平台的特点。

3. 设计要点

（1）页面布局规整大气，给人简洁直观的印象。

（2）主次分明的商品展示，让人一目了然，便于人们查找和购买商品。

（3）颜色运用要展现出商品的精致和品质感。

（4）设计规格为1920像素（宽）× 3174像素（高），分辨率为96像素/英寸。

13.4.2 项目素材及制作要点

1. 设计素材

图片素材所在位置：本书学习资源中的“Ch13\素材\制作生活家具类网站首页\01~13”。

2. 设计作品效果

设计作品效果所在位置：本书学习资源中的“Ch13\效果\制作生活家具类网站首页.psd”，效果如图13-16所示。

3. 制作要点

使用移动工具添加图片素材，使用横排文字工具、“字符”面板、矩形工具和椭圆工具制作Banner和导航条，使用直线工具、图层样式、矩形工具和横排文字工具制作网页内容和底部信息。

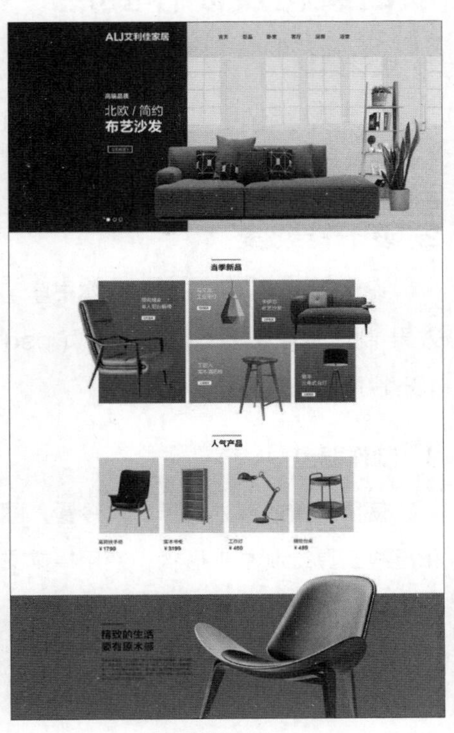

图13-16

课堂练习1——制作生活家具类网站详情页

项目背景及设计要点

1. 客户名称

装饰家具公司。

2. 客户需求

装饰家具公司是一家集研发、生产销售、服务于一体的综合型家具装饰企业，得到了众多客户的一致好评。公司需要为产品设计一个销售详情页，要求使用简洁的形式表达出产品特点，使人产生购买的欲望。

3. 设计要点

（1）使用浅色的背景突出产品，醒目直观。

（2）展示主产品的同时，推送相关的其他产品，促进销售。

（3）设计风格简约，颜色的运用搭配合理。

（4）设计规格为1920像素（宽）×3156像素（高），分辨率为72像素/英寸。

项目素材及制作要点

1. 设计素材

图片素材所在位置：本书学习资源中的“Ch13\素材\制作生活家具类网站详情页\01~08”。

2. 设计作品效果

设计作品效果所在位置：本书学习资源中的“Ch13\效果\制作生活家具类网站详情页.psd”，最终效果如图13-17所示。

3. 制作要点

使用“置入嵌入对象”命令置入图片，使用矩形工具和直线工具绘制基本形状，使用横排文字工具添加文字，使用剪贴蒙版调整产品图片显示区域。

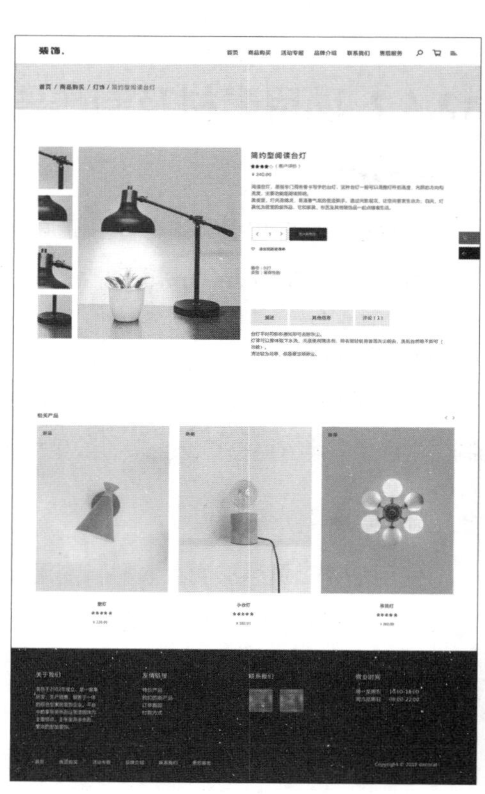

图13-17

课堂练习2——制作生活家具类网站列表页

项目背景及设计要点

1. 客户名称

装饰家具公司。

2. 客户需求

装饰家具公司是一家集研发、生产销售、服务于一体的综合型家具装饰企业，得到了众多客户的一致好评。公司需要为产品设计一个产品列表页，要求使用简洁的形式表达出产品特点，使人产生购买的欲望。

3. 设计要点

（1）使用浅色的背景突出产品，醒目直观。

（2）设计风格简洁大方，给人温馨舒适的感觉。

（3）整体设计清新自然，给人好感，使人产生购买欲望。

（4）产品排列整齐统一，使人一目了然。

（5）设计规格为1920像素（宽）×3496像素（高），分辨率为72像素/英寸。

项目素材及制作要点

1. 设计素材

图片素材所在位置：本书学习资源中的“Ch13\素材\制作生活家具类网站列表页\01~14”。

2. 设计作品效果

设计作品效果所在位置：本书学习资源中的“Ch13\效果\制作生活家具类网站列表页.psd”，最终效果如图13-18所示。

3. 制作要点

使用“置入嵌入对象”命令置入图片，使用矩形工具、椭圆工具和直线工具绘制基本形状，使用横排文字工具添加文字，使用剪贴蒙版调整产品图片显示区域。

图13-18

课后习题1——制作中式茶叶官网首页

项目背景及设计要点

1. 客户名称

品茗茶叶有限公司。

2. 客户需求

品茗茶叶有限公司是一家以制茶为主的企业，秉承汇聚原产地好茶的理念，在业内深受客户的喜爱，已开设多家连锁店。现为提升公司知名度，需要设计一款官网首页，要求体现公司内涵、传达企业理念，并能展示出主营产品。

3. 设计要点

（1）整体版面以中式风格为主。

（2）设计简洁大方，体现绿色生态的理念。

（3）以绿色和白色为主色调，和谐统一。

（4）要体现出主营产品的种类和种植环境。

（5）设计规格为1920像素（宽）×3478像素（高），分辨率为72像素/英寸。

项目素材及制作要点

1. 设计素材

图片素材所在位置：本书学习资源中的“Ch13\素材\制作中式茶叶官网首页\01~23”。

2. 设计作品效果

设计作品效果所在位置：本书学习资源中的“Ch13\效果\制作中式茶叶官网首页.psd”，效果如图13-19所示。

图13-19

3. 制作要点

使用“新建参考线”命令建立参考线，使用“置入嵌入对象”命令置入图片，使用剪贴蒙版调整图片显示区域，使用横排文字工具添加文字，使用矩形工具绘制基本形状。

课后习题2——制作中式茶叶官网详情页

项目背景及设计要点

1. 客户名称

品茗茶叶有限公司。

2. 客户需求

品茗茶叶有限公司是一家以制茶为主的企业，秉承汇聚原产地好茶的理念，在业内深受客户的喜爱，已开设多家连锁店。现为推广茶文化，需要设计一款官网详情页，要求着重体现品茶方法、泡茶过程及制茶流程。

3. 设计要点

（1）整体版面以中式风格为主。

（2）设计简洁大方，体现绿色生态的理念。

（3）以绿色和白色为主色调，和谐统一。

（4）要体现出品茶方法、泡茶过程及制茶流程。

（5）设计规格为1920像素（宽）×7302像素（高），分辨率为72像素/英寸。

项目素材及制作要点

1. 设计素材

图片素材所在位置：本书学习资源中的“Ch13\素材\制作中式茶叶官网详情页\01~30”。

2. 设计作品效果

设计作品效果所在位置：本书学习资源中的“Ch13\效果\制作中式茶叶官网详情页.psd”，效果如图13-20所示。

图13-20

3. 制作要点

使用“新建参考线”命令建立参考线，使用“置入嵌入对象”命令置入图片，使用剪贴蒙版调整图片显示区域，使用横排文字工具添加文字，使用矩形工具和椭圆工具绘制基本形状。

13.5 制作旅游类App首页

13.5.1 项目背景及设计要点

1. 客户名称

畅游旅游。

2. 客户需求

畅游旅游是一家在线票务服务公司，已创办多年，成功整合了高科技产业与传统旅游行业，为会员提供集酒店预订、机票预订、度假预订、商旅管理、特惠商户及旅游资讯在内的全方位旅行服务。现为优化公司App页面，需要重新设计一个App首页，要求符合公司经营项目的特点。

3. 设计要点

（1）页面布局合理，模块划分清晰明确。

（2）Banner采用风景图与文字相结合的形式，以突出主题。

（3）整体色彩鲜艳，使人有浏览兴趣。

（4）景点图与介绍性文字合理搭配，相互呼应。

（5）设计规格为750像素（宽）×2086像素（高），分辨率为72像素/英寸。

13.5.2 项目素材及制作要点

1. 设计素材

图片素材所在位置：本书学习资源中的“Ch13\素材\制作旅游类App首页\01～17”。

2. 设计作品效果

设计作品效果所在位置：本书学习资源中的“Ch13\效果\制作旅游类App首页.psd”，效果如图13-21所示。

3. 制作要点

使用矩形工具和椭圆工具绘制形状，使用“置入嵌入对象”命令置入图片和图标，使用剪贴蒙版调整图片显示区域，使用“图层”面板中的“添加图层样式”按钮添加特殊效果，使用横排文字工具输入文字。

图13-21

课堂练习1——制作旅游类App引导页

项目背景及设计要点

1. 客户名称

畅游旅游。

2. 客户需求

畅游旅游是一家在线票务服务公司，已创办多年，成功整合了高科技产业与传统旅游行业，为会员提供集酒店预订、机票预订、度假预订、商旅管理、特惠商户及旅游资讯在内的全方位旅行服务。现为优化公司App页面，需要重新设计一个App引导页，要求以风景为主，提升客户兴趣。

3. 设计要点

（1）版面以风景图片为主，生动形象地表现公司经营项目。

（2）宣传语排版合理，便于观看。

（3）页面切换的按钮具有设计感。

（4）整体风格简洁大气，体现自然的感觉。

（5）设计规格为750像素（宽）× 1624像素（高），分辨率为72像素/英寸。

项目素材及制作要点

1. 设计素材

图片素材所在位置：本书学习资源中的“Ch13\素材\制作旅游类App引导页\01~09”。

2. 设计作品效果

设计作品效果所在位置：本书学习资源中的“Ch13\效果\制作旅游类App引导页.psd”，最终效果如图13-22所示。

3. 制作要点

使用“置入嵌入对象”命令置入图像和图标，使用图层样式为图形添加效果，使用横排文字工具输入文字，使用矩形工具绘制按钮。

图13-22

课堂练习2——制作旅游类App闪屏页

项目背景及设计要点

1. 客户名称

畅游旅游。

2. 客户需求

畅游旅游是一家在线票务服务公司，已创办多年，成功整合了高科技产业与传统旅游行业，为会员提供集酒店预订、机票预订、度假预订、商旅管理、特惠商户及旅游资讯在内的全方位旅行服务。现为优化公司App页面，需要重新设计一个App闪屏页，要求以风景为主，提升客户兴趣。

3. 设计要点

（1）使用清晰度较高的海滩图片，确保能够吸引人的注意力。

（2）画面明亮舒适，能够激发人的向往之情。

（3）App标记放置在画面中心，以增强品牌的识别度。

（4）设计规格为750像素（宽）× 1624像素（高），分辨率为72像素/英寸。

项目素材及制作要点

1. 设计素材

图片素材所在位置：本书学习资源中的“Ch13\素材\制作旅游类App闪屏页\01~04”。

2. 设计作品效果

设计作品效果所在位置：本书学习资源中的“Ch13\效果\制作旅游类App闪屏页.psd”，最终效果如图13-23所示。

3. 制作要点

使用“置入嵌入对象”命令置入图像和图标，使用图层样式为图形添加效果，使用横排文字工具输入文字。

图13-23

课后习题1——制作旅游类App个人中心页

项目背景及设计要点

1. 客户名称

畅游旅游。

2. 客户需求

畅游旅游是一家在线票务服务公司，已创办多年，成功整合了高科技产业与传统旅游行业，为会员提供集酒店预订、机票预订、度假预订、商旅管理、特惠商户及旅游资讯在内的全方位旅行服务。现为优化公司App页面，需要重新设计一个App个人中心页，要求以功能性为主，便于客户编辑信息和查看订单。

3. 设计要点

（1）版面简洁直观，便于用户按需查看和使用多种功能。

（2）主体的个人信息罗列简单明了，便于编辑。

（3）活动信息及VIP模块布局合理，醒目清晰。

（4）常用工具排版规范，整齐大方。

（5）设计规格为750像素（宽）× 1624像素（高），分辨率为72像素/英寸。

项目素材及制作要点

1. 设计素材

图片素材所在位置：本书学习资源中的“Ch13\素材\制作旅游类App个人中心页\01~23”。

2. 设计作品效果

设计作品效果所在位置：本书学习资源中的“Ch13\效果\制作旅游类App个人中心页.psd”，最终效果如图13-24所示。

3. 制作要点

使用矩形工具、椭圆工具和直线工具绘制形状，使用“置入嵌入对象”命令置入图片和图标，使用剪贴蒙版调整图片显示区域，使用图层样式添加效果，使用横排文字工具输入文字。

图13-24

课后习题2——制作旅游类App登录页

项目背景及设计要点

1. 客户名称

畅游旅游。

2. 客户需求

畅游旅游是一家在线票务服务公司，已创办多年，成功整合了高科技产业与传统旅游行业，为会员提供集酒店预订、机票预订、度假预订、商旅管理、特惠商户及旅游资讯在内的全方位旅行服务。现为优化公司App页面，需要重新设计一个App登录页，要求排版简洁大方，便于用户登录。

3. 设计要点

（1）背景为风景图片，以表现公司经营项目。

（2）文字排版合理，主次分明。

（3）登录按钮醒目规范，便于用户点击。

（4）整体风格简洁大气，体现自然的感觉。

（5）设计规格为750像素（宽）× 1624像素（高），分辨率为72像素/英寸。

项目素材及制作要点

1. 设计素材

图片素材所在位置：本书学习资源中的“Ch13\素材\制作旅游类App登录页\01~10”。

2. 设计作品效果

设计作品效果所在位置：本书学习资源中的“Ch13\效果\制作旅游类App登录页.psd”，最终效果如图13-25所示。

3. 制作要点

使用矩形工具和直线工具绘制形状，使用“置入嵌入对象”命令置入图片和图标，使用图层样式添加效果，使用横排文字工具输入文字。

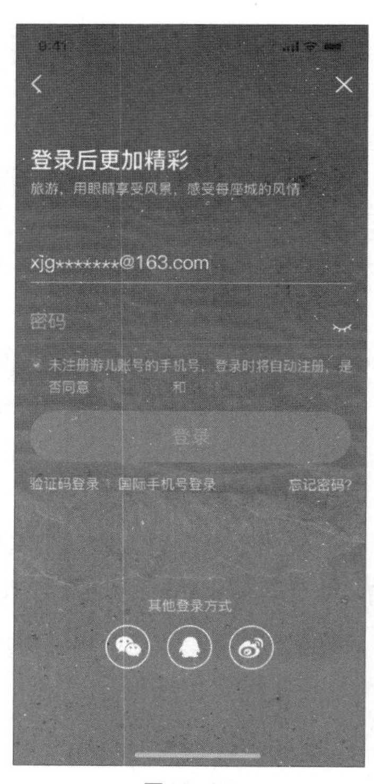

图13-25